AF549315

Richard Mabey

DIE HEILKRAFT DER NATUR

Aus dem Englischen
von Claudia Arlinghaus,
Christa Schuenke
und Britta Waldhof

Mit Illustrationen
von Pauline Altmann

NATURKUNDEN

NATURKUNDEN № 38
herausgegeben von Judith Schalansky
bei Matthes & Seitz Berlin

INHALT

I · ORTSWECHSEL

Ich treibe Scherze wie ein Kind
Arg scheints mir ein Mann zu sein
Wild wachsen meine Gedanken im Wind
& blühn noch gleich den Kräutelein
JOHN CLARE, *Ortswechsel*[1]

Oktober, ein richtiger Altweibersommer. Ich stehe an der Schwelle, wie ein grüner Junge, bin im Begriff, zum ersten Mal in meinem Leben umzuziehen. Über ein halbes Jahrhundert hatte ich hier an diesem Ort gelebt, in diesem behaglichen Haus am Rande der Chiltern Hills, das sich in nichts von seinen Nachbarn unterscheidet, und mittlerweile fand ich, dass wir es in unserem Heim eigentlich ganz nett hatten. Für ein zurückgezogenes Schriftstellerleben schien mir diese einigermaßen kauzige Ecke im Südosten Englands, wo der ganze moderne Kram draußen bleibt, ganz gut geeignet. Das Haus diente mir als Basis, mein Leben aber spielte sich in den Wäldern ab – und in meinem Kopf. Ich redete mir gern ein, dass meine Prosa und vielleicht auch ich selbst geprägt sei durch die Landschaft der Chilterns mit ihren Falten und wie freihändig gezeichneten Linien und all den Überraschungen, die sie ständig bereithielt. Doch jetzt packe ich meine Siebensachen und flüchte mich aufs platte Land nach East Anglia.

Meine Vergangenheit, oder besser gesagt deren Nichtvorhandensein, hatte mich eingeholt. Zu lange hatte ich an demselben Ort gehockt, gefangen im Gewohnten und in Erinnerungen. Ich hatte an meinen Wurzeln festgeklebt. So lange, bis ich krank wurde und mir die Wörter ausgingen. Mein irischer Großvater war Tagelöhner gewesen und selten so lange in einem Haus geblieben, bis die Miete fällig war; er wusste, was in einer solchen Lage zu tun war. Mit einem Wort, das alle Schattierungen des Flüchtens erfasst, von der flatternden Nestflucht des Jungvogels bis hin zum heimlichen Entschlüpfen eines Menschen, der in Schwierigkeiten steckt: Er wäre umgezogen.

Ich aber, an der Schwelle zu dieser verspäteten Initiation, kann weiter nichts tun, als einmal mehr zurückzudenken an eine andere schmerzliche Reise. Das war ein paar Sommer zuvor gewesen, als dieses Hineingleiten in jenen Zustand einer mir unerklärlichen Melancholie und Abgestumpftheit gerade begonnen hatte. Ich wollte mit ein paar alten Freunden in den Cevennen Urlaub machen, ein paar Wochen auf dem Kalksteinplateau der *Causses,* das war schon so eine Art Tradition, aber irgendwie konnte ich mich nicht recht aufraffen, mich von zu Hause fortzubewegen. Schließlich schaffte ich es dann doch noch, und für diese kurze Frist waren die Cevennen wohltuend wie immer, eine Zeit der Sonne, des Hedonismus und der Geselligkeit.

Doch gegen Ende meines Aufenthalts passierte etwas, gewissermaßen eine Urerinnerung, die ich einfach nicht wieder aus dem Kopf bekam: ein kurzer Einblick in den Übergangsritus einer anderen Spezies. Ich war für ein paar Tage nach Süden gefahren, in den Hérault, wo ich bei Freunden in Octon in einem buckligen Häuschen übernachtete. Am Morgen fanden wir einen jungen Mauersegler, der aus dem Nest gefallen war und nun auf dem Dachboden lag, die sichelförmigen Flügel steif ausgestreckt, unfähig wieder aufzusteigen. Aus der Nähe betrachtet war sein kindliches Gefieder nicht so geheimnisvoll schwarz wie die Silhouetten, die man im Mittsommer vorüberhuschen sieht, sondern eher anthrazitgrau, braun und puderweiß marmoriert. Und wir sahen, welchen Preis er für seine hervorragende Anpassung an ein fast ausschließlich in der Luft verbrachtes Leben zu zahlen hatte. Seine Greifkrallen, vier davon nach vorn gerichtet, saßen auf beinahe ungefiederten Stümpfen, etwa in der Körpermitte. Wir hoben ihn auf, trugen ihn ans Fenster und schleuderten ihn hinaus. Er war gerade mal sechs Wochen alt und musste gleich auf seinem Jungfernflug zum ersten Mal mit einer anderen Spezies zusammentreffen.

Doch was er auch empfinden mochte, Instinkt und seine angeborene Beherztheit überwogen. Er setzte zum Sturzgleitflug an, schoss in die Tiefe, flog so dicht über der Straße, dass uns allen der Atem stockte, stieg im nächsten Moment wieder kraftvoll empor und flog in südwestlicher Richtung davon. Und dann ward er nicht mehr gesehen, bis er im übernächsten Sommer wiederkam – zum Nisten. Wie viele Meilen mag er wohl zurückgelegt, wie viele Flügelschläge vollbracht haben? Wie viel Zeit hat es gebraucht?

Ich versuchte mir die Reise vorzustellen, die er vor sich hatte, die ungeheure Odyssee auf einem Weg, den er noch nie zuvor geflogen war, über chronische Kriegsgebiete und mediterrane Uferböschungen, die von schießwütigen Menschen wimmelten, durch jäh umschlagende Witterungen und wechselnde Landschaften. Dass seine Eltern und Geschwister längst auf und davon waren, war so gut wie sicher. Er würde die fast eintausend Kilometer ganz allein fliegen, einem Kurs folgend, der in den Tiefen seines Zentralnervensystems festgeschrieben war, zumindest in groben Zügen. Jeder seiner Sinne würde helfen, ihn auf diesem Kurs zu leiten, seinen Fortschritt anhand der genetischen Erinnerungen zu überprüfen, wer weiß was für erstaunliche Bewusstseinserfahrungen zu produzieren. Vielleicht würde er, wie viele Seevögel, im Flug die leiseste Veränderung der Luftpartikel registrieren, wenn er über Meere und wohlriechendes Buschland segelte und mit den staubgeladenen thermischen Winden über afrikanische Ortschaften flog. Möglich ist auch, dass ein Magnetstreifen, der von irgendwelchen stark eisenhaltigen Zellen in seinem Vorderhirn ausgelesen wird, ihn auf seinem Flug lenkt. Als Navigationshilfe nutzt er höchstwahrscheinlich bestimmte Orientierungspunkte im Gelände, deren Formen in entsprechende Schablonen in seinem genetischen Gedächtnis passen, und ebenso die Sonne und in klaren Nächten die großen Sternbilder – auf die freilich nach der Hälfte seiner Reise die gänzlich anderen Formationen am Nachthimmel der südlichen Hemisphäre folgen würden. Dann, nach drei, vier Wochen, käme er in Südafrika an und dürfte zur Belohnung neun Monate einfach nur ziellos durch die Gegend fliegen und nach Herzenslust spielen. Im nächsten Mai aber würde er mit all den anderen einjährigen Vögeln nach Europa zurückkehren und schnell wie der Wind am Himmel herumflitzen, einfach weil er es kann. So ist das bei den Mauerseglern. Das ist ihr angestammtes, unabänderliches Schicksal während der Monate, in denen sie nicht nisten. Und wer nicht glauben kann, dass auch sie sich ihres Lebens ›freuen‹, der muss schon einen sehr distinguierten Begriff davon haben, was Vergnügen bedeutet.

Als dann der Mai da war, hatte ich zum ersten Mal im Leben keine Augen für die Mauersegler. Während sie *en fête* waren, lag ich mit dem Gesicht zur Wand auf meinem Bett, und es war mir ziemlich gleichgültig, ob ich die Vögel noch mal wiedersehe oder nicht. Ich hatte eine eigenartige, geradezu groteske Kehrtwende vollzogen und mich in ein unbegreifliches Geschöpf verwandelt, das in einem immateriellen Medium dahintreibt, irgendwie losgelöst vom Rest der Schöpfung. Aber vielleicht geht es ja unserer ganzen Spezies so, nur dass mir das zu jener Zeit nicht in den Sinn kam.

*

Jetzt bin ich also kurz davor, zum ersten Mal selbst loszuziehen, und dabei muss ich immerzu an diesen jungen Mauersegler denken. Mich jählings aus dem Nest zu stürzen und einzutauchen in den weiten Himmel von East Anglia – ich habe mir das weder ausgesucht, noch habe ich es geplant. Womöglich habe ich ein lange hinausgeschobenes Reifungsprogramm absolviert, wobei es sich eigentlich eher so anfühlt, als hätte irgendwer mit mächtig Schwung einen gewaltigen Würfelbecher ausgekippt. Um es kurz zu machen, jedenfalls fürs Erste: Ich war mit meiner Arbeit an einem ›Endpunkt‹ angelangt (aber keineswegs mit meinen übrigen ›Geschäften‹), fiel nach und nach in eine lange, tiefe Depression, konnte nicht arbeiten, verbrauchte fast meine ganzen Ersparnisse, überwarf mich mit meiner Schwester – meiner Hausgenossin – und musste unser Elternhaus verkaufen. Dass ich das alles überstanden habe, war pures Glück. Freunde haben mich gerettet und nach und nach wieder instand gesetzt, wie eine alte Schreibmaschine. Ich verliebte mich und begann wieder zu schreiben, ohne die geringste Ahnung, was ich sagen wollte. Und plötzlich tat sich eine Chance auf, vollkommen unerwartet, geradezu beiläufig, die ich nutzte, wie man eine günstige Brise nutzt. Zufällig sollten im Landhaus einer Freundin in East Anglia, einer Provinz, die mir seit früher Jugend wie eine zweite Heimat war, ein paar Zimmer frei werden. Und da ich weder ein Dach über dem Kopf noch Arbeit hatte, packte ich die Gelegenheit beim Schopf und wagte einen Neuanfang.

Während ich nun den Wagen voll packe, fühle ich mich wie die reinste *tabula rasa* – alles komplett gelöscht und für alle Angebote offen. Ich bin mir nicht sicher, wohin ich gehöre, und es gibt nur Weniges, was mir gehört. (Zum Beispiel habe ich kein einziges Küchengerät, aber ich sage mir, dass dafür schon gesorgt sein wird und sich in meinem neuen Heim ganz sicher welche finden werden.) Was ich habe, ist Werkzeug für ein Gewerbe, über dessen Wert fürs Überleben man sich streiten kann: zwei mechanische Schreibmaschinen und eine Schublade voll Büroutensilien. Darüber hinaus aber ist mein Gepäck rein sentimentaler Natur. Es umfasst eine sambische Melonenperle aus Amethyst, die mir meine Freundin Poppy als Glücksbringer geschenkt hat. Ein viktorianisches Messingmikroskop, Vergrößerung annähernd 100×. Einen Picknickkorb voll eleganter Weidemusterteller und -tassen, viel zu edel, um benutzt zu werden. Einen Button mit der Aufschrift »Cat Lovers Against The Bomb«. Ein beachtliches Stück von der anderthalbtausendjährigen Eibe von Selborne, an dem ich hänge, seit ein Sturm den Baum 1990 gefällt hat, und bei dessen Betrachtung ich mir immer einrede, dass ich nur auf den ›richtigen Schnitzer‹ warte. Das Lieblingsbuch meiner Mutter, *Die Wasser unter der Erde* von John Moore[2] (das, wenn ich mich im Hinblick auf East Anglia nicht irre, bald auch meines werden könnte) mit dem Bestellzettel aus dem Oxendales-Katalog als Lesezeichen. Allerlei Symbolisches und etliche Fossilien. Ein Wunder, dass ich nicht auch noch ein mannsgroßes bogenförmiges Flügelpaar mit eingepackt habe, das wäre nämlich ungefähr genauso nützlich gewesen wie all dieser romantische Schnickschnack. Und bei den Büchern pickte ich mir ein paar Hundert unentbehrliche heraus (darunter fast alles von John Clare) und lagerte den Rest in einem Industriecontainer irgendwo an der Great North Road ein.

Was für eine Art, ein neues Leben zu beginnen. Ich glaube nicht, dass ich etwas weggelassen oder ›verschlankt‹ habe. Diese Sachen, die, in ein paar Kartons verpackt, hinten in einen Jeep passen, sind tatsächlich mein ganzes Gepäck und zugleich alles, was ich brauche, und wenn ich ehrlich bin auch alles, wofür dort, wo ich hin will, Platz ist. Der gewaltigen Dimension der Veränderung aber, ihr kann ich mich nicht entziehen. Mein ganzes Leben lang habe ich mich vor solch einem Umzug gefürchtet: davor, die Nabelschnur zu kappen, das Nest zu verlassen, die Flügel auszubreiten. Dieser Vorgang ist so universell, dass wir fast niemals anders davon reden als in Metaphern aus der Natur. Das Problem ist nur, dass ich ihn so lächerlich und unnatürlich lange hinausgezögert habe.

Nun aber ist er da, der Augenblick der Trennung. Ich fühle mich merkwürdig beschwingt und fahre an dem alten Haus vorbei, als müsste ich mir irgendetwas beweisen. Die Großmutter des neuen Eigentümers spaziert mit ihren Enkelkindern durch den Garten; sie begutachten meine alten Rosen oder das, was davon übrig ist. Merkwürdig, so von außen auf eine Szene zu blicken, die ich mir als Kind und auch noch als Erwachsener so viele Male in Gedanken ausgemalt hatte, und zu wissen: Es ist das letzte Mal, dass ich dieses Ritual vollziehe, diese Prozession rund um die eigene kleine Scholle. Und doch kommt mir das alles kein bisschen irreal vor, auch nicht so, als hätte ich den eigenen Körper verlassen und schaute nun aus dieser Perspektive auf meine Vergangenheit hinab. Stattdessen ist das Bild fast tröstlich, beinahe wie ein Vermächtnis.

Es ist ein lichter, samtiger Oktobertag, der sich eher wie der Beginn der Sommerferien anfühlt als wie ein Übergangsritus. Die Felder, eben erst vom harschen Frost befreit, glänzen in der Sonne wie frisch lackiert. Bei Royston dreht ein Kiebitzschwarm auf seinem Weg nach Süden bei und überquert im Flug die Straße, und mir fällt ein, wie ich diese Vögel zuletzt in einem solchen Augenblick des Wechsels sah, und auch damals dauerte es nur einen kurzen, flüchtigen Moment, genau wie jetzt. Ich war auf dem Weg zum Shap Fell, zusammen mit dem Fotografen Tony Evans, auf der Suche nach Mehlprimeln, und die Kiebitze flogen auf ihre unordentliche, schlenkernde Art über die honigfarbenen Weiden, wie Papierfetzen, die der Wind vor sich her weht, unmittelbar über der Stelle, wo wir die Blumen entdeckten. Es war ein Zeichen, dass das Jahr zur Neige ging und wir gewissermaßen in den letzten Zügen lagen mit einem Buch, an dem wir seit sechs Jahren gemeinsam arbeiteten.[3]

Nur eins verbittert mir den Tag. Irgendwo dahinten, in meiner alten Heimatstadt, ist ein Scheiterhaufen, auf dem unsere Einrichtung brennt. Das Zeug hat keinen Wert, es sind praktische Gebrauchsgegenstände, die meine Eltern für ihren ersten eigenen Haushalt angeschafft hatten. Sie waren selbst Zugereiste. In London geboren und aufgewachsen, waren sie aus Angst vor dem Krieg nach Westen gezogen und hatten sich in dem Marktflecken Berkhamsted in den Chilterns niedergelassen. Sechzig Jahre später waren die Sachen, die sie zusammengetragen und mit denen wir glücklich und zufrieden gelebt hatten, bloß noch Brennholz. Die Haushaltsauflöser hatten sie nicht haben wollen und waren nicht einmal für Geld bereit gewesen, sie abzutransportieren. Eine wohltätige Einrichtung, die alte Möbel aufarbeitete (»leider können wir keine Anrufe entgegennehmen«, sagte der dortige Anrufbeantworter), hatte bloß abgewinkt. So wurde das Meiste in aller Eile von Freunden aus dem Haus geschleppt und verbrannt. Das einzige Mal, dass meine Schwester und ich nicht mehr in der Lage waren, Haltung zu bewahren, war an dem Abend, als alles weg war. Einhundertzehn Jahre hatten wir – zusammengenommen – dort gelebt, und als wir nun in dem leeren, hallenden Esszimmer saßen und nur noch ein Stuhl zwischen uns stand, da kamen wir uns wie zwei Waisenkinder vor, oder wie jemand, der einen seiner Sinne verloren hat, denn die Erinnerungen lebten ja nicht in der nackten Hülle des Hauses, sondern in den materiellen Dingen, schließlich sind sie die Alltagswährung des Lebens. Das Büfett, an dessen Aufsatz die Finger zweier Generationen ihre Spuren hinterlassen hatten. Der niedrige, arg lädierte Korbsessel, in dem Mama ihre Kinder gestillt hatte, alle vier. Eine zum Türstopper umfunktionierte gusseiserne Sparbüchse in Form einer Eule, (»PAT. SEPT 21 & 28 1880«), über die fünfzig Jahre lang jeder gestolpert war, der durch die Wohnzimmertür kam. »Pass auf die Eule auf«, hatte es immer durchs ganze Haus gehallt. So werden Dinge gleichsam zum externen Speicher, zur Verkörperung von Ereignissen und Gefühlen.

Auch meine Reiseroute Richtung Osten hat etwas Verwurzeltes. Ich fahre diese Strecke schon seit meiner Jugend, und ihre Schlenker, ihre jähen Charakterwechsel sind mir bestens vertraut. Als ich Anfang der sechziger Jahre die ersten Male mit einer Gruppe von Freunden an die Küste fuhr, gab es einen bestimmten Punkt, an dem East Anglia in unseren Augen anfing. Gleich hinter Baldock, etwa hundertachtzig Kilometer, nachdem wir die Chilterns hinter uns gelassen hatten, bogen wir ab auf die als *Icknield Way* bekannte Straße aus der Jungsteinzeit. Wir kamen an einer hübschen (mittlerweile abgerissenen) viktorianischen Mälzerei vorbei. Vor uns erstreckten sich weite Kalkebenen und ein Himmel voller Lerchen; die eher schlichte Kulisse der sogenannten *Home Counties,* der an London angrenzenden Grafschaften, lag unwiderruflich hinter uns. Es war so eine Art Portal, der Punkt, an dem wir wussten, dass wir endgültig ›fort‹ waren. Vor uns erstreckte sich East Anglia wie die Schmuddelecke eines Zimmers, das auszufegen niemand sich die Mühe macht und das wir unter uns schon bald nur noch ›the Ankle‹ nannten.

Hinter Newmarket durchquert der *Icknield Way* eine Region namens Breckland[4], das trockene Herz dieser Gegend. Breckland ist eine Kalksandmulde von etwas über eintausend Quadratkilometern. Dank des feinen Bodens ließ die natürliche Bewaldung sich leicht roden, was dazu führte, dass dies für einige Zeit der am dichtesten besiedelte Landstrich des prähistorischen Britannien war. Die ersten Bauern betrieben Brandrodungsfeldbau; sie bauten ein paar Jahre Getreide an, danach wurden die ausgelaugten Böden etwa zwanzig Jahre lang ›aufgegeben‹. Die kurzzeitig bebauten Brachen nannte man *brecks*, daher der Name Breckland.

Nicht einmal diese leichte Form des Ackerbaus war auf den sandigen Böden für längere Zeit möglich, und als die Kaninchen kamen und danach die Schafe, wuchs im größten Teil von Breckland kaum noch etwas. Bis ins neunzehnte Jahrhundert war das Gebiet im Grunde nicht viel mehr als eine große Flugsandgrube, eine Wildnis aus verwehtem Sand, und so öde, dass Wanderer diese »weite arabische Wüstenei« stets nur im Morgengrauen durchquerten, um die Pferde nicht scheu zu machen. Es gab sogar einen Binnenleuchtturm als Orientierung für Leute, die von der Dunkelheit überrascht wurden. Der Autor John Evelyn schrieb in seinem Tagebuch: »der *Wandernde Sand* hat dem Land so argen Schaden zugefügt, er wälzt sich von Ort zu Ort und just hinweg über die Güter mancher Gentlemen«, sodass sie gezwungen waren, »büschelweise Föhren« anzupflanzen, damit der Sand mehr Halt bekam.[5] Die Gentlemen von East Anglia ließen sich leicht überzeugen, und so wurde Breckland im Verlauf des achtzehnten und neunzehnten Jahrhunderts gezähmt, gepflügt und eingefriedet. Nur die Sandstürme, die sich bisweilen über den Rübenäckern und Entenfarmen erheben, die durch die Gassen fegen, und die als Windschutz angepflanzten Reihen sturmzerzauster buckliger Kiefern, die dafür sorgen sollen, dass der Sand nicht fortgeweht wird, erinnern noch an den wilden Geist von einst. (Diese Unbeständigkeit ist übrigens Thema eines klassischen Witzes, den man sich in dieser Gegend erzählt: »In welcher Grafschaft hast du deine Farm?« »Manchmal in Norfolk, manchmal auch in Suffolk, je nachdem, woher der Wind weht.« Das ist der Gründungsmythos von East Anglia: eine Welt, gebaut auf Flugsand.)

Das, was vom alten Breckland noch übrig ist, hat sich inzwischen, wie viele sogenannte Einöden, zur Deponie für Formen der Geländenutzung entwickelt, die niemand gern in seiner Nachbarschaft haben möchte. Dort befinden sich Abschussbasen für Atomraketen, dort unterhält das britische Verteidigungsministerium sein fünfundsechzig Quadratkilometer großes militärisches Übungsgebiet Stanford, und dort wurden auch die ersten von der Forestry Commission verfügten Anpflanzungen von Nadelgehölzen angelegt – gewissermaßen eine neue Generation von John Evelyns »büschelweise Föhren«. Wer durch dieses karge, sandige Herz von East Anglia fährt, erlebt nicht nur ein paar oberflächliche Kulissenwechsel, sondern beobachtet, wie ganze Schichten von kulturellen Einstellungen dem Land gegenüber sich wandeln. Die Assoziation von Kargheit und Ödnis, die sich allgemein mit Breckland verbindet, hat dazu geführt, dass man aus der Gegend eine Art Grenzgebiet gemacht hat und alles, was man nicht offiziell als Ödland abschreiben konnte, eingezäunt und als Privatspielplatz deklariert wurde. Die großen Areale nördlich von Bury sind heutzutage der Pferdewirtschaft und der Fasanenzucht vorbehalten, und den ganzen Herbst und Winter über fährt man nolens volens über Teppiche aus breitgequetschten Vögeln, die in Batterien aufgezogen wurden und wohl kaum darauf vorbereitet sind, in freier Wildbahn zu überleben.

Beständig sind allein die Feuersteine im Kalkstein, ihrem Muttergestein; sie begleiten einen auf der ganzen Strecke, bis hinauf zur Küste im Norden Norfolks. Unzählige von ihresgleichen liegen auf den Feldern verstreut und sind in diesem ganzen Streifen von England allenthalben verbaut: in Häusern, Mauern, Kirchen (je nach Gegend mal mit der runden, mal mit der glatten Seite zur Sonne) und auch in den handgefertigten Alltagsgeräten, die auf den Feldern massenhaft zu finden sind – Pfeilspitzen, Äxte, Mörser und jenes prototypische birnenförmige Allzweckwerkzeug zum Zerstampfen und Zerschneiden, auch bekannt als *coup de poing* oder Faustkeil. Die schönsten findet man in der Mine Grimes Graves unweit von Thetford, nur gute dreißig Kilometer von meinem Ziel entfernt.

Als Kinder sind wir barfuß auf den Feuersteinen gelaufen; das war so eine Art Mutprobe, und diese rasche Fahrt quer durch den Osten Englands – über die spitzen Steine hinauf bis zur See – erschien mir stets wie eine natürliche Fortsetzung des alten Kinderspiels. Heute aber fahre ich nicht, wie sonst, auf direktem Weg zur Küste, sondern auf einer neuen Route ins Kernland der Region. Südlich und östlich von Norwich liegen die Flüsse Waveney, Bure und Yare. Jahrtausendelang haben sie mit dem Steigen und Fallen des Nordseepegels regelmäßig die ganze Gegend überflutet und sie zum großen Teil in einen Sumpf verwandelt. Dann erstreckte sich ein riesiges Fenn vom brackigen Marschland der gemeinsamen Mündung jener drei Flüsse bei Yarmouth bald siebzig Kilometer landeinwärts bis hinauf an den Rand der Sandwüste von Breckland. Ein Sumpf mit Schilf, Lagunen und halb versunkenen Erlenwäldern, wimmelnd von Leben, mit Löffelreihern, Fischadlern, Ottern und Kreaturen wie dem Pelikan oder dem Biber, die heutzutage nur noch in unserer Erinnerung existieren. Selbst die Menschen, die dort lebten, mussten über gewisse amphibische Qualitäten verfügen, und dort wo das Wasser am höchsten stand, bauten sie ihre Häuser auf erhöhten Podesten und schnallten sich *Pawts* unter die Füße, eine Art Schneeschuh für den Sumpf. In den Flusstälern im Osten legten die Einheimischen in Zeiten mit relativ niedrigem Grundwasserspiegel ausgedehnte Torfminen an, die bei wieder ansteigendem Meeresspiegel überflutet wurden und Feuchtgebiete bildeten, die sogenannten Broads. Nach Westen hin, wo die drei Flüsse entspringen, wurden die Fenns und Feuchttäler ebenfalls für den Torfabbau genutzt, allerdings weniger umfangreich und eher vereinzelt. Eines dieser Täler, das *Upper Waveney Valley*, wird von nun an mein Zuhause sein.

*

Als ich schließlich in diese weniger befahrene Straße einbiege, kann ich nicht länger jenen Fragen ausweichen, die mir in den letzten Monaten – und in einem eher allgemeinen Sinne wohl schon fast mein ganzes Leben lang – zu schaffen machen. Wo gehöre ich hin? Was ist meine Rolle? Wie kann ich in sozialer, emotionaler und ökologischer Beziehung meinen Platz finden und mich *einpassen?*

In den Chilterns betrachtete ich mein Zuhause immer als eine Art Ankerplatz, ein emotionales Refugium, das man eher beiläufig wahrnimmnt, wie einen alten Mantel. Das Eigentliche spielte sich draußen ab, entweder direkt in der Natur oder aber metaphorisch, also in Büchern. In meinem Leben als freier Schriftsteller streifte ich durch die Landschaft, wann und wo es mir gefiel, folgte meiner eigenen Fährte oder ging einfach drauflos, irgendwo an einen völlig unbekannten Ort, verkroch mich entweder oder begab mich bei schlechtem Wetter unter Leute und mied die intensiv bewirtschafteten Gebiete wie die Pest. Ich war ein Fetzen nomadisierendes Gewebe, so etwas wie ein mobiler Epiphyt - ein Organismus ohne eigene Wurzeln, lebte eher auf dem Land als in ihm und überließ es den anderen, sich um meine Infrastruktur zu kümmern. Und als mein Substrat nach und nach zerfiel, war ich genauso verloren wie ein Epiphyt. Ich war einfach zu spezialisiert und war weder flexibel genug noch besaß ich das nötige Zutrauen, um damit zurechtzukommen, wenn sich in meiner Nische irgendetwas änderte.

Oben im Grenzland von East Anglia werde ich mich auf eine ganz neue, nie zuvor gekannte Weise mit den Alltagsrealitäten des Landlebens auseinandersetzen müssen. Das fängt bereits beim Wetter an. Dieses kommt in Norfolk bekanntlich direkt aus dem Uralgebirge - und in einem alten Haus zweifellos geradewegs die Auffahrt hoch und dann hinein durch alle Türen und Fenster und jede noch so kleine Ritze. Ich vermute, dass es sich mit der industriellen Landwirtschaft ähnlich verhält. Das Tal an sich ist ein schmaler Streifen Wildwuchs. Aber ich mache mir keinerlei Illusionen, was die Gegend außerhalb dieses Streifens betrifft. In keiner Region Europas ist die landwirtschaftliche Nutzung intensiver als in East Anglia, und diese Intensivlandwirtschaft reicht auf drei Seiten bis unmittelbar an das Haus heran. Der nächste Wald, der aus meiner Sicht diesen Namen verdient, ist etwa acht Kilometer entfernt. Stattdessen wird es Raps- und Zuckerrübensteppen geben, Legebatterien, Siloanlagen, Treibjagden auf Fasane und Pestizidwolken.

Ich werde nicht nur einen *modus vivendi* mit der Landwirtschaft finden müssen, sondern auch mit diesem öden und durch und durch wässrigen Ort. Den größten Teil meines Lebens habe ich im Schutz von Bäumen gelebt, und die Jahresrhythmen des Waldes waren wie ein Metronom: Diese Explosion von Glanz und Energie im Frühling, die lange, geballte Trance des Sommers, das prächtige Verklingen im Herbst, die reinen, kahlen Wintermonate, die Zeit des Arbeitens und des Zurückschneidens. Ich hatte geglaubt, dass ich mich stets im Wald verlieren könne, nicht nur in seinen Räumen, sondern in den Schichten von Geschichte in seinen Jahresringen, seinen Gabelungen und seinen langsamen Zyklen von Licht und Schatten. Die Aura der Geschichte eines Waldes geht nicht allein über das hinaus, was Generationen von Menschen damit gemacht haben, sondern über die ganze Zivilisation. Der Wald, der wilde, ursprüngliche Wald ist die Natur, von der wir meinen, dass wir ihr entwachsen seien, und zwar im doppelten Sinne des Wortes; wenn wir im Wald sind, haben wir stets das Gefühl, wieder ›nach Hause‹ zu kommen. Wälder sind Orte, die ein langes Gedächtnis haben und unverwüstlich sind.

Worin das Ursprüngliche und Wilde der Landschaft rund um meinen Wohnort besteht, werde ich noch entdecken. Aber ich habe genug feuchte Orte gesehen, um zu wissen, dass sie launisch und unberechenbar sein können. Im Gegensatz zu den rätselhaften, ausgewogenen Rhythmen der Wälder haben sie eine Lebendigkeit und Unmittelbarkeit und geben einem das Gefühl, sie könnten sich jeden Moment in etwas Anderes verwandeln. Sehr oft tun sie das auch wirklich. Die Feuchtigkeit ist älter als der Wald, doch sie ist die Domäne der Gegenwart und manchmal, möchte man fast meinen, der Zukunft.

Der Wald und das Wasser, das Alte und das Opportunistische – ich hege den Verdacht, dass dies die beiden Pole sind, in denen sich der Rhythmus der Natur vollzieht. Das Leben nimmt im Wasser seinen Anfang und gelangt im Wald zu voller Reife – und dann beginnt der ganze Kreislauf wieder von Neuem. Ich denke, gierig, wie ich bin, ich würde gern von beidem etwas haben, würde gern selbst eine Amphibie werden und gleichzeitig erleben, wie die Hohezeit des Waldes, der Frühling, sich in einem Sumpf abspielt. Aber ich frage mich, ob ich den Mumm hätte, mit irgendeiner Art von Wildheit auf solch vertrautem Fuß zu leben. Wenn sich zahllose mir unbekannte Kreaturen in mein neues Gebiet drängen (und ich mich in das ihre) und ich den Versuch unternehme, mich an die hartgesottenen Vorstellungen von Nützlichkeit und Produktivität anzupassen, was wird dann aus meinem Verständnis vom Wert und der Bedeutung der Natur? Gibt es unter solchen Bedingungen Hoffnung auf eine Beziehung, die über das hinausgeht, was in der Praxis ohne jeden Nutzen ist? Ist nicht die Idee von einer ›Beziehung‹ reine Wortklauberei, weil die Natur nicht im Mindesten daran interessiert ist, eine Beziehung zu mir zu haben? Sollte ich mich stattdessen mit der altehrwürdigen Rolle des einheimischen Naturforschers zufriedengeben, die Vögel an den Futterspendern im Garten beobachten und versuchen, die Liste der regionalen Flora um ein paar Pflanzenarten zu erweitern? Mich als Protokollant nützlich machen?

Der Sinn dieser heiklen Taufe – die tatsächlich nach Untertauchen aussieht –, besteht wie gesagt darin, meinen Platz zu finden. Aber dieses ganze Theater – sich eingliedern, sich ein Territorium teilen, das Bemühen, eine Nische zu entdecken, günstigstenfalls selbst einen Beitrag zu leisten, und all dies nach Möglichkeit mit ein klein wenig Anmut und Einfallsreichtum zu tun, das hat verblüffende Ähnlichkeit mit der Herausforderung, vor der unsere ganze Spezies steht, wenn sie ihren Platz in der Natur zu finden versucht. Der Unterschied besteht darin, dass wir uns sowohl ökologisch als auch global gegen den gesamten emotionalen Aspekt sträuben, der mit diesem Platz verbunden ist. Man will uns immer wieder weismachen, die großen Umweltkrisen unserer Zeit seien schlicht und ergreifend ein Problem der Ökonomie, der Haushaltsführung. Wir dürften nur nicht so gierig sein, müssten aufhören, uns fortzupflanzen, müssten unseren Energieverbrauch einschränken, unseren Müll wiederaufbereiten, unsere Abfälle kompostieren, und schon wäre alles bestens. Was für eine Hoffnung! Wer könnte wohl haushalten (wenn wir diese anmaßende Metapher, die ausschließlich die eigenen politischen Interessen reflektiert, denn schon verwenden müssen), ohne dabei die quantitativ nicht messbaren Geschmäcker und Gewohnheiten, die Bedürfnisse und Beweggründe aller Bewohner seines Hauses im Blick zu behalten? Die Liste unserer katastrophalen Versäumnisse – von der Vernichtung des Waldes und der Verschmutzung der Meere bis hin zum tausendfachen Artensterben – trägt die Merkmale einer Spezies, die gänzlich aufgehört hat, sich noch als Teil des Tierreichs zu betrachten. Wir lieben die Vorstellung, nicht länger der Erde verhaftet, von den physikalischen Zwängen der Natur durch die Technik befreit und durch unser Selbstbewusstsein von ihrer Sinnlichkeit und Unmittelbarkeit abgeschieden zu sein. Was unsere Rolle auf dem Planeten gefährdet, ist weniger unsere Macht als vielmehr diese Überheblichkeit und unsere Überzeugung, dass wir dank unserer speziellen Form von Bewusstsein als Gattung einzigartig seien und uns darum das Privileg zukomme, alles andere Leben ausschließlich nach unseren Maßstäben zu bewerten und zu verwalten.

Ich habe diesen Hochmut aus der Nähe gesehen, und ich bin selbst nicht darüber erhaben. Ich sagte schon, dass ich im Schutz von Wäldern aufgewachsen bin. Aber das war nicht alles. Zwanzig Jahre lang hatte ich einen Wald, soweit man so ein wildes Gemeinwesen überhaupt besitzen kann. In dieser Zeit durchlief ich sämtliche Stadien des Grundbesitzertums, entwickelte mich vom eingefleischten Grenzverletzer zum Zaunwächter und peniblen Landvermesser, und schließlich wurde ich, wie alle Landbesitzer, enteignet. Durch den mit meiner Erkrankung einhergehenden Umbruch war meine Beziehung zum Wald an einen kritischen Punkt gelangt. Ich musste verdauen, dass ich ein Gutsherr in absentia war, und wenn ich ehrlich bin, brauchte ich auch das Kapital. Ich musste verkaufen, war verbittert, voller Gewissensbisse und konnte mich ganz und gar nicht damit abfinden.

Ich hatte Hardings Wood, einen an die zweihundertfünfzig Meter hoch gelegenen und sechzehn Morgen großen alten Wald in den Chilterns, unweit des Dorfes Wiggington, Anfang der achtziger Jahre gekauft und ihn zwei Jahrzehnte lang wie meinen Augapfel gehütet. Ich wollte dort ein Gemeindewaldprojekt gründen und das einstmals finstere, in Privatbesitz befindliche Nutzholzreservoir freizügig den Bewohnern jedweder Gattung zur Verfügung zu stellen. So gesehen war das Ganze ein spektakulärer Erfolg. Das halbe Dorf hatte in meinem Wald gearbeitet oder war dort spazieren gegangen.

Üppige Blumenwiesen und Bäume, die sich selbst ausgesät hatten, gediehen in seinem Licht, und in dem ausgedehnten Netz seiner unterirdischen Katakomben hauste eine Dynastie von Dachsen. Ein neues Bewusstsein des Waldes als Wahrzeichen, als Ort, der einerseits übervoll ist mit Geschichte und andererseits von großer Gegenwart, begann sich in der Gegend zu verwurzeln. Jetzt aber, wie betäubt bei dem Gedanken an den Verlust meines Waldes, konnte ich auch viele andere, noch persönlichere Dinge nicht mehr eingestehen. Für mich war dieser Wald auch ein Spielplatz gewesen, und eine Bühne. Ich hatte über seine blauen Hasenglöckchen geschrieben und über die Feierlichkeiten zum Himmelfahrtstag, die wir dort abgehalten hatten, wenn alles in voller Blüte stand. Ich hatte mich dort filmen lassen, wie ich mit schurkischer Ausgelassenheit eine Kettensäge schwang. Vor allem aber war mir dieser Wald eine unerschöpfliche Privatbibliothek an Erfahrungen und Begegnungen gewesen.

Auch als Schule für soziale Beziehungen hatte er mir gedient. Ich lernte dort zum ersten Mal von Grund auf, in welchem Maße das Ethos des Besitzers unsere Beziehungen zur natürlichen Welt durchdringt. Ich riss eine Menge Zäune nieder, um die Öffentlichkeit hineinzulassen, musste aber auch viele andere neu errichten, um die Tiere meiner Nachbarn auszusperren. Um eine staatliche Beihilfe zu erhalten, drückte ich nicht bloß die Daumen, sondern verpflichtete mich schriftlich zur ›Kontrolle‹ der grauen Eichhörnchen. Nachdem einige Leute der Meinung gewesen waren, sie könnten einfach so durch den Wald reiten und Füchse töten, die ich persönlich kannte, untersagte ich das Jagen. Jedes Mal, wenn jemand sich so aufspielte, als seien der Wald und seine Bewohner sein Eigentum, entgegnete ich fast reflexartig, dass beides *mir* gehöre.

Einmal kehrte sich meine überschwängliche Großzügigkeit gegen mich selbst. Durch die bewaldeten Täler, in denen ich als Kind gespielt hatte, sollte eine neue Straße gebaut werden, die Hardings Wood auf 500 Meter nahekommen sollte. Bei der öffentlichen Anhörung meldete ich mich zu Wort und erwähnte unter anderem die Kolonien von Buschwindröschen, die sich an den Böschungen angesiedelt hatten und dem Bau der Straße wahrscheinlich zum Opfer fallen würden. Sogleich stürzte sich der zuständige Verantwortliche für Straßenbau auf mich. Ob ich nicht derjenige sei, der über die Anemonen in seinem Wald geschrieben habe, darüber, wie üppig sie blühten und wie viele es seien? Wie könnten denn ein paar Blumen am Wegesrand einen Wert haben, wenn diese Art nach meiner eigenen Aussage hier ganz in der Nähe so häufig vorkomme? Der Anwalt war nicht einmal besonders unaufrichtig. Was den Wert einer Sache angeht, so bediente er sich der gleichen Argumente, wie sie auch die Naturschützer mit schöner Selbstverständlichkeit immer wieder vorbringen: Pflanzen haben nicht an und für sich eine Bedeutung, sondern nur, insoweit sie die Repräsentanten einer bestimmten Spezies sind. Allein, wenn sie gefährdet sind, kommt ihnen Bedeutung zu. Wer sich um einzelne Exemplare und ihre komplexen Beziehungen zu ihrer unmittelbaren Umgebung und dem regionalen Ökosystem sorgt, dem wird vorgeworfen, er sei subjektiv oder, schlimmer noch, sentimental.

Und das ist der Punkt, an dem ich aussteigen muss. Es ist mir noch nie gelungen, meine Gefühle gegenüber der Natur einem derartigen Wertesystem anzupassen, wie ein Rohstoffhändler abzuwägen und zu bewerten, was an der Natur nützlich ist, was eher mangelhaft – ich mag es, wenn die Dinge Gemeingut sind, ich mag das Konzept des Gemeinguts – die Idee von einer ›Konferenz des Lebens‹. Es fällt mir schwer, in der Natur nichts weiter als ein Mittel zum Zweck für die Befriedigung menschlicher Bedürfnisse zu sehen, wenngleich ich mir meiner physischen Abhängigkeit von der Natur durchaus bewusst bin, und noch schwerer fällt es mir, die nichtmenschliche Welt objektiv, also als ›Objekt‹ wahrzunehmen, wenn ich doch weiß, dass sie ihre eigenen subjektiven Aufgaben und Ziele hat, die zwar unabhängig von den unseren sind, sie aber dennoch durchdringen. Und warum sollten wir versuchen, neutrale Wesen zu sein, wenn wir doch so unauflösbar und leidenschaftlich mit der Natur verbunden sind?

Und, schlimmer noch, ich *bin* sentimental. Ich rede mit Vögeln. Ein Großteil meines Zeit- und Ortsgefühls ist für mich mit besonders merkwürdigen Momenten und Fragmenten aus der nichtmenschlichen Welt verbunden. Ich trinke ein Gläschen auf die erste Schwalbe, ich habe irgendwo ein Tonband mit einer Nachtigall, die ich bei dichtem Nebel aufgenommen habe, um sie einer fernen Freundin am Telefon vorzuspielen. Mich berührt das Anhaltende solch jahreszeitabhängiger Begegnungen, doch ebenso berührend finde ich jene Momente, in denen die Natur die Regeln bricht, unsere ordentlichen Kategorien und Zeitpläne abschüttelt, in denen sie unabhängig, unberechenbar und frech ist, wenn sie Dinge neu macht. Für mich sind diese beiden Formen der Erfahrung Spielarten des Wilden und weit entfernt von der Vorhersehbarkeit der von Menschen geregelten Welt. Die eine kommt aus der tiefen, gleich einem Code in uns angelegten erlernten Erfahrung der Evolution; die andere aus dem Neuen, der Erfindung, der Individualität, der Erneuerung des Frühlings und der Zügellosigkeit des Spiels – doch auch aus dem blinden Schmerz und der Katastrophe.

*

Und so denke ich abermals über die Gefühle nach, die dieser gestrandete kleine Mauersegler in mir ausgelöst hat. Woher kamen sie? Ich esse keine Mauersegler und habe auch nicht das Bedürfnis, sie als Haustiere zu halten.

Ich habe nicht das Gefühl, dass sie meines Schutzes bedürfen, denn schließlich existieren sie schon seit Millionen Jahren vollkommen unabhängig hier auf diesem Planeten. Und in einem auf ›Ressourcenerhaltung‹ ausgerichteten Weltenplan sind Mauersegler höchstwahrscheinlich irrelevant. Sie sind (noch) nicht gefährdet. Kein wichtiges Raubtier ist von ihnen abhängig (und wenn doch, müssten wir uns fragen, welchen Nutzen es hat). Die miteinander verknüpften Ökosysteme des Planeten – das, was James Lovelock Gaia nennt – würden allenfalls kurz aufseufzen, wenn sie weg wären. Wollte jemand die Leichtgläubigkeit der Menschen auf die Probe stellen, so könnte er zum Beispiel behaupten, aus Mauerseglern lasse sich so etwas wie ein Medikament gegen die Luftkrankheit gewinnen, ein Destillat aus ihren erstaunlichen Gleichgewichtsorganen, oder ihren aufs Geratewohl zusammengeklaubten Nester (die aus allem bestehen, was so in der Luft herumschwebt und sich im Fluge sammeln lässt) könnten Anregungen zur Billigbauweise liefern. Nein, Mauersegler halten weder unter dem Aspekt der Nützlichkeit noch unter dem der Schädlichkeit einer kritischen Überprüfung stand.

Und doch vermögen sie uns zu berühren und sind auf eine sehr subtile Weise tief mit uns verbunden. Wir können uns kaum vorstellen, einen Sommer ohne sie zu erleben. Sie sind Teil unserer Mythen vom Frühling und vom Süden, sind ein entscheidendes Element jenes großen Geschenks an die gemäßigte Zone, nämlich der Rückkehr der Zugvögel und ihres Nistens im Sommer. »Ein jährlich wiederkehrender Tauschhandel, Futter gegen Licht« hat Aldo Leopold den Vogelzug in Amerika genannt, bei dem »der ganze Kontinent als Reingewinn ein wildes Gedicht bekommt, das vom trüben Himmel fällt«.[6] Die Zugvögel sind der reinste Ausdruck des Fliegens, einer Fähigkeit, an die sich unser Nervensystem in seinen tiefsten Tiefen immer noch erinnert. Mauersegler sind für uns im einundzwanzigsten Jahrhundert das, was die Nachtigall in der Romantik war – rätselhaft, rhapsodisch, elektrisierend – doch glücklich, alles dies zu sein – in Hochgeschwindigkeit inmitten einer Stadtlandschaft. Wie die Nachtigall durch ihren »umdunkelnden«[7] Gesang, so geben seine schwarze Silhouette und seine überaus luftige Existenz dem Mauersegler eine geschmeidige Bedeutung.

In meiner Schulzeit sehnte ich ihre Rückkehr so heftig herbei, dass ich am ersten Mai immer mit beiden Händen am Kragen meines Blazers herumlief, weil das angeblich Glück bringen sollte. Später, als ich ungefähr siebzehn war, wurden die Mauersegler zum romantischen Symbol des Hochsommers. Ich sang damals in einem Chor für Alte Musik, und an den Juniabenden probten wir in unserer Pfarrkirche zusammen mit den Schülerinnen der Mädchenschule, die auf der anderen Seite der Kanzel saßen. Die Mauersegler kreisten um den Kirchturm und flogen an den Buntglasfenstern vorbei, die im Schein der tief stehenden Sonne leuchteten, und ihre Schreie bildeten einen schrillen Diskant zu unserem Geträller. Es war eine betörende Szene unerwiderter Lust und Minne, und obwohl die Frequenz der Mauersegler heute außerhalb meines Hörvermögens liegt, sind mir die Geräusche jener Abende und die verbotene Erregung, in die uns die grünkarierten Baumwollkleider der Mädchen versetzten, noch immer in Erinnerung.

Jetzt, da ich erwachsen bin, kommen mir die Mauersegler noch geheimnisvoller vor, nicht als Symbol für irgendetwas Bestimmtes, sondern als Geschöpfe, die aus den gleichen Zellen und dem gleichen Gewebe gemacht sind wie ich und doch auf einer gänzlich anderen, nahezu unbekannten Ebene leben. Ihre Existenz in – und mitunter scheinbar auf – der Luft ist noch rätselhafter als die Frage, wovon eigentlich die Myriaden kleiner Geschöpfe leben, die im Wasser schweben und sich von ihm erhalten. Mauersegler essen, schlafen und paaren sich im Flug. Sie sammeln vom Winde verwehtes Treibgut für ihre Nester und baden im Regen (sie ›duschen‹ sozusagen, wie William Fiennes einmal schrieb). Überall in Europa – in Trujillo, jener außergewöhnlichen Stadt der Vögel, und verloren auf einer Autobahn irgendwo bei Montpellier – blieb ich wie gebannt stehen, wenn sie in Hüfthöhe an mir vorbeirasten, und fragte mich, wofür sie mich wohl halten mochten. Ob sie wussten, dass ich mit meiner schwerfälligen, erdverhafteten Natur tatsächlich auch ein Lebewesen war?

In meiner alten Heimatstadt in den Chilterns beobachtete ich die Mauersegler meistens unten am Kanal. Ein, zwei Stunden vor Sonnenuntergang machte ich mich auf den Weg zum Pub und schaute von dort aus ganz versunken ihren abendlichen Ritualen zu. Sie nisteten, ungefähr ein Dutzend Paare, im Dachvorsprung einer Zeile viktorianischer Reihenhäuser und in einer ehemaligen Fabrik, in der früher Insektizide hergestellt wurden. Und an warmen, stillen Abenden versammelten sich all die kleinen Grünschnäbel aus der Nachbarschaft zu einem losen Schwarm und fischten ein paar hundert Meter über dem Stadtkern Insekten aus der Luft. Sie sahen aus, als segelten sie rein zufällig dort herum, wie Ascheflöckchen über einem Lagerfeuer, in Wahrheit aber flogen sie kreuz und quer umeinander, stiegen auf und ließen sich fallen, ohne auch nur ein einziges Mal einen Flügelschlag auszulassen. Dann wurden sie von einem alten Drang erfasst, ziemlich sinnlos, es sei denn, man wollte Vögeln eine gewisse rein physische Freude an ihrer Flugfähigkeit zubilligen. Die Vögel an den Rändern des Schwarms begannen mit steifen Flügeln zu kreisen. Einer nach dem anderen ließen sie sich auf eine niedrigere Flughöhe hinabfallen und fingen an zu jagen, zuerst in Paaren, dann in nach und nach dichter werdenden Strängen, bis plötzlich um die dreißig Vögel geballt lossausten. Sie verwandelten sich in einen ausgefransten schwarzen Kometen, vor Eifer sprühend, flederig, und wie Vögel, denen man den Schub gedrosselt hat, vollführten sie mit ihren Flügeln spektakuläre Kippbewegungen von links nach rechts, um Kollisionen zu vermeiden. Der Komet wirbelte zwischen den Fabrikgebäuden umher und rief nach den Vögeln, die dort drinnen aufgereiht saßen wie eine Bikerclique, drehte ab und schlug den Rückweg über die neuen Wohnungsbauten am Kai ein. Es schien, als würden sie in der Luft Fährten folgen, die nur sie sehen konnten – doch dann ließen sie wieder ab und machten sich in einem Heidentempo davon. Sie verschwanden, nur um im nächsten Moment von Neuem hinter mir aufzutauchen, stoben ohne ein erkennbares Zeichen auseinander, flogen gemächlich in verschiedene Richtungen davon und stiegen abermals hoch empor in die Lüfte.

Den genauen Augenblick, in dem sie aufbrachen, um sich auszuruhen, habe ich nicht mitbekommen. Vermutlich haben sie, ähnlich wie ein Flugzeug, in stufenweisem Steigflug die Stadt verlassen, nachdem sie eine bestimmte Höhe erreicht hatten. Aber ich habe einmal einen Film gesehen, in dem das Bild gezeigt wurde, das schlafbedürftige Mauersegler im Südosten Englands auf einem Luftverkehrsradar abgeben. Wenn es dunkel wird, verdeckt ein ätherischer Nimbus aus hellen, miteinander verschmelzenden Punkten alle Flugzeuge auf dem Monitor, und jeder dieser Punkte ist eine Gruppe von Mauerseglern, die unterwegs sind zu jenem ganz anderen Zustand – dem Zustand der Unsichtbarkeit, des flüchtigen Schlummers.

Im Grunde ist diese Beziehung zwischen mir und den Mauerseglern so einseitig, dass man kaum von Beziehung sprechen kann. Die Vögel scheren sich weder um mich noch um irgendein anderes Exemplar unserer Spezies. Und doch sind sie indirekt mit uns verbunden, auch wenn wir uns dessen nicht bewusst sind: durch die Umwelt und die Sinne, die wir mit ihnen gemeinsam haben. Ted Hughes beschreibt in seinem Gedicht *Mauersegler*, was er bei ihrer Rückkehr empfindet (»Sie haben es wieder geschafft«), und sagt, sie seien nicht nur das Symbol für die Wiederkehr des Sommers, sondern auch dafür, »dass die Erde noch funktioniert«.[8] Das ist eine alltägliche Antwort. Dieses kurze, aber vollkommene Gedicht bekam ich einmal ganz überraschend geschickt, und zwar von Margaret Thomson, die es auf einen Zettel aus einem Notizblock gekritzelt hatte:

HIMMELFAHRTSTAG

Mai. Gerade
Zweistellig geworden.
Alles grün
Und leuchtend –
Der erste warme Tag.
Leichte Schuhe, keine Socken.
Dann dein Ruf
»Die Mauersegler sind zurück!
Horch. Schau nach oben!«

Horch. Schau nach oben! Sollten etwa Vögel wie die Mauersegler, die im Frühling wiederkehren, bei Tagesanbruch, gleichsam aus dem Nichts, eine Rolle spielen beim Zustandekommen von Auferstehungsmythen? Sollten sie in den Nischen unserer Fantasie und unserer Vernunft noch immer etwas uns Wesenseigenes ausdrücken? All unserer Wissenschaft und unserem ganzen Humanismus zum Trotz ist unsere gesamte Kultur durchdrungen von den Mythen und Symbolen der Landschaft und der Natur, den Sinnbildern für die Jahreszeiten, für Verfall und Wiedergeburt, für die Grenzen zwischen dem Wilden und dem Zahmen, von Mythen vom Auswandern und Durchwandern, von unsichtbaren Ungeheuern und Landstrichen mit verlorenem Inhalt.

Wenn wir versuchen zu erkennen, wer wir sind, greifen wir ständig auf die natürliche Welt zurück. Die Natur ist die ergiebigste Quelle für Metaphern, mit denen wir unser Verhalten und unsere Gefühle beschreiben und erklären können. Ein Großteil unserer Sprache ist in ihr verwurzelt. Wir singen wie die Vögel, erblühen wie die Blumen, stehen fest wie eine Eiche. Oder wir essen wie ein Spatz, vermehren uns wie die Kaninchen und benehmen uns ganz allgemein wie Tiere, also animalisch. Andererseits kommt das Wort animalisch aus dem Sanskrit, wo *anila* Wind bedeutet, über das lateinische Wort *animalis* ›alles Belebte‹, spaltet sich unterwegs der *animus* ab, aus dem wiederum zunächst *mens* (Geist) wird und dann *mental* – ›der mentale Impuls, die Disposition oder Passion‹ – eine Erinnerung an die Zeit, als man Geist und Natur noch nicht als Gegensätze betrachtete. Es ist, als würden wir durch den Gebrauch der Sprache, also gerade jener Fähigkeit, die uns, wie wir glauben, am stärksten von der Natur trennt, permanent wieder zurück- und in ihre Ursprünge – und unsere eigenen – hineingezogen werden. So gesehen sind alle Naturmetaphern kleine Schöpfungsmythen, Anspielungen darauf, wie Dinge entstanden sind, und eine Bestätigung der Einheit des Lebens.

Edward O. Wilson hat für diese offenkundige allumfassende Affinität unserer Spezies gegenüber anderen Gattungen das Wort »Biophilie« eingeführt. Nach seiner Definition ist das die angeborene Tendenz zur Konzentration auf das Leben und lebensähnliche Prozesse. Das Wildtier, mit dem man sich in East Anglia am frühesten beschäftigt hat, ist der Hase, der geheimnisvolle, stets zu lustigen Streichen aufgelegte »Hirsch der Steppe, der seitwärts Schauende«[9], wahlweise auch Intimus einer Hexe oder Frühlingsbote, Fruchtbarkeitssymbol, Mondwesen, Feuerteufel oder Gauner. Vielleicht liegt es an seinen Eskapaden draußen auf dem Feld und seiner wechselnden Gestalt, dass der Hase weltweit eines der ältesten und am weitesten verbreiteten Fabeltiere ist. Hier in dieser Gegend meinten die Leute, es bringe Unglück, wenn ein Hase vor einem die Straße überquere. Aber das Tagebuch des Dichters William Cowper aus dem Jahre 1876 über seinen Hasen zählt zu den großen Geschichten über eine liebevolle Freundschaft zwischen Mensch und Tier.[10] Meister Lampe ist ein Hase. Variationen der Parabel von der Schildkröte und dem Hasen findet man in beinahe jeder

Sprache von Bantu bis Tibetisch. In weiten Teilen Nordamerikas war der Große Hase der Dreh- und Angelpunkt der Schöpfungsmythen. Und in einer ägyptischen Hieroglyphe von 2000 vor Christus ist ein Hase auf einer Wasserwelle dargestellt, was einfach ›da sein‹ bedeutete. Es gibt eine anrührende chinesische Geschichte, ein sehr ökologisches Volksmärchen, in dem viele dieser symbolischen Rollen miteinander verwoben sind. Sie handelt von einem Hasen, der in Buddhas heiligem Hain lebt und dessen Tugenden ihm die Herrschaft über alle anderen Tiere eingebracht haben. Eines Abends erschien der Buddha in Gestalt eines hungernden Brahmanen. Der Hase kam gleich herbei gehoppelt, um ihm zu helfen. »Meister, ich, der ich im Walde aufwuchs und von Gras und Kräutern lebte, habe Euch nichts weiter anzubieten als meinen eigenen Körper. Gewährt mir doch die Gunst, Euch an meinem Fleische zu laben.« Dann stürzte er sich in ein Holzkohlenfeuer, hielt aber erst noch einmal inne, um behutsam all die Flöhe einen nach dem anderen aus seinem Fell zu zupfen. »Mein Körper mag dem Heiligen geopfert werden«, sprach er, »doch auch Euch das Leben zu nehmen, dazu habe ich kein Recht.« Zum Dank befahl der Buddha, dass das Bild des Hasen für alle Zeiten das Gesicht des Mondes zieren möge.

Aber sich eine Vorstellung von der Natur zu machen und sie zu mythologisieren ist ein zweischneidiger Prozess. Seine eigenen ›Wahrheiten‹ können den soliden wissenschaftlichen ›Fakten‹ im Wege stehen. Seine Metaphern und Bilder und Symbole können ein Ersatz sein für die Auseinandersetzung mit der wirklichen Welt (mitunter dauerhaft wie in dem Begriff ›mausetot‹). Die Hasenjagd gilt schließlich bis heute als ›Sport‹, und die moderne Landwirtschaft vernichtet den Lebensraum des Hasen. Wesentlicher ist jedoch, dass gerade die Sprache, die uns befähigt, auf diese Art zu denken, oft für eine unüberwindliche Barriere zwischen uns und der Natur gehalten wird, für das, was uns dieser entfremdet und was verhindert, dass wir irgendwann einmal Hand in Hand mit ihr gehen können.

Aber so ganz sicher bin ich mir da auch wieder nicht. In meinem Wald hatte ich einmal eine Begegnung mit einer Muntjakricke. Es war kein unvermitteltes Aufeinandertreffen, keine Kollision, bei der einer hinter einem Gebüsch hervorkommt und beide im ersten Moment völlig konsterniert sind. Wir gingen ganz langsam aufeinander zu, beide mit jener leichten Schräghaltung des Kopfes, die immer und überall Neugier, Vorsicht und Unsicherheit darüber, was wohl als Nächstes passieren wird, signalisiert, und die Entschlossenheit, weder selbst zu provozieren noch sich provozieren zu lassen. Wir näherten uns einander bis auf drei Meter, dann starrten wir einander nur noch an. Ich sah in ihre großen Augen und betrachtete ihren gekrümmten Rücken und ihren gesenkten Schwanz – beides Indizien dafür, dass sie erschrocken war und Angst hatte. Ich fragte mich, was für genetische Erinnerungen sie wohl aus ihrer chinesischen Heimat haben mochte, wie sie sich in einem englischen Buchenwald fühlte und ob sie je zuvor ein menschliches Gesicht erblickt hatte. Sie sah mir in die Augen, und fuhr sich mehrmals mit der Zunge übers Gesicht, als würde sie sich fragen, ob ich gefährlich sei oder wonach ich roch. Ich fand sie hübsch und ziemlich mutig. Sie fand anscheinend, dass ich ganz gut rieche und nicht übel aussehe, allerdings eine ziemlich merkwürdige Gestalt hätte, und vielleicht noch anderes, das ich nie erfahren werde. So unterhielten wir uns miteinander, zwei neugierige, zugleich zurückhaltende Fremde, und dann gingen wir beide unserer Wege. Ich kehrte um, ging zurück nach Hause und schrieb meine Erinnerungen an unsere Begegnung auf. Sie trabte davon, war vermutlich schon dabei, das Ganze wohlweislich zu ›vergessen‹, trug aber einen leicht verwirrenden Eindruck von meinem Geruch, meiner Gestalt und den Geräuschen meines Atems, der sich in ihrem Kopf festgehakt hatte, mit sich davon.

Der Schriftsteller Iain Sinclair nennt dieses Tier nicht Muntjak, sondern Monkjack, was vielleicht ein Produkt seiner Erfindungsgabe ist, vielleicht auch einfach nur ein akustisches Missverständnis, aber jedenfalls passt dieser Name perfekt sowohl zu seinem mönchisch erhabenen Einsiedlertum als auch zu seinem gelegentlich hervorbrechenden schelmischen Temperament, und er scheint mir hilfreich, wenn ich versuche, mir unsere Begegnung zu erklären. Ich kann keine gültigen Urteile darüber fällen, was da vor sich ging, ich kann nur sagen, dass die Ricke von ihren mönchischen Fähigkeiten Gebrauch machte und ich von meinen menschlichen. Doch die Begegnung kam mir in jedem Punkt absolut natürlich vor, ganz so, als wäre ich ihr nachgejagt oder hätte ihr Futter geteilt.

Ich möchte dieses Tal gern genauso gut kennenlernen, wie ich meinen Wald kenne, mich dort genauso wohl fühlen und all seine Bewohner mit der gleichen *Bewusstheit* wahrnehmen wie jenes Monkjack-Weibchen. Dieses Buch soll davon berichten, wie sich die Dinge in jenem ersten Jahr entwickelt haben. Doch es wird unweigerlich auch davon erzählen, wie mein eigenes Leben nach der Krankheit weitergeht und welche Gefühle und Gedanken ich hatte, als ich endlich den Zeh in etwas tunkte, das einem selbständigen Erwachsenenleben nahekommt. Diesseits des Atlantiks ist es Usus geworden, solche persönlichen Geschichten geflissentlich beiseite zu lassen, wenn man über die Natur schreibt, als sei das Naturerleben etwas, das außerhalb des wirklichen Lebens stattfindet, ein reiner Zeitvertreib, ein Hobby, oder vielleicht etwas, dem man nur dann gerecht werden kann, wenn man die einzelnen Ebenen durch das Prisma der Wissenschaft betrachtet – sachlich und sorgfältig voneinander getrennt. Ich habe das nie so empfunden, und seit ich wieder genesen bin, kommt es mir geradezu absurd vor, angesichts unseres neuen Verständnisses des Lebens, wonach alles mit allem verwandt ist, das sogenannte Nature Writing von anderen Formen der Literatur und vom Rest der menschlichen Existenz losgelöst zu betrachten.

Was mir letzten Endes geholfen hat, wieder gesund zu werden, war, dass ich von Neuem lernte zu schreiben – doch das ist eine andere Geschichte, auf die ich später, an geeigneter Stelle, noch zurückkommen werde –, und ich glaube, dass uns die Sprache und die Fantasie nicht etwa der Natur entfremden, sondern vielmehr unsere stärksten und natürlichen Werkzeuge sind, um uns neu mit ihr ins Verhältnis zu setzen. Ich hoffe, dass mich das, was ich in meinem neuen Habitat erleben werde, in diesem Glauben bestärken wird. Kultur ist nicht das Gegenteil von Natur, noch steht sie im Kontrast zu ihr. Sie ist die Schnittstelle zwischen uns und der nichtmenschlichen Welt, die halbdurchlässige Membran unserer Gattung.

*

Noch knapp ein Kilometer, das rosa Landhaus taucht schon hin und wieder zwischen den Sträuchern der Allmende auf. Ein paar Ginsterbüsche blühen noch, und das verblassende Purpur des Heidekrauts lässt den Boden verbraucht und rostig aussehen. Ein Stück weiter vorn markiert eine sich verdichtende Reihe von Weiden und Erlen das Flussufer und die Grenze des Fenns. Ich bin diese Straße erst ein Mal gefahren, und doch ist sie mir durch und durch vertraut. Ich wuchs auf einer Allmende auf, dort gab es die gleiche Mischung von Ginster und Birken, und ich erkenne die Anlage der Wege wieder, die sich trennen, trichterförmig voneinander abzweigen und wieder zusammenkommen. Es sind Spuren von einzeln lebenden Tieren mit ihren unausrottbaren Gewohnheiten, von Momenten der Geselligkeit, von anderen Geschöpfen, die die Wege kreuzen. Die Signaturen, die eine jede Allmende auf unserem Erdball trägt.

Ich kenne diese Gegend aus zweiter Hand, nämlich durch den Dichter John Clare, der im neunzehnten Jahrhundert hier lebte, arbeitete und schrieb. Clare war einer der wenigen Schriftsteller, denen es gegeben war, dieses gemeinsame Feld zu finden und eine Sprache zu schaffen, die Natur und Kultur miteinander vereint, anstatt sie zu trennen. (Er habe seine »Gedichte auf den Feldern gefunden«[11], sagte er einmal.) Am meisten zu Hause fühlte er sich im Freien, an wilden und ereignislosen Orten wie Ödland und Heide. Er sah die gesamte lebendige Landschaft als eine Art Allmende und sich selbst als einen der Bewohner der Allmende. »Grenzenlose Freiheit beherrscht die Landschaft umher«[12], schrieb er in seiner Elegie auf die durch die Privatisierung verloren gegangenen öffentlichen Plätze seines Heimatdorfs.

Moore, verlorn aus dem Blick, fern, nackt & platt,
Wo der Regenpfeifer frei vergnügt dahinglitt,
Ist verschwunden jetzt mitsamt der wilden Allmende
Wie die Dichterschau vom frohen ersten Tagesende[13]

Ich fühle mich Clare verbunden. Er ist – fast – ein East Anglier honoris causa, und auch er hatte mit Depressionen zu kämpfen. Ich war in derselben Klinik, in der er 150 Jahre vor mir gewesen war, ich zum Glück nur für kurze Zeit, aber das war eine ziemlich gruselige Erfahrung. Er ist dort geblieben. Ich konnte es wieder verlassen. Und trotzdem ist er mir bis heute ein Gefährte, ein drängender, verstörter Teil von mir, der von Gebüsch zu Gebüsch schleicht, und ich kann nicht anders, als seinen Spuren zu folgen.

2 · BAU

Bau, der; -[e]s, -ten u. -e
– Unterschlupf für Tiere
– sich im od. *in Bau befinden*

Ich hatte mich die meiste Zeit meines Lebens vergraben. Als ich ungefähr sechs war, habe ich im Garten Löcher gebuddelt – große Löcher, etwa so groß wie eine Schatztruhe – und mich darin zusammengerollt. Ein paar Jahre später machte ich das Gleiche mit Bäumen. Wenn ich mich nicht um meine zerkratzten Hände kümmerte und mich tief genug hineingrub, fand ich in ihrem Innern einen Hohlraum, eine stille Aushöhlung inmitten des Dickichts ihrer Zweige. Einmal hatten wir Nachbarskinder uns im Wurzelloch eines vom Sturm gefällten Maronenbaumes ein Versteck eingerichtet. Es war innen ziemlich groß, eine richtige Höhle, und duftete würzig nach feuchtem Ton und ausgerissenen Wurzeln, und eines Tages lockten einige von uns unsere Freundin Ann dort hinein und versuchten, sie zu schwängern, indem sie nervös mit einem Ilexzweig zwischen ihren Brüsten herumstocherten. So wurde es mir jedenfalls erzählt. Den Stammesältesten war ich nämlich noch zu jung, um derart ernste heidnische Angelegenheiten miterleben zu dürfen.

Doch als dann der richtige Sex kam, wurden solche Verstecke unverzichtbar. Ich hatte meine bevorzugten Refugien für erste intime Versuche in einer Mergelgrube im Bulbeggar's Wood, dort an dem Waldweg von Berkhamsted nach Potten End, und, dreister noch, hinter diversen ausladenden Bäumen auf dem Weg zum Kricket. Und wenig später gab es auch schon das eine oder andere aufregend gefährliche Stelldichein mit meiner ersten Freundin (dem »Juwel von Berkhamsted«, wie ihre uns streng bewachende Mutter sie nannte), in einem dunklen, modrigen Bunker knapp drei Meter neben einer Straße, die mitten durch unser Stadtzentrum führte. Als ich nach dem Studium ein Jahr in London lebte, konnte ich mich nicht überwinden, mir eine solide, gutbürgerliche Wohnung zu suchen, und hauste stattdessen drei Monate bei einem Freund in der Besenkammer. Und als ich später, mit über dreißig, einen ganzen Wald als persönlichen Spielplatz zur Verfügung hatte, erwählte ich mir immer noch meine kleinen Kultstätten und suchte Lichtungen mit Ilex und Hasenglöckchen, um mich zurückzuziehen. Wovor, das wusste ich selbst nicht genau, es war einfach ein erhebendes Gefühl, versteckt zu sein und unerkannt, wenn nicht gar unauffindbar.

Gab es irgendwelche Gemeinsamkeiten zwischen diesen Schlupfwinkeln, die bei oberflächlicher Betrachtung ungefähr so verschieden waren wie eine Höhle und ein Kloster? Ich glaube, es waren alles Orte, an denen sich für kurze Zeit Sicherheit und Abenteuer miteinander paarten, Rückzugsorte, die Ausguck und Schutz zugleich waren, Orte zum Durchatmen, wo ich mich sammeln oder auch erproben konnte – sie vereinigten in sich all die gegensätzlichen Eigenschaften, die die Landschaftstheoretiker einhellig als »Aussichtspunkt und Rückzugsort« bezeichnen. Der einzige Ort jedoch, der kein Bau war, der nur Rückzugsort war, ohne einen Ausblick zu bieten, war mein altes Zuhause in den Chilterns. Es war ein Mutterleib gewesen, eine Einsiedelei, ein Ort, den ich benutzte, um die Welt da draußen im Zaum zu halten, und ihm zu entwachsen, war meine unvollendete Hauptaufgabe.

Doch tröstete ich mich ob meiner Bau-Gewohnheiten damit, wie andere Geschöpfe sich verhielten. Der Bildhauer David Nash hat eine Serie von, wie er es nennt, »Schafräumen« gemalt, jene Nischen unter Baumwurzeln oder im Windschatten von Felsen, die jedes Tier sich scharrt, wenn es Ruhe oder auch Schutz braucht. Zaunkönigsmännchen tun zu Beginn des Frühlings etwas Ähnliches, sie bauen ein halbes Dutzend hübscher kleiner Spielnester, bevor sie Ernst machen und das eigentliche Nest errichten, mit dem sie ihre Partnerin anlocken wollen. Innen und außen wird alles akribisch mit einem Geflecht aus Moos und Federn ausgekleidet, rund um den kleinen Eingang, den John Clare mit dem »Spundloch in einem Fass«[14] verglich. Doch all das ist im Grunde weiter nichts als Junggesellenkram, rein zur Übung, zum Vergnügen und um anzugeben.

*

Ein Bau, mehr oder minder jedenfalls, war auch der Ort, an dem ich nun gelandet war, ein zufälliger, vorläufiger Rückzugsort. Ich war noch nicht reif für ein festes Zuhause zum Wurzeln schlagen. Ich brauchte etwas Praktisches, ein Provisorium, vielleicht mit einem Hauch von Klösterlichkeit. Die Bedingungen, auf die ich mich mit Kate, meiner Vermieterin, einigte, entsprachen genau dem, was ich mir vorstellte. Nichts für die Dauer. Kein ernsthafter Ballast, weder materiell noch emotional. Schon einen Vertrag zu unterschreiben, fiel uns beiden schwer, es schmeckte zu sehr nach amtlich bestätigter Kolonisation. Doch genau das war es ja im Großen und Ganzen. Kate arbeitete die Woche über in London, und ich sollte währenddessen ihre drei Katzen versorgen und einen kleinen Stall voller bemitleidenswerter Kleinsäuger, die ich in Gedanken umgehend einem undurchdringlichen Wald überantwortete. Außerdem sollte ich ganz allgemein ein Auge auf das Haus haben, Pakete annehmen, die Klempner hereinlassen und dergleichen. Und auch um die bunte Schar von Wildtieren, die hier hausten, sollte ich mich nach Möglichkeit kümmern – die Hornissen im Haus und auch im Fenn, die Langohrfledermäuse und Mauersegler, die bisweilen auf dem Dachboden nisteten, und die Schwärme von Vögeln, die sich um die Futterspender scharten.

Anfangs habe ich mich kaum für das Gebäude und seine Umgebung interessiert, die Abgeschiedenheit, die heimtückische Feuchtigkeit, das dichte Heidekraut und die Ginsterbüsche, denen das Landhaus seinen Namen verdankte. Und soweit ich in den ersten Tagen sehen konnte, ließ sich das Ganze perfekt im Immobilienmaklerjargon zusammenfassen: »Landh., 17. Jh., bildschön rest., Teilfachw. Fnst. u. Dln. orig., 9 Zmr., ideal für Schriftst. od. als Rückzg.« Ich hatte eine Art Kulturschock und konnte an nichts weiter denken als an mein Zimmer im ersten Stock und daran, wie ich in gerade mal zwei Tagen die elementaren Lebensgewohnheiten aus vierzig Jahren wieder erlernen sollte.

Stieg ich hinauf in meinen Adlerhorst, kam ich mir immer vor, als ginge ich in einen kleinen Wald. Der Raum war praktisch um einen Hain aus nackten versteinerten Eichenbalken herum gebaut und zugleich mitten in diesen hinein, und die Balken waren so ausgeblichen, dass sie an alte Gebeine erinnerten. Die Eichendielen waren fünfzehn Zentimeter breit, es gab auch einen Schreibtisch, ebenfalls aus Eiche. Im Innern des Zimmers gab es mehr Eiche als draußen. Vor dem nach Norden blickenden und mit einem (eichenen) Mittelpfosten versehenen Fenster lag ein Wiesenhang, der hinabführte zu dem Bruchwald aus Weiden und Eichen unten am Waveney. Nach Süden ging der Blick über ein Zuckerrübenfeld und wanderte sodann sanft bergauf bis zum Kamm mit dem zum Herrenhaus gehörenden Wald. Zwischen diesem und meinem Fenster lag ein kleiner, von einer Mauer umschlossener Garten mit einem Birnbaum und ein paar Säuleneiben. Dort wimmelte es von Vögeln, die bis unmittelbar an mein Fenster kamen. Auf dem Rasen stolzierten Fasane herum. Buntspechte flogen schnurstracks zu den prall mit Nüssen gefüllten Futterspendern, zogen überm Rasen ihre Schleifen oder kletterten den Birnbaum hoch. In einem Rosenstrauch ließ sich ein Dompfaffpärchen (aufblitzender weißer Rumpf und leises Pfeifen) blicken. Ich hatte fast sechs Jahre keinen Dompfaff mehr gesehen, und wie ich nun in diesem Zimmer stand, das zwar einerseits toll war, andererseits aber auch eine Herausforderung darstellte, und in dem ich mich jetzt irgendwie einleben sollte, dachte ich an Ruskins aufbauende Worte über die Nester dieser Vögel. Man hatte ihm eines gezeigt, das ausschließlich aus Klematisranken bestand, mit lauter welken Blütenköpfen auf der Außenseite, vielleicht so etwas wie »ein kompliziertes gotisches Bossenwerk, höchst anmutig und überaus malerisch, offenbar eigens dergestalt zusammengefügt ..., dass sich eine ornamentale Form ergab.« Doch weit gefehlt, schließt Ruskin. Zwar sei so ein Dompfaff nicht bloß »ein rein mechanisches Gefüge von Nervenfasern ... die ein galvanischer Stimulus zwingt, Klematisranken zu sammeln«, aber ein Architekt sei er auch nicht. Er »hat genau so viel Gefühl, genau so viel Wissenschaftlichkeit und Kunstfertigkeit, wie nötig sind, damit er glücklich ist.«[15]

Das hörte sich nach ziemlich guten Voraussetzungen zum Leben an und erst recht zum Herrichten eines Baus, und so gab ich mir Mühe, zu erfühlen, was die hölzerne Verworrenheit des Ortes (bei dem anscheinend die ›Blütenstände‹ der Eiche auch außen dran waren, also ungeschützt und so, dass man die Maserung sehen konnte) im Hinblick auf das Sich-Einleben bedeutete. Was war das für ein Nest und für welches Geschöpf? Was einem unmittelbar ins Auge fiel, ein regelrechter Blickfang, fast wie ein überhängender Ast, waren die sechs Diagonalbalken in den Ecken, die schräg über die Wände verliefen. Sie waren alle auf halber Länge jeweils um etwa zehn Grad gebogen, und mir kam der Gedanke, dass sie womöglich alle aus dem Mittelstück derselben krummen Eiche herausgesägt worden waren. Und dass der Baum womöglich schon mit Blick auf seine künftige Rolle ausgesucht und gefällt worden war, vielleicht aus einem der umliegenden Wälder. An mindestens drei dieser Schrägbalken sah ich zirka dreißig Zentimeter unterhalb der Krümmung eine verwischte ovale Aststelle, was aussah wie eine Reliefkarte oder wie das Innere einer Auster. Da das Holz parallel zur Maserung gesägt war, zeigte sich das Wachstum nicht in Form von Jahresringen, sondern als wirbelndes Muster von Längsstreifen und Strudeln, die allerdings zum Rand hin dicht gebündelt waren. Trockenheitsmaserung. Ich stellte mir den Raum als Wetterfossil vor, vielleicht aus einer Dürrezeit in den Wäldern unten im Tal, vor vierhundert Jahren, in den frühen Anfängen der Aufklärung. Ich freute mich, dass ich eine Bude gefunden hatte aus einer Zeit, als noch alles vage war, als die Fantasie noch eine Rolle spielte beim Verstehen der Welt.

Doch als ich darangehen wollte, meine Bücher und Bilder aufzustellen und meterweise Kabel zu verlegen – alles schnurgerade ausgerichtet und in kunterbunten Farben – und damit etwas gegen diese altertümliche Strenge zu setzen, schreckte ich doch ein wenig zurück. Wozu dieser Firlefanz, schien die Strenge zu fragen. Warum nicht ein Bett, ein Stuhl und ein nackter Tisch, so wie beim ersten Eigentümer? Ich versuchte, mir das moderne Äquivalent vorzustellen, etwas Japanisches und Minimalistisches, hatte aber nur eine wirkliche Antwort, vermutlich die gleiche, die die Altbesitzer auch gegeben hätten. Ich musste hier leben und mir meinen Lebensunterhalt verdienen. Ich brauchte Bücher, ich brauchte Wärme und ich brauchte Licht – genauer gesagt, Lampen. Die Decke war niedrig und ebenfalls mit Holz verkleidet, sodass eine einzelne zentrale Lichtquelle unpraktisch gewesen wäre. Ich versuchte also stattdessen, eine Art Ökosystem aus mehreren einzelnen Stromsparlampen zu installieren. Diese hängte ich ringsherum im Zimmer auf, überall dort, wo ich etwas tat; eine mit starkem Licht, um abends auf der Schreibmaschine zu schreiben, eine nicht ganz so helle, die sich dimmen ließ, um gemütlich im Sessel zu sitzen und zu lesen, eine schwenkbare, um im Regal nach bestimmten Büchern zu suchen und für die dunkle Ecke, in der das Radio und das Faxgerät lauerten. Wenn alle gleichzeitig leuchteten, war es unangenehm hell, wie in einer Weihnachtsgrotte, aber da ich wie verrückt zu rationalisieren versuchte, stellte ich mir lieber so etwas wie ein Wald-Beleuchtungssystem mit wechselnden Mustern von Streulicht und Punktstrahlern vor. So wie das, was Edward O. Wilson aus Amazonien berichtete:

> *Die Sonne brach erneut durch die Wolken und ließ die Oberflächen der Pflanzen in Nischen aus Licht und Schatten zersplittern, die hell erleuchteten Blattoberseiten hervortreten oder die Kanten der winzigen Schluchten, die vertikal die Baumrinde durchschnitten und Abgründe von zwei oder drei Zentimetern schufen. Das Licht sickerte von oben ein wie durch Wasser, drang aber nie bis in die tiefsten Furchen in den Brettwurzeln der Bäume vor.* [...] *Mit je nach Sonnenstand zunehmender oder abnehmender Intensität des Lichts kamen Silberfische, Käfer, Spinnen, Rindenläuse und andere Kreaturen aus ihren Zufluchtsstätten hervor oder zogen sich wieder dorthin zurück.*[16]

Ich stellte mir vor, wie ich meinen Rundgang machte, von einer beleuchteten Nische zur nächsten, kurz mal in die Ecke mit dem CD-Player hineinlugte und mich dann wieder zurückzog ins erhellte Heiligtum des Sessels.

So saß ich an den Abenden auf einer Lichtung, gleichsam erstarrt in dem Moment unmittelbar vor Sonnenuntergang. Und dann, eines Abends, der ganze Raum lag wie unter einem orangefarbenen Dunstschleier, die scharfen Kanten zwischen Kabeln und Dielenbrettern, Leisten und Bildern begannen, zu verschwimmen, wuchs plötzlich der originalgroße Druck der Orchidee *Paphiopedilum sanderianum* von Elizabeth Blackadder aus dem Balken, an den ich ihn aufs Geratewohl gehängt hatte. Da hockte er mit seinem Wurzelstock und seinen geschickt aufs Holz gepfropften Blattspreiten, und die Schwanzwimpel der Blüten reichten fast bis ans obere Brett meines Bücherregals. Er hatte sich in einen bildhaften Epiphyten verwandelt, eine Attrappe jener partnerschaftlichen Beziehung, die zwischen Orchideen und Bäumen tatsächlich besteht. Ich hatte das Gefühl, dass mir vergeben war, und dachte an unsere Haushornissen, die ebenfalls altes Holz in ein exotisches Dekor verwandelten. Ich hoffte, dass wir irgendwie die gleichen Pläne hatten.

*

Und an die Katzen musste auch gedacht sein. Nach vier Monaten in einer Katzenpension waren sie depressiv und orientierungslos. Blanco, ein starker weißer Kater mit chrysoberyllfarbenen Augen, und Lily, eine angespannt lauernde, ziemlich unbewegliche Schildpattkatze mittleren Alters, hatten sich im Gästezimmer unter das niedrigste Bett verkrochen. Nur Blackie, die Schwarzweiße mit einer Spur Essex drin, kam hervor, blickte entwaffnend zu mir auf und war bereit, sich mit mir zu unterhalten. Ich probierte mit allen möglichen Tricks, die anderen beiden auch hervorzulocken, aber sie blieben fest entschlossen, mir zu zeigen, dass sie sich eingesperrt fühlten und sauer waren.

In allen ernstzunehmenden Katzenratgebern kann man lesen, dass die Tiere mindestens einen Monat auf ihr Zimmer beschränkt bleiben sollten, bevor man sie mit der labyrinthartigen Topografie des Hauses und der Umgebung vertraut macht. Schön wär's! Dank einer Kombination aus Wind, schlecht schließenden Türen und ein- und ausgehenden Bauarbeitern waren Blackie und Blanco eines Morgens ausgebüchst. Sie waren nirgendwo zu finden, weder im Haus noch in der näheren Umgebung. Mit wachsender Unruhe suchte ich sie überall, in den Scheunen, den Schuppen, unten an den Rändern des Fenns und – bangen Herzens – sogar auf der Straße. Zu meiner Schande muss ich eingestehen, dass ich mir dabei um mein eigenes Schicksal mindestens so große Sorgen machte wie um das der Katzen, denn ich ging davon aus, dass ich in meiner Rolle als Mieter versagt hatte und als Katzenhüter gescheitert war. Es erübrigt sich zu sagen, dass sie noch am selben Abend wieder da waren und zusammengerollt in ihrem Zimmer lagen, vor sich auf dem Teppich eine feierlich aufgebahrte tote Spitzmaus. Warum um alles in der Welt hatte ich mir Sorgen gemacht? Nicht mal viertausend Jahre Domestizierung liegen zwischen der Katze und ihren wilden Vorfahren; sie hat so gut wie nichts von ihren Instinkten eingebüßt, ihrem Unabhängigkeitsdrang und ihrer Lust auf Abenteuer in der freien Natur. Nach diesem ersten Ausflug flüchteten sie immer wieder innerhalb des Hauses, kletterten auf ihren Erkundungsgängen die Schornsteine hoch, entdeckten mein

Zimmer und waren versehentlich in meinem Kleiderschrank eingesperrt. Schließlich kapitulierten wir und ließen sie vierzehn Tage früher frei. Sie machten einen Übergangsritus durch und hatten nun *Wegerecht,* wie Kate[17] mir eines schönen Tages erklärte und dabei auf die Treppe zeigte, als ich mal wieder bitterlich über mein ach so verändertes Leben klagte.

Ich überließ mich der Führung der Katzen und begann nun ebenfalls, die verborgenen Winkel des Hauses zu erkunden. Bei Nacht, knapp einen halben Kilometer vom nächsten Nachbarn entfernt, konnte ich mich so wüst gebärden, wie ich wollte. Ich dimmte alle Lichter und drehte die Musik auf. Ich kroch auf allen vieren durch die engen Gänge, weil ich schauen wollte, ob ich mich allein mit Tasten zurechtfinden konnte. In den frühen Morgenstunden schien es, als lägen nur wenige Schritte zwischen dem Haus und dem Wald, aus dem ein großer Teil des Holzes stammte, aus dem es gebaut war. Keine Frage, es lebte noch, das Haus. Nichts war gerade oder auf derselben Ebene. Sobald es kälter wurde, zogen sich die Balken und Fugen zusammen, und das ganze Haus wandelte seine Gestalt. Nippes, Tassen, Telefone, alles rutschte den Kanten entgegen. Wie von Zauberhand gingen Türen auf und zu. Wenn der Mond schien, warfen die Fensterpfosten starre, sich verästelnde Schatten auf den Boden. Einmal stieg ich abends mit einer Taschenlampe auf den Dachboden hinauf. Dort lebte früher die Dienerschaft in einem wackligen hölzernen Hauszelt aus alten Schafsgattern und herabgefallenem Dachstroh. Der Nordostwinkel war die spinnwebverhangene Ecke, in der die Mauersegler aus Gras und Federn ihre Nester bauten. Nur noch zwei, drei Monate, dann würden meine Totemvögel sich vielleicht gerade einmal einen Viertelmeter über meinem Kleiderschrank gemütlich aneinanderkuscheln.

Verblüffend rasch entwickelte ich ein Wohnbewusstsein und begann, erstaunlich häuslich zu werden. Ich war vollauf damit beschäftigt, meinen Bau funktionstüchtig zu machen. Ich fing an, alte Kleidungsstücke zu färben und allerlei Provisorien zu basteln, und wagte mich in der Küche an riskante Experimente mit Hunza-Aprikosen und Hirsemehl. Und ich wurde pingelig. Geradezu zwanghaft räumte ich vor und nach der Arbeit auf, mitunter sogar zwischendurch. Ich sagte mir, das sei eine rein praktische Maßnahme, es sei unmöglich, im selben Raum zu leben und zu arbeiten, ohne ein gewisses Maß an Ordnung und System zu haben. Doch mir war klar, dass in meinem ganzen Kram, meinem Werkzeug und besonders in meinen Büchern viel von meiner früheren und auch von meiner gegenwärtigen Sicherheit steckte und sie mir darum so kostbar waren. Ich verhielt mich wie ein Tier, das sich fürs Überwintern vorbereitet, die gespeicherten Vorräte überprüft und hier und da etwas auffrischt, um dann in aller Ruhe das Frühjahr abzuwarten.

Durchaus selbstzufrieden betrachtete ich meinen denkbar rational eingerichteten Schreibplatz, gewissermaßen ein Bau im Bau, den ich mir so gemütlich hingeschustert und zusammengestrickt hatte, dass er an das Cockpit eines Doppeldeckerflugzeugs aus den neunzehnhundertzwanziger Jahren erinnerte. Mit Computern hatte ich mich während meiner Krankheit überworfen, aber nicht etwa aus einer ideologisch motivierten Feindschaft heraus, sondern weil die Fülle der Möglichkeiten, die sie einem auf Schritt und Tritt anbieten, mich einfach überwältigt hatte. Darum hatte ich zwei kleine Schreibtische, den einen back-, den anderen steuerbords, mit zwei manuellen Schreibmaschinen (eine davon elektrisch wegen der Smart-Copy-Funktion), einem Faxgerät, diversen Telefonen, Karteikästen, der gleichbleibend intensiven Arbeitslampe, einem Feldstecher und, gleichsam als Versicherungspolice, einem sehr präzisen Minimum-Maximum-Thermometer. Ich wollte schließlich wissen, wann ich litt.

Die Leute fragen, was dazu gehört, hauptberuflich Schriftsteller zu sein und das Schreiben zu seinem Broterwerb zu machen, und die einzige ehrliche Antwort ist: Beharrlichkeit, um sich sehr lange ganz allein in einem Raum aufhalten zu können und ohne Seil zu klettern. Wenn man aber an den Rändern seiner Nische herumkratzt, so ähnlich wie eine eingesperrte Katze, dann ist es eher auszuhalten. Ich kam auf alle möglichen nützlichen Ablenkungen. Ich reinigte eine meiner Schreibmaschinen mit dem, was ich gerade zur Hand hatte und was Wundbenzin am nächsten kam, nämlich einem Fläschchen Bergamotte-Eau-de-Cologne, Marke Body Shop. In ganz East Anglia gab es keine Schreibmaschine, die süßer duftete als meine. Wenn ich mich langweilte oder das Gefühl hatte, besonders flotte Finger zu haben, wechselte ich recht oft zu der elektrischen Schreibmaschine hinüber, ließ meinen Gedanken freien Lauf und erlaubte dem scheinbar spontanen Schwall der Buchstaben, mich hinwegzutragen. Wenn ich, um Bücher zu holen, einen kleinen Ausflug gen Norden, auf die andere Seite der hölzernen Wegscheide in der Mitte meines Fußbodens machte, so war dies ein Ortswechsel von beträchtlicher Dimension, trat doch an die Stelle der südwärtigen Aussicht auf den ummauerten Garten und das Ackerland dahinter in nördlicher Richtung der wildere Anblick der Wiesen und des Fenns. Als Annie Dillard *Pilger am Tinker Creek*[18] schrieb, ihre außerordentliche Odyssee ins Innere der Evolution, arbeitete sie in einer kleinen Lesenische in der oberen Etage der Bibliothek des Hollins College, wo sie weiter nichts vor Augen hatte als ein geteertes Dach. »Ein Zimmer ohne Aussicht ist nötig«, schreibt sie, »damit die Phantasie im Dunkel der Erinnerung begegnen kann.«[19] Sie ließ die Jalousien herunter und überklebte sie mit einer selbstgemachten Zeichnung dessen, was von dem Fenster aus zu sehen war: »Wäre ich geschickter gewesen, ich hätte, direkt auf die Lamellen der herabgelassenen Jalousie, in genauen Farben eine Trompe-l'œil-Wandgemäldeaussicht all dessen gemalt, was die Jalousie verbarg. Statt dessen schrieb ich es nieder.«[20]

*

Ich habe abends auch ein Zimmer ohne Aussicht. Ich sitze im Sessel, auf dem Schoß eine Katze oder auch zwei, und betreibe Freistil-Lesen. In meinem kleinen Bücherschatz spüre ich bestimmten Gedanken und Namen nach und nutze jede noch so kleine Chance, um abzuschweifen. So bin ich beispielsweise der Geschichte der Irrlichter des Marschlands nachgegangen, habe meine Nase in den liederlichen Lebenswandel von Norfolks Schriftstellerdynastien gesteckt, entdeckte eine gute neue Theorie über das Bewusstsein der Tiere und löste das Rätsel um die Entdeckung und das Verschwinden der spektakulären Farbvarietäten der einheimischen Orchideenart *Dactylorhiza*, auch Knabenkraut genannt. Das Durcheinander von Marschland, Wald und Wasser in den Fenns hat im Verein mit dem vielseitigen Einfallsreichtum der Orchideenfamilie ein paar echte regionale Wunderkinder hervorgebracht. In dem kleinen Sumpf bei Roydon, gar nicht weit weg vom Haus, fand J. E. Lousley das erste britische Exemplar der ätherischen strohfarbenen Variante des Knabenkrauts (*Ochroleuca*). Mangels Wasser lebt auch dieses heutzutage nur mehr in Büchern.

Die Dunkelheit sickert herein (die alten Fenster haben keine Vorhänge), und ich denke darüber nach, wie merkwürdig es doch ist, dass ein sogenannter Naturschriftsteller so viel von seiner Zeit mit der Nase im Text zubringt. Müsste ich nicht eher draußen in der Nacht sein, Füchsen nachspüren oder die Felder nach den dunklen Schemen von Rehen absuchen, anstatt mich mit all diesen naturfernen Reflexionen und Studien zu befassen? Ist so ein Leben mit Wörtern nicht geradezu die Antithese zu einem Leben mit der Natur? Früher habe ich, wenn ich mich wegen meiner sozialen Rolle in der Defensive fühlte, stets erklärt, die Naturschriftstellerei sei eine authentische und durchaus ehrenwerte Variante der Landarbeit, hänge sie doch, genau wie Ackerbau und Viehzucht, vom Wetter und den Jahreszeiten sowie von einer gehörigen Portion Glück ab und erzeuge eine Ernte von soundso vielen Wörtern je Morgen Land, über den man gestapft sei oder sich Gedanken gemacht habe. Als Beispiel führte ich großspurig jene Klausel in den Einkommenssteuerformularen an, der zufolge ausschließlich »Bauern und Schöpfern literarischer oder künstlerischer Werke« das Recht zugestanden wird, bei ihren Einkünften einen Mittelwert aus guten und schlechten Jahren anzugeben. Was für eine Kombination! Aber das Argument kam nicht besonders gut an. Für die meisten Leute sind die Endprodukte des Schriftstellers, jenes merkwürdige Gebräu aus persönlichen und allgemeinen Erinnerungen, alten Mythen und neuen Metaphern, durch und durch pseudowissenschaftlich. Sie würden es sogar hinnehmen, wenn man sich als eine Art lokaler Geschichtenerzähler nützlich machte, wobei dieses Gewerbe ja zu den ältesten der Welt gehört. Aber der eigentliche Akt des Wörtermachens ist und bleibt ein undurchsichtiges, fast schon an die Freimaurerei erinnerndes Mysterium. »Und wovon *leben* Sie?«, wird man von Leuten, die keine Schriftsteller sind, gern gefragt, als sei diese ganze verstiegene Mäanderei nur ein Spiel und beim besten Willen nicht ernst zu nehmen. Und nicht selten bin ich genauso verunsichert wie sie. In gewissem Sinne ist das Schreiben und im Grunde alles, was mit Fantasie zu tun hat, tatsächlich ein Spiel und etwas, das dem ernsthaften Geschäft des Überlebens völlig unnützerweise einen Schmuck verleiht. Man kann darin leicht die *un*natürlichste aller Beschäftigungen sehen. Hier oben jedoch, in diesem Horst in luftiger Waldeshöhe, inmitten dieser allem Anschein nach noch ziemlich wilden Landschaft, kommt es mir vor, als gehe es allein darum, sich mehr dem Ursprung anzunähern, sich mehr mit allem zu verknüpfen, nicht so sehr ein ordentlicher Landwirt zu sein, sondern es eher den Jägern und Sammlern gleich zu tun, die immer der Nase nach gehen. Ich habe ein Buch mit dem verlockenden Titel *Enjoying Moths*[21] gefunden – Freude an Faltern. Darin erzählt der Autor Roy Leverton, wie die viktorianischen Insektenforscher eigens ein Wort für ihre abendlichen Erkundungsgänge ersannen, nämlich das Verb *dusking,* was soviel heißt wie ›in der Abenddämmerung herumschwirren‹. In der Hoffnung, die geisterhaften Kreaturen in ihre Netze locken zu können, zogen sie bei Einbruch der Dunkelheit mit Laternen und Zuckerfallen los. Mir gefällt die Idee des ›Dusking‹, wenn ich die unglückseligen Falter mal beiseite lasse. Sie scheint mir ganz gut zu meiner eigenen abendlichen Beschäftigung zu passen, die darin besteht, hinter einem Schwarm flüchtiger Gedanken herzuflattern, die die Menschen seit Jahrhunderten festzunageln versuchen.

Die Ansicht, dass Phasen der Meditation, des Fantasierens, des Niederschreibens nicht gänzlich vom Leben der Wildnis getrennt sein müssen, hat seit jeher einige ehrenhafte Vertreter. Henry Thoreau gab sich besonders theatralisch, als er schrieb:

> *Das wäre ein Dichter, der die Winde und Flüsse in seine Dienste nehmen könnte, damit sie für ihn sprächen; der Worte an ihrem urtümlichen Sinn festnagelte wie ein Farmer, der einen Pfahl in eine eingefrorene Quelle treibt ..., der die Worte ebenso oft ableitete, wie er sie benutzte, und sie mitsamt der an den Wurzeln haftenden Erde auf das Papier verpflanzte; dessen Worte so wahr und frisch und natürlich wären, daß sie sich öffneten wie Knospen beim Nahen des Frühlings ...*[22]

Der große amerikanische Dichter Gary Snyder jedoch hat eine ähnliche, wahrhaft bodenständige Überlegung entwickelt:

> *Das Bewusstsein, das Denken und die Sprache sind von grundlegender Wildheit. Sie sind »wild« im Sinne von wilden Ökosystemen –*

> *miteinander verknüpft, ineinandergreifend und unglaublich komplex. Sie sind vielfältig, uralt und enthalten unzählige Informationen.*[23]

An anderer Stelle schreibt er:

> *Erzählungen sind eine Spur, die wir der Welt zurücklassen. Die Literatur ist solche Hinterlassenschaft — sie ist von derselben Art wie die Mythen der Völker der Wildnis, die nur Geschichten und einiges Steinwerkzeug zurücklassen. Andere Lebewesen haben ihre eigenen Literaturen. Erzählung in der Welt des Wildes - das ist eine Geruchsspur, die von einem Tier für ein anderes gelegt wird, das die Erzählung mit einer instinktiven Kunst der Interpretation versteht. Eine Literatur der Blutflecken, etwas Pisse, ein Hauch Sexualduft, ein Stoß in der Brunftzeit, eine Kratzspur auf einem Schössling - schon ist es vergangen.*[24]

Allerdings geht es weniger um die Frage, ob die Sprache des Menschen ein wesentlicher Teil des größeren kreativen Wirkens der Natur ist (was sie selbstverständlich ist, da sie sich schließlich aus der Wildnis heraus entwickelt hat), sondern darum, ob sie auch ihr Echo ist, ob sie gewissermaßen in wohlgestimmtem Einklang mit ihr steht. Die Idee, dass die Sprache lediglich ›Kontaktlaut‹ ist, wie das Piepsen der Vogelschwärme im Winter, die in der Kälte miteinander in Verbindung bleiben müssen, hat zwar etwas Rührendes, stellt in Wahrheit aber nur ein Überbleibsel einer viel älteren Sehnsucht danach dar, wieder zurückzukehren in den Stand der Unschuld, und verstärkt so, gleichsam durch die Hintertür, den Gegensatz von Natur und Kultur. Wie seltsam, dass Gaben wie die Fähigkeit, Bilder zu erzeugen, oder die Sprache immer wieder als Attribute angesehen werden, die unsere unwiderrufliche Entfremdung von der Natur besiegeln, als seien sie der eigentliche Grund, warum wir in Ungnade gefallen sind. Wir werden niemals wirklich wissen, wie es um die Selbst-Bewusstheit einer anderen Gattung bestellt ist, aber man darf wohl davon ausgehen, dass die meisten sich der Sprache nicht auf die gleiche Weise wie wir bedienen, dass sie nicht, wie wir, in Metaphern denken oder ihr intensives Selbsterleben nicht mithilfe eines kompliziert geknüpften Netzes von Assoziationen, Bezugnahmen und Anspielungen vermitteln.

Doch warum um alles in der Welt ›entfremdet‹ uns das? Es ist doch eine absurde Vorstellung, dass ein ›Zurück zur Natur‹ – es mag, je nachdem, wo man selber steht, ersehnt sein oder auch gefürchtet – notwendigerweise bedeuten muss, sich von der bewussten Wahrnehmung der eigenen Person zurückzuziehen. Wir haben uns zu Sprechern und Träumern entwickelt. Das ist unsere Nische in der Welt, etwas, das wir nicht wieder rückgängig machen können. Können wir nicht gerade diese Fertigkeiten als unseren Versuch einer Umkehr betrachten, anstatt darin die Ursache unseres Exils zu sehen? Natürlich haben die Sprache und die Vorstellungskraft bis zu einem gewissen Grad das Lebendige unserer sinnlichen Beziehungen zur Außenwelt abgetötet (obwohl das keineswegs unweigerlich so sein muss) und uns vor Augen geführt, inwiefern wir uns von anderen Gattungen unterscheiden. Zugleich aber sind sie unser Zugang zum Verständnis unserer Verwandtschaft mit dem Rest Schöpfung, dazu, wie wir uns mit unserer Eigenartigkeit in den Plan der Dinge einordnen, wie wir Erweckende werden können, Feiernde, wie wir unseren ganz eigenen Gesang zu dem der übrigen natürlichen Welt hinzugesellen können.

In seinem Buch *Song of the Earth* schreibt Jonathan Bate: »Der Traum von einer Tiefenökologie wird auf der Erde niemals wahr werden, doch unser Überleben als Gattung könnte davon abhängen, inwieweit es uns gelingt, diesen Traum im Wirken unserer Fantasie zu träumen.«[25] Ich würde sogar noch weiter gehen und sagen, unsere fantasiegesteuerten Affinitäten zur natürlichen Welt sind ein entscheidendes ökologisches Band und für uns genauso unverzichtbar wie unsere materiellen Existenzbedingungen, also Luft, Wasser und die Fotosynthese der Pflanzen.

Wenn sich John Clare[26] etwas notieren wollte, verwendete er in seinen autobiografischen Schriften häufig die englische Fügung *dropping down,* was sowohl ›aufschreiben‹ als auch ›hinabstoßen‹ bedeutet, also eine Bewegung, die jener von Vögeln bei der Futtersuche ähnlich ist. In vielen seiner Gedichte hat man das Gefühl, dass die Worte so spontan wie Schreie kommen; er schießt darin hin und her, von der Pflanze zum Hügel zum Wetter zur Erinnerung, und seine ganze Erfahrung liegt in einem einzigen simultanen Ringsumherschweifen, das ausschließlich dem gegenwärtigen Moment gehört – was Seamus Heaney die *one-thing-after-anotherness*[27], das »Einsnach-dem-anderen« der Welt nannte:

Wenn dann fort wir sprangen auf dem alten Beerenpfad
& wie Bonbons naschten das Staunen eh' es den Lenz abtat
& wie Häschen hüpften noch bevor der Morgen naht
Auf dem pucklichten Auf und Ab der hübschen Swordy Well
Wenn in Rundeiche enger Gasse da der Süden wieder grauer
Wir die hohle Esche suchten als ein Schutz vorm Schauer
Unsere Taschen voller Erbsen die wir stahlen aus der Scheuer
Wie köstlich war der Mittag da in solch Regengebreit
Ach die Worte sind magere Quittung für den Raub der Zeit
Die alten Kanzelbäume & das Spiel zu zweit[28]

Doch Clare war nicht nur akribischer Beobachter der Vögel, sondern fühlte sich ihnen gleich, und ganz gewiss war er kein Naivling, der die Gabe des automatischen Schreibens besaß. Diese Verse aus seinem Gedicht *Erinnerungen* sind eine Rekonstruktion und zugleich eine Revision von Erfahrungen aus seiner Kindheit, also aus der Zeit, bevor die Einhegung seinen Heimatflecken unumkehrbar verändern sollte. Dieses leidenschaftliche Schlachtenepos, diese Hymne im Namen aller an den Rand gedrängten Lebewesen war ein überaus fein geschliffenes Stück Poesie.

Das hätte ein hübscher Schlusssatz sein können, wäre da nicht die Tatsache, dass auch viele Vögel ihren Gesang ›ziselieren‹, wie sie es von ihren Eltern und anderen Vögel lernen, und dass der Gesang der Nachtigallen, für die sich Clare so vordringlich einsetzte, im Juni kunstvoller klingt als im April …

*

Den Spätherbst und die ersten Wintertage verbrachte ich größtenteils in Gesellschaft von Ian, einem der Handwerker. Offiziell war er als Maler engagiert und arbeitete sich ruhig und methodisch im Haus voran, packte aber auch sonst überall mit an, wo sein Sachverstand vonnöten war. Er durchkämmte Bauhöfe (und unsere Scheunen) nach alten Brettern und Leisten für die Spülschränke. Er brachte die labyrinthartige Antennenanlage für die Fernseher zum Laufen. Er hatte ein Mitspracherecht (und manchmal wohl auch ein Veto) bei der Farbgestaltung der einzelnen Räume. Eines Morgens zeigte er mir die Schichten von Kalktünche, die beim Abspachteln der Wände zum Vorschein kamen. Helle Pastelltöne – rosa, grün, blau; die Stellen, an denen sie einander überlappten, sahen aus wie Schildpatt oder wie die Farbflecken, die man bisweilen im Innern hohler Eiben findet. Darunter, direkt auf dem Eichenfachwerk und den Latten aus Maronenholz, war der reine, aus Kalk, Sand, Wasser und Tierhaaren zusammengerührte Gips. In unserem Falle war es Rosshaar, aber man kann auch alles andere nehmen. Als Gilbert White 1780 seine Decke gipste, benutzte er die Haare seines Hundes: »Rovers Fell wog hundertzwanzig Gramm. Bei Nordostwind läuft er ein.«[29]

Ich fragte Ian, ob er von klassischer Lehmbauweise Ahnung habe. Er war jung und ein bisschen zurückhaltend, wie die Leute in East Anglia eben so sind, aber ja, natürlich hatte er davon Ahnung. Allerdings benutzte er für die Staken nicht unbedingt, wie üblich, gespaltene Haselruten, sondern spaltete einfach alles, was auf der Baustelle an Zweigen und dickeren Gerten aufzutreiben war. Das Einzige, was man auf keinen Fall nehmen durfte – obwohl die Versuchung sicher groß war, weil es davon in dieser feuchten Gegend jede Menge gab –, war Weide, denn diese konnte in dem nassen Lehm Wurzeln schlagen und direkt ins Haus hineinwachsen.

Ian hatte nicht nur einen Instinkt fürs Einheimische, Bodenständige, sondern besaß auch in Bezug auf die Restaurierung ein ausgeprägtes ästhetisches Gefühl. Nach seiner Überzeugung bestand der Zweck solcher Maßnahmen in erster Linie darin, ein Haus wieder bewohnbar zu machen, und dies entsprechend den Erfordernissen der Zeit. Natürlich müsse man dafür sorgen, dass keine Feuchtigkeit eindringen könne, den Schwamm aufhalten, irreparabel beschädigte oder verrottete Holzteile ersetzen, aber stets so, dass die verwendeten Materialien und der Stil im Einklang standen mit dem Geist des Ortes. Den Verschleiß einfach zu kaschieren oder künstlich alte Elemente aufzupfropfen, das wäre allenfalls eine Renovierung, aber keine organische Restaurierung. Hier waren viele Balken von ihrer jahrhundertealten Kruste aus Wachs und Farbe befreit worden. Aber sie hatten immer noch jede Menge Nagellöcher, Spinnweben und ›Nasen‹ von tropfendem Gips. Die Dielen waren so abgetreten, dass sie kaum noch eine glänzende Stelle hatten, und die uralten Bierflecke ergaben ein ganz passables Muster, sodass man sich beinahe das teure Abschleifen sparen konnte. Das ist der ›Charakter‹ des Hauses, doch nicht in dem Sinne, wie Innenarchitekten oder Denkmalpfleger den Begriff verstehen, sondern als Verkörperung der Erinnerungen des Hauses in diesen Materialien, wodurch sie in gewisser Weise zu seinem sensorischen System werden. Historiker gebrauchen gern das Wort Palimpsest, ein Begriff aus der Kalligrafie, der Artefakte und Landschaften (und vielleicht auch Leben) bezeichnet, in denen sich viele verschiedene Schichten eine nach der anderen abgelagert haben. Ich glaube nicht, dass das wirklich das Wort ist, das sie suchen – obwohl es in der modernen Welt rein zufällig und bedrückenderweise zutreffen mag –, denn ein Palimpsest ist eigentlich ein Manuskript, in dem die eine Textschicht getilgt oder unleserlich gemacht wurde, um einer nächsten Platz zu machen. Die dichtesten, reichsten und für gewöhnlich (obschon nicht immer) ältesten Landschaften sind das genaue Gegenteil. Die ältere Schrift scheint sozusagen durch oder beeinflusst auf die eine oder andere Weise das, was später kommt. Kurven im Land, Feuchtigkeitssäume, ein saurer, ätzender Boden – all das sind Dinge, die schwer auszurotten sind. Sie verteidigen ihr Terrain. Die gleiche Hartnäckigkeit legen die wilden Bewohner eines Ortes an den Tag, klammern sich an die letzten Flecken ihres ureigenen Habitats und halten fest an den traditionell eingefahrenen Wegen, selbst wenn diese durchschnitten werden von neuen Straßen und von ›Urbarmachung‹. (Wie kommen wir nur dazu, dieses prätentiöse Wort zu benutzen, als würden wir uns etwas von der Natur zurückholen, das früher einmal uns gehört hat?) Es sieht leider nicht gut aus für die Landschaft. Doch hier und da tun die Menschen ihr auch Gutes, und auch das kann noch lange nachwirken, lange nachdem ihre ursprünglichen Funktionen verschwunden sind und man ihnen neue Formen und Verwendungsmöglichkeiten aufgepfropft hat. In gewisser Weise ist die gesamte Mitte von East Anglia das Gespenst einer solchen geschichteten Landschaft, eine Erinnerung an etwas, das früher einmal mehr Substanz besessen hat. Die Ulmen sind tot, die Hecken sind weg, die Felder vertrocknet. Die einst so gebieterischen Grenzgräben aber und die breiten Rasenstreifen, die früher die Weidewege trennten, sind noch immer da, ein Skelett, dessen natürliche strukturelle Logik überdauern wird.

Bei urzeitlichen, zirka dreißigtausend Jahre alten Höhlenmalereien in Frankreich findet man bisweilen neue Skizzen, die zwischen die älteren Bilder oder um diese herum gesetzt sind, so wurden zum Beispiel Bären mit Pferden übermalt, obwohl die Maler absolut adäquate Techniken beherrschten, um die alten Arbeiten komplett abzudecken. Will man das Endergebnis all dieser Verfahrensweisen beschreiben, so ist es naheliegend, den Begriff ›Patina‹ im Sinne von Überkrustung und natürlicher Abnutzung zu gebrauchen. Die bessere Metapher ist aber vielleicht einfach ›Verwitterung‹, das fortschreitende Sich-Einschreiben von Naturgewalten und menschlichem Handeln – schlicht von Erfahrung.

Auf einmal entschloss sich das Wetter, das ich fein säuberlich in die Maserung der Balken und eine Flut von Metaphern gebannt hatte, persönlich vorbeizuschauen. Nur wenige Tage vor Halloween und dem alten Fest Samhain, zu dem fröstelnde East Anglier einst Feuer entfachten, um die Mächte der Finsternis zu bezwingen und die Lethargie der kommenden toten Monate abzuwehren, brach im Tal schlagartig der Winter aus. Im Südwesten hatte sich ein schwerer Sturm zusammengebraut, der auf Norfolk niederging. Er fegte über Land, knickte Eichen auf halber Höhe ab und brachte Leitungsmasten zu Fall. Viele Häuser im Tal waren eine Woche lang ohne Strom und Telefon. Unseres kam davon, doch der Wind war im Haus zu spüren. Etwa eine Stunde nachdem er aufgekommen war, begann ein merkwürdiges Miasma durch die Ritzen im Gebälk und die undichten Türen in die Zimmer zu ziehen, ein luftiges Treibgut aus Gipsstaub, Krümeln von morschem Holz, Federn, Rosshaar und Vogelkot. Ich fragte mich, ob es wohl vierhundert Jahre alter, vom Dachboden aufgesogener und durch die Stockwerke heruntergewirbelter Mauerseglerguano war. Mit dem fossilen Staub ging ein urzeitlicher Geruch einher: ein süßlich-giftiger Brodem von Schimmel, Ruß und Verwesendem. Der Dunst hing stundenlang in der Luft und setzte sich dann langsam auf jede ebene Fläche – ein kurzes Andenken an vergangene Leben, aber eine empfindliche Störung meiner neuen Existenz.

Der Orkan war erst der Anfang. Ein paar Tage danach setzten Regenfälle ein, die drei Monate lang kaum wieder aufhörten. Die Nässe war zunächst bedrückend und dann absurd. Sie kroch in jeden nur erdenklichen Hohlraum, füllte jene, die sie vor Jahrtausenden geschaffen hatte, und erschloss so schleichend und kapriziös neue Möglichkeiten, als spielte sie Stille Post. Wasser sammelte sich heimlich in zuvor unsichtbaren Dellen in den Straßen, in Gräften, die nur nach kleinen Gräben ausgesehen hatten, auf Ackerland, von dem Bauern glaubten, sie hätten es durch Drainage unterworfen. In den Nachrichten lief ein Film, der das Tal praktisch Land unter zeigte, und besorgte Freunde riefen bei mir an, um sich zu erkundigen, ob wir von der Außenwelt abgeschnitten seien. (Es ging uns gut: Das Haus war klugerweise vierundzwanzig Meter über den Flussspiegel gebaut.)

Als ich einmal einen Film über die Karstlandschaft der Yorkshire Dales drehte, gelang es dem Tonmeister, vierundfünfzig verschiedene Aufnahmen von fließendem Wasser zusammenzustellen. Er hatte das Brausen von Quellen eingefangen, die nach starkem Regen aus den Hügeln hervorsprudeln, das schleichende Tropfen kalkhaltigen Wassers von Stalaktiten, Wasserfälle, die über Felsenspitzen stürzen oder sanfter an der Innenseite von Schlucklöchern hinabplätschern, und – am betörendsten – das ferne, allgegenwärtige Murmeln unterirdischer, das Gestein aushöhlender Bäche. Mangels Felsen und größerer Erhebungen haben wir in Norfolk keine solche Wassermusik.

Wasserfarben aber haben wir. Die nassen Flächen zauberten überall Verwandlungen und optische Täuschungen hervor. Hinter dem Fenn am Fuß unserer Wiese lag eine überflutete Weide so blass vom sich spiegelnden Himmel, dass ich sie durch die Bäume hindurch für eine neue Getreideart oder eine riesige Gartenbaufolie hielt. Im Weiher nebenan, der einmal ein Feld gewesen war, erhob sich gespenstisch weiß ein einzelner Schwan, der wie eine Eule zwischen den engstehenden Kronen der Weiden navigieren musste. Die Teiche des Bauernhofs waren gelb vom aus den Feldern geschwemmten Sand. Sonst schien beinahe alles über der Erde durch die Nässe getrübt zu sein. Die Schafe trugen ein schmuddliges, missmutiges Grau. Die Luft glich feuchtem Flanell. Die Bäume sahen aus wie Schattenrisse, nur die regendurchtränkten, vom Oktobersturm geschlagenen Wunden klafften rot.

Kein Wunder, dass East Anglia zum Magneten für Landschaftsmaler wurde. Der Glanz des Wassers ist eine zusätzliche Lichtquelle. Von den Furten und Rinderschwemmen der Norwicher Malerschule über die Kanäle John Constables und den Teich vor Willy Lotts Cottage bis hin zu den zahllosen Wasserlandschaften von Wochenendmalern an der Küste und in den Norfolk Broads ist die Kunst East Anglias von zwei Energiequellen durchdrungen: eine am Himmel, die andere im schimmernden Nass.

Das tückische Eindringen des Wassers im November war also nichts Außergewöhnliches. Norfolk ist eine nasse Grafschaft, ganz sicher ebenso nass wie flach, ihre zweite legendäre Eigenschaft. Es mag in den sanften Wölbungen, die hier als Hänge und Hügelchen durchgehen, keine große Abwechslung herrschen, aber es ist eine Landschaft, die auf dem Kopf steht, durchsiebt und durchschlungen ist von Aushöhlungen. Im Breckland im Westen gibt es eine Unmenge kleiner Teiche, jeder von einem miniaturhaften Wall umgeben. Sie werden als ›Pingos‹ bezeichnet und sind entstanden, als Eisblöcke (›Eislinsen‹) von Gletschern nach Süden getragen wurden, rumpelnd liegen blieben und langsam in den Sand schmolzen. Es überrascht wenig, dass sie von menschlichen Grabungen kaum zu unterscheiden sind. In den Fenns unten im Tal gibt es ebenfalls Unmengen kleiner Tümpel mit erhöhten Rändern, die sich durch die Überflutung einstiger Torfstiche gebildet haben. Wasser ist, trotz der sagenhaften Vielfalt seiner hiesigen Erscheinungsformen, ein großer Gleichmacher.

*

Heute hat sich das Tal in ein dreidimensionales Seestück verwandelt – vierdimensional, wenn man den beinahe waagerecht fallenden Regen mitzählt. Die Nässe ist so allgegenwärtig, dass es ans Komische grenzt. Die Auffahrt steht unter Wasser. Der Weg ist kaum mehr als eine Folge von Lagunen. Gezeitenmarken kriechen die Stuhlbeine hoch, ja wirklich. Draußen bietet sich ein frappierender Anblick. Es ist wie ein zweiter Frühling. Das Wasser scheint belebend auf den Ort zu wirken, an unsichtbaren Fäden zu ziehen, Erde und Wald (und mich) wieder anzutreiben. In den Flüsschen und Gräben entlang des Weges toben Sturzbäche. Auf der Straße merke ich, dass die Reifen ins Schwimmen geraten, und die Windschutzscheibe rahmt heftigen Sprühregen und windzerzauste Rotdrosseln. Ich surfe zum großen Fenn etwa anderthalb Kilometer westlich vom Haus. Der Torfboden ist so vollgesogen, dass bei jedem Schritt Wasser aus ihm quillt wie aus einem Schwamm. Ich scheuche einen Fuchs im Riedgras auf, ein großes durchnässtes Tier, das im Zickzack von einem weniger nassen Fleckchen zum nächsten jagt und dabei kleine Wasserfontänen um seine Pfoten herum aufwirft. Knapp fünfzig Meter entfernt bleibt er hinter einer Bülte stehen und starrt finster zu mir zurück. Unsere kurze Beziehung verläuft nicht gerade harmonisch. Ich bin in Hochstimmung, er ist angefressen. Aber ich kann mir schon vorstellen, wie er sich fühlt. Zu viel hiervon und ich würde selbst zum mürrischen, verkrachten Lurch.

Ein paar Tage später jedoch unternahm ich meinen ersten Ausflug in die Broads[30], die so ziemlich am schlimmsten überschwemmte Gegend der ganzen Region. Es war ein Tag wie geschaffen für die Broads – einer der Tage, so hatte es den Anschein, aus denen sie geschaffen sind. Die Sonne war unsichtbar, nicht mehr als eine angedeutete Aufhellung im Südosten, und der Nebel hatte einen milchigen Schimmer, wie Wasser mit einem Hauch Kreide. Die vor mir liegende Szene – auseinanderbrechende Kopfweiden, Wiesen, auf denen gläsern das Wasser stand, reglose und ungestalte Rinder – schien sich aus dem Nebel zu lösen, zu verdichten. Es war eine weitere Sinnestäuschung, aber ein nur allzu getreues Porträt der elementaren Verflechtung von Wasser und Himmel in diesem Landstrich. Ich war weit drüben im Osten von Broadland, am Horsey Mere, und folgte nun dem Pfad, der sich um das Seeufer windet. Während ich mich durch mannshohes Schilf und Birkengestrüpp schob, flatterten Schwärme von Schwanzmeisen von Baum zu Baum, die hier wegen ihres kugeligen Nestchens köstlicherweise *bumbarrels* – ›Pummelfässchen‹ – genannt werden. Ab und zu sah ich das Wasser durchblitzen, scheinbar immer denselben Ausschnitt, und mein Orientierungssinn geriet ins Wanken. Ein reetgedecktes Bootshaus kam wabernd auf der einen Seite in Sicht und tauchte dann auf der anderen wieder auf. Über mir flogen Ketten von Kurzschnabelgänsen in den oder aus dem Nebel. Überall waren Spechte, wohl von den absterbenden Erlen und Weiden angelockt, was die Ungewissheit, ob es sich hier um Wald oder Sumpfland handelte, noch verstärkte. An diesem schwankenden, sich verschiebenden Ort wird aus dem einen sehr rasch das andere.

Am Nachmittag schien die Sonne durch, und der Nebel verflüchtigte sich. Ich wanderte auf einem Weg zwischen dem See und dem Meer zurück. Aus dem Schilfdickicht stieg eine Rohrweihe empor und schwebte zu einem toten Baum – ein müheloses, fernöstliches Gleiten, eine Bewegung eher von Luft als von einem Körper. Gelandet und außerhalb ihres Elements wirkte sie wuchtig und plump, zu groß für die Äste. Aus dem Augenwinkel sah ich, wie ein Grüppchen großer Vögel mit langen Schwingen sich in der Nähe eines Wassergrabens niederließ. Schnell nahm ich das Fernglas hoch und erblickte für ein paar Sekunden den Schwanenhals und das unverwechselbare silbergraue Gefieder dreier Kraniche.[31] Ich hatte erst ein einziges Mal zuvor Kraniche gesehen, in riesiger Zahl in Südspanien, wo der Großteil der westeuropäischen Population überwintert.

In den Broads sind sie ein neuer Schatz, glamourös, rätselhaft, etwas, wovon man im Flüsterton spricht. Aber sie sind auch heimgekehrte Söhne. Schon im sechzehnten Jahrhundert brüteten Kraniche in den Broads, wie vermutlich in allen feuchteren Regionen East Anglias. In den folgenden vier Jahrhunderten erschienen sie immer nur als Zugvögel, die auf ihren Wanderungen zwischen Skandinavien und dem Süden durch starke Winde von ihrer Route abgekommen waren. Im September 1979 tauchten dann drei in den Broads auf und blieben erstmals über den Winter – und im anschließenden Sommer. 1982 zogen sie ihre ersten Küken groß und bekamen Gesellschaft von weiteren verirrten Altvögeln, und bis 2003 hatten sie sich zu einer langsam wachsenden Kolonie von vierzehn bis achtzehn Tieren entwickelt.

Kraniche sind der Inbegriff von Wildnis, und ihre Rückkehr in die Broads ist ein Segen, ein Signal, dass ihr Wildnischarakter nicht völlig zerstört ist. Sie waren von allein hergekommen, hatten sich angesiedelt, wo es ihnen gefiel, und ohne aufwendige Schutzprogramme oder Habitatmanagement überlebt. Kein Wunder, dass Kraniche auf der ganzen Welt, wo immer sie brüten, überwintern oder einfach nur durchziehen, als Symbol für Glück, Erneuerung und Fruchtbarkeit gelten. Ihr Zug ist legendär – die scharf in den Himmel geschnittenen Vögel, ihr leises, aufgeregtes Trompeten, das sich wellenartig durch den Schwarm bewegt. Wenn sie ihre Brutplätze erreichen, beginnen sie mit ihrem außergewöhnlich feierlichen Balztanz. Am Hornborgasjön in Schweden, wo sich jedes Frühjahr fünfzigtausend Menschen einfinden, um sie zu bejubeln, tanzen viele von ihnen mit den Vögeln mit. Die Kraniche, die ich in ihren Winterquartieren in der Extremadura beobachtet hatte, spazierten gemächlich in kleinen Familienverbänden umher und fraßen Eicheln von den Kork- und Steineichen. Doch selbst dieses zweckgerichtete Treiben war eine Art Tanz, ein elegantes Schreiten wie bei einer langsamen Gavotte.

Mein neuer Nachbar und Schriftstellerkollege Mark Cocker, ein Beobachter mit beinahe übermenschlichen Sinnen, hatte die Kraniche in Norfolk tanzen sehen, und das wollte ich unbedingt auch. Als das Wetter schlechter wurde, sehnte ich mich danach, mich auf einen vorväterlichen Ritus einzustimmen, irgendeinen Zauber, um das schleichende Einsetzen des Winters zu verhindern. Aber gerade da die Bauern in East Anglia anfingen, die Zuckerrübe einzubringen, kam dichter Nebel auf und verwandelte die Ernte der ungesunden Feldfrucht in eine hochdramatische Angelegenheit. Die gewaltigen, haushohen Erntemaschinen liefen bis in die Dunkelheit, mit fahl durch den Nebel leuchtenden Scheinwerferreihen. Von meinem Fenster im Arbeitszimmer aus wirkte es wie eine Szene aus *Unheimliche Begegnung der dritten Art*. Die Rübenmiete neben dem Bauernhaus schwoll an, bis sie eher einer Befestigung aus Kriegszeiten glich als einem Haufen Gemüse. Am nächsten Tag kamen traktorgezogene Pflüge, Eggen und Drillmaschinen hinzu, sodass sich oft drei verschiedene Fahrzeuge um die Felder jagten. Hasen stoben zu den Hecken und flüchtende Fasanen reihten sich auf unserer Gartenmauer aneinander. Binnen zwei Wochen lag über der kahlen Krume schon ein grüner Schimmer von Winterweizen.

Dann sank die Temperatur, und der Wind sprang nach Osten um. Norfolks berüchtigtes kaltes Tosen kommt direkt aus der Eurasischen Steppe, und die Böen, die sechs Wochen zuvor einen feinen Staub aus dem siebzehnten Jahrhundert in die Zimmer gehaucht hatten, bliesen nun herein, was wie luftgewordener Permafrost schien. Der Wind stürmte durch Fugen und Fensterritzen. Die Katzenklappe stand durchgehend sperrangelweit offen. Nachts konnte ich ihn an meinem Gesicht spüren. Das Haus hyperventilierte, sog japsend durch jede Öffnung kalte Luft ein und atmete warme aus. Draußen herrschte eine gefühlte Temperatur von minus zehn Grad, und in meinem Zimmer erreichte das Thermometer kaum den Gefrierpunkt. Ich konnte nicht arbeiten. Ich stopfte alte Kissen in den Kaminabzug und Müllbeutelrollen in die größten Fußbodenlöcher. Ich umklebte jede Fensterdichtung mit zusätzlichem Dichtungsband. Aus Verzweiflung nahm ich meine Schreibmaschine mit nach unten in die Küche. Auch den Katzen wurde es zu bunt. Sie rollten sich auf den wärmsten Flächen, die sie finden konnten, schneckenförmig zusammen und begaben sich vernünftigerweise in einstweiligen Winterschlaf.

Draußen ging es ums Überleben. Einer der Hasen aus dem Rübenfeld lag auf der Straße beim Haus, mit einem Schuss durch den Hals und von Krähen herausgepickten Eingeweiden. Auf den frisch gepflügten Äckern tauchten Scharen von Goldregenpfeifern auf, die aus der gefrorenen russischen Tundra hierher flüchteten. Sie fraßen in Gesellschaft von Kiebitzen, waren jedoch rastlose, zielstrebige Vögel, die in scharf umrissenen, dichten Schwärmen umherschnellten. Fasane versuchten, mit senkrecht im Wind stehendem Schwanz zu laufen, und verlegten sich dann aufs Zanken. Ich sah Hähne in Angriffsstellung gehen, kurz aufeinander zustürmen, tänzerisch in die Luft springen, ein paar Schnabelhiebe austauschen und davonrennen. Drinnen zankten Kate und ich. Nachdem sie bei ihrer Rückkehr aus London den Öltank fast leer vorgefunden hatte, hielt sie mir eine Standpauke, weil ich keine angemessene Winterkleidung besaß und barfuß durchs Haus lief. Eingeschnappt erwiderte ich, ich wolle nicht, dass ihr geschnittenes Weißbrot mit meinem gesundenen Selbstgebackenen zusammenliege. Der Schalter der Zentralheizung pendelte zwischen An und Aus, während wir fasanengleich um die Vormachtstellung stritten.

Eines Tages, als ich außer Haus war, brachte Shaun, der Polier, einen toten Monkjack vorbei. Er hängte ihn am Apfelbaum beim Meerschweinchenstall auf, weidete ihn aus, zerlegte ihn und stopfte die Bratenstücke in Kates Tiefkühltruhe. Später erhielt ich von ihm eine ausführlichere Fassung der Geschichte. Zwei Hirsche waren über die Straße gelaufen, und einen davon hatte er schlimm erwischt. Mit dem Gedanken an unser bedrohlich näher rückendes Weihnachtsfest schnitt er ihm die Kehle durch und zerrte ihn in den Laderaum seines Kleintransporters. Er ließ ihn neun Stunden hängen, um ihn ausbluten zu lassen – oder (in Physiologie kannte er sich aus) damit das Blut »in die Pleurahöhle fließt, dann wird es mit den Innereien entfernt«.

Anschließend trennte er die Vorderläufe ab, löste die Keulen heraus, Schulter, Rücken und Filets, und legte alles einzeln in Plastiktüten. Ich fragte ihn nervös (er war ein kräftiger Mann und wusste über alles in der Gegend Bescheid, vom Tratsch der Wochenendausflügler bis hin zu den uralten Wanderungen des Wassers), woher er so gut schlachten könne. Er habe mit elf angefangen, sagte er. Sein Vater besaß einen kleinen Hof, und er hatte an Tauben, Kaninchen und dem gelegentlichen Fasan gelernt. Außerdem, fügte er kryptisch hinzu, »liefen uns manchmal ein paar Schweine über den Weg«. Zum Glück war der arme Monkjack nicht jener, der frühmorgens auf unserer Wiese umherstreifte. Sein geronnenes Blut blieb im Gras unter dem Apfelbaum zurück, bis der Schnee kam.

Die Franzosen verwenden für die Zeit und das Wetter ein und dasselbe Wort, *temps,* und deuten damit allerlei subtile Verbindungen zwischen beidem an. Ökosysteme entstehen im Lauf der Zeit eben aufgrund des Wetters. Verwitterung ist eine Erfahrung, die das Leben aller Geschöpfe durchzieht, und bedeutsame Augenblicke oder Ereignisse – ein Sturm, eine Tierwanderung, ein Nervenzusammenbruch – sind zum Teil Ausdruck, *Kristallisationen,* von Umweltbedingungen im weitesten Sinne.

Gerade erst hatte ich ein weiteres nützliches Fremdwort gelernt. Hier oben bezeichnet man stürmisches Wetter als *blonk* – ein treffendes Wort für das Gefühl, eine volle Breitseite aus der Schlechtwetterküche abzubekommen. Ich war definitiv geblonkt und sank langsam in die Tiefen des Winters. Das Wetter ist das Einzige an der Natur, was wir nicht bändigen können, und ich wusste, dass ich mich an all seinen Stimmungen erfreuen sollte, wie Coleridge. In *Frost um Mitternacht,* einem Gedicht für seinen Sohn Hartley, schrieb er:

Süß seien dir drum alle Jahreszeiten,
Ob nun der Sommer die gemeine Erde
Grün kleidet [...]
[...] – *ob Tropfen fallen aus der Traufe,*
Nur hörbar, wenn der Sturm grad Atem holt, –
Oder der Frost, geheimes Amt verrichtend,
Sie unters Dach als stumme Zapfen hängt[32]

Eiszapfen hingen noch nicht vom Dach, doch der kalte, düstergraue Himmel schlug mir aufs Gemüt. Seine sture Weigerung, sich zu verziehen, kam einer Leugnung des Wiederauflebens der Natur und der Zuversicht gleich, die ich allmählich aus dieser Landschaft zog. Der Nässe konnte ich noch etwas abgewinnen, nicht aber der Dunkelheit. Früher hatte ich mich um diese Zeit leidenschaftlich auf den zwölften Dezember gefreut, den Tag, an dem es den ersten Riss in der Folge dämmriger Tage gibt. Da die Umlaufbahn der Erde um die Sonne nicht symmetrisch ist, endet die erbarmungslose Zangenbewegung aus immer dunkler werdenden Morgen und Nachmittagen nicht mit einem sauberen Schnitt zur Wintersonnenwende am einundzwanzigsten Dezember. Die Morgen werden erst ab Neujahr heller, die Abende aber ab dem zwölften Dezember ›länger‹. An diesen imaginären ersten Schimmer neuen Lichts hatte ich mich geklammert und mich stets bemüht, ihn mit Freunden zu feiern.

Doch der heraufziehende Morgen dieses zwölften Dezembers war feuchtkalt und wolkenverhangen. Ich kam mir von der Außenwelt abgeschnitten vor und hing trüben Gedanken nach. Das war bei trostlosem Winterwetter nichts Ungewöhnliches – aber genau so hatte ich mich drei Jahre zuvor gefühlt, als meine Krankheit ausbrach, und das beunruhigte mich.

Krankheit ist die Schattenseite unserer Wechselbeziehung mit der Natur. Sie gemahnt uns an die Alltäglichkeit des Todes, die Entbehrlichkeit des Einzelnen, an den Umstand, dass lebende Systeme rücksichtslos und unberechenbar sein können in ihrem beständigen Manövrieren. Doch auf den ersten Blick passt die Depression nicht in dieses nüchterne Bild. Es steckt kein körperlicher ›Betriebsunfall‹ dahinter und nichts, was davon profitiert, kein opportunistisches Virus, kein Evolutionsaufsteiger. Offenbar steht sie in keinerlei Zusammenhang mit den biologischen Lebensvorgängen. Was sie mit mir anstellte, war auf gespenstische Weise unnatürlich, denn sie negierte, ignorierte alles, woran ich glaubte: die Wichtigkeit sinnlicher Anteilnahme an der Welt, die Verbindung zwischen Gefühl und Verstand, die Untrennbarkeit von Natur und Kultur. Und sie befiel mich zu einem Zeitpunkt, da es am wenigsten zu erwarten war, als ich allen gängigen Theorien der Psychologie zufolge in dem Wohlgefühl schwelgen sollte, das Status und Erfolg entspringt.

Ich hatte soeben *Flora Britannica* abgeschlossen, das anspruchsvollste Buch, an dem ich je gearbeitet hatte, und es hatte Anklang gefunden. Selbst die Plackerei des Schreibens – eine Viertelmillion Wörter über das volkstümliche Wissen zur britischen Flora – war eine Freude gewesen, wenn auch eine erschöpfende. ›Volkstümlich‹ wird dem Charakter des Projekts nicht gerecht. Es war nicht kauzig und verstaubt, sondern ein dokumentarisches Verzeichnis, das bei den Wurzeln begann. An die zehntausend Leute hatten Geschichten beigesteuert zu den Bedeutungen, die Wildpflanzen für sie hatten, zu gesammelten, mit Spitznamen bedachten, verspeisten, zum Flechten und Schnitzen verwendeten, ans Herz gedrückten, im Traum erschienenen Pflanzen; Pflanzen, die bei jahreszeitlichen Riten Anwendung fanden, in selbstgebrauten Mittelchen, Kinderspielen und Glückszaubern, die Gebietsgrenzen markierten und Geburt, Kindheit oder Tod symbolisierten. Ich hatte mein Scherflein mit einem Kommentar beigetragen, der diese große Gemeinschaftserzählung verband, indem ich Sozial- und Kulturgeschichtliches, ökologische Fragmente, Erläuterungen zu den Geschichten der Beiträger und eigene ästhetische Eindrücke einstreute. Ich ließ alles einfließen – ohne das Buch seinen wahren Verfassern zu entreißen, hoffte ich –, was ich jemals über Pflanzen, und wohl auch die Natur, gelernt und gedacht hatte. Ich fragte mich, was ich danach überhaupt noch zu sagen hätte, ob die Rolle des Archivars meine Bestimmung und nun erfüllt war. Damals machte ich mir keine großen Gedanken über die, wenn man so will, Natur der Naturschriftstellerei und darüber, wo eine solche Randerscheinung im wirbelnden Strom des realen Lebens, aus dem sie schöpft, denn eigentlich ihren Platz hat. In jenem Winter, nachdem die Aufregung um das Buch sich gelegt hatte, wünschte ich mir in einem Winkel meines Herzens, ich wäre nicht der Datensammler gewesen, sondern das mit Kastanien spielende Kind.[33] Irgendetwas stimmte nicht, und im Rückblick schien ein bestimmtes Erlebnis, damals ohne Belang, es zu verkörpern. Ich war im Thames Valley unweit meiner alten Heimat in den Chilterns unterwegs gewesen, um nach Überbleibseln der riesigen Teppiche von Schachbrettblumen zu suchen, die dort bis in die Fünfzigerjahre gewachsen waren. Diese sinnliche, besondere Blume blühte auf den Wiesen um das Dorf Ford so zahlreich, dass es dort im Mai einen ›Schachbrettblumensonntag‹ gab, an dem man für ein paar Pence in die

Spendenbüchse Sträuße pflücken durfte. Am Maifeiertag selbst spielten die Kinder der Gegend ›Süßes oder Saures‹ mit exotischen Zauberstäben aus Schachbrettblumen und Kaiserkronen.

In den frühen Fünfzigerjahren wurden die Wiesen umgepflügt. Aber ich hatte das leise Gefühl, dass in feuchten Winkeln der Felder ein paar Pflanzen überlebt haben könnten, und an jenem Aprilnachmittag fand ich auf einem kleinen Fleckchen Gemeindewiese, das kurzsichtigerweise mit Bäumen bepflanzt worden war, drei Blüten. Hocherfreut marschierte ich, Fernglas und Notizbuch schwenkend, auf der Straße wieder von dannen. Ich wirkte wohl auf alle Welt wie der Mann vom Planungsamt auf einer seiner üblichen Abrissmissionen. Zwei ältere Einheimische, die an einem niedrigen Tor lehnten, fragten so höflich, wie es nur ging, was ich denn da triebe. Ich empfand eine seltsame Mischung aus Verlegenheit und Neugier und stellte vermutlich auf belehrende Art Fragen zu den Pflanzen. Sie rückten mir schnell den Kopf zurecht. Beide erinnerten sich noch in lebhaften Einzelheiten an die Wiesen und die großen Schachbrettblumenfeste im Mai. Mehrere Dorfbewohner hatten vor der Zerstörung der Wiesen Zwiebeln entnommen, und die Kolonie eines ihrer Nachbarn war von fünfundzwanzig auf zweihundertfünfzig angewachsen. Meine Frage, ob sie in seinem Garten stünden, wurde mit der diplomatischen Antwort »Nein, auf einem Stück Land« abgeschmettert.

Als ich ging, fühlte ich mich weniger (wie geschehen) in meine Schranken verwiesen denn in ein Nirgendwo, in eine Art ankerlose Tauchkugel, aus der ich nach Lichtflimmern spähte. Ich schrieb für mein Leben gern und es war mir wichtig, aber ich hatte zunehmend das Gefühl, ein Außenseiter zu sein, ein Naturspanner. Und dieses nagende Gefühl der Untauglichkeit setzte sich im Winter nach Erscheinen des Buchs in mir fest.

Zum ersten Mal, seit ich hauptberuflich als Schriftsteller arbeitete, war ich am Ende eines Buchs angelangt, ohne dass schon die nächste Idee wartete. Die abgedroschene Frage, die man sich stellt, wenn man nicht mehr weiterweiß, spukte mir im Kopf herum: War's das? Jahrelang hatte ich die Arbeit dazu benutzt, die Lücken in meinem Leben zu stopfen, mit den gescheiterten Beziehungen, dem Alleinsein (das ich vehement verteidigte und an dem ich zugleich verzweifelte), dem sturen – oder ängstlichen – Festhalten am Elternhaus zurechtzukommen. Zum Schreiben hatte ich mich auf zwanghafte Weise berufen gefühlt, wenn auch nicht unbedingt zur Rolle des Schriftstellers. Und noch einen anderen inneren Ruf hatte ich verspürt: mich um meine Mutter zu kümmern, als sie durch die Parkinsonkrankheit zum Pflegefall wurde. Es wäre mir nie in den Sinn gekommen, mich vor dieser Verantwortung zu drücken, aber sie bot auch, das war mir vollkommen klar, einen hieb- und stichfesten Vorwand, um weiter im Haus und in meinem emotionalen Trott bleiben zu können. Als meine Mutter starb, kümmerte ich mich statt um sie um das große Buch. Nun gehörten beide der Vergangenheit an. Meine Tarnung flog auf.

Wie aufs Stichwort beschloss mein Körper zu rebellieren. Ich bekam einen bunten Strauß psychosomatischer Symptome. Meine Gliedmaßen, mein Bauch und meine Blase schmerzten. Ich litt an Herzrhythmusstörungen, den als ›Stolpern‹ bekannten Extrasystolen. An einem Frühlingstag marschierte ich mit zusammengebissenen Zähnen und vor die Brust geschnalltem EKG-Gerät um die Felder und verbuchte rekordverdächtige dreieinhalbtausend Aussetzer in vierundzwanzig Stunden. Meine Ärztin meinte, das sei zwar ein stolzes Ergebnis, aber vollkommen harmlos, und ich solle den Umstand, dass sie mein Herz nicht noch schlimmer aus dem Takt gebracht hätten, als Zeichen meiner robusten Konstitution betrachten. Da ich jedes holpernde Pochen gespürt hatte, schien das ein schwacher Trost.

Nichts davon war neu. Mein ganzes Leben schon war ich in Zeiten von Verlust oder Enttäuschung für Kränkeleien anfällig gewesen. Manchmal reichte schlechtes Wetter, um sie auszulösen, ein andermal schlechte Laune, die gutes Wetter verdarb. In den Tagebüchern, die ich sporadisch führe, werden meine beschwingten Einträge über die Ankunft der Zugvögel im Frühjahr oder einen besonders milden Herbst immer wieder durch Klagen über mein inneres Klima unterbrochen. Im frühen Winter und Frühling (April kann tatsächlich der »übelste Monat« sein, wie es in Eliots *Das öde Land* heißt[34]) war es oft am schlimmsten. Mitunter traten die Symptomkomplexe jedes Jahr an den gleichen Tagen auf, wie die Eisheiligen. Als ich klein war, schob man es darauf, dass ich ›zartbesaitet‹ sei, so als wäre ich eine menschliche Windharfe, die bei schlechtem Seelenwetter wehleidig wimmert. Heutzutage hätte man bei mir vermutlich Trennungsangst oder Angst vor Zurückweisung diagnostiziert, verursacht durch irgendeine Laune der Gene oder erzieherische Marotte. Was ich aber erlernte, war die Macht der psychosomatischen Krankheit – die Aufmerksamkeit an sich zu reißen, geliebte Menschen zu maßregeln, sich unangenehmen Situationen zu entziehen, *nach Hause* zu manövrieren. Indem psychosomatische Symptome Mitleid erwecken und zugleich Vorwurf ausdrücken (»sieh, was du mir angetan hast«), sind sie schlicht ausgeklügelte Versionen kindlicher Verhaltensweisen wie Schmollen oder Wutanfall. Sie gehören zum Theater des Körpers.

Doch diesmal schien die Sache ernster. Die Symptome verschwanden nicht mit dem Ende des Winters. Im Lauf des folgenden Jahres kehrten sie in immer neuer Gestalt und Kombination zurück. Und je mehr Sorgen ich mir ihretwegen machte, umso schlimmer wurden sie natürlich. Düster malte ich mir meine Zukunft als eine Art Krüppel aus und verfiel unmerklich in eine echte Depression. Ich hatte keine Ideen mehr. Ich verlor die Lust an der Arbeit und das Verlangen danach. Ich ging nicht mehr in die Natur und kappte damit erfolgreich die Verbindung zur Hauptantriebsquelle in meinem Leben. Zwar ließ ich mich behandeln, aber es änderte kaum etwas. Die Medikamente schlugen nicht an, und die Gesprächstherapie – obschon bisweilen unterhaltsam und gesellig – war bald nicht viel mehr als ein rituelles Herunterbeten meiner inzwischen vertrauten familiären Dysfunktionen und des Einflusses, den mein trunksüchtiger Vater und meine unterdrückte Mutter möglicherweise ausgeübt hatten oder auch nicht. Gesprächstherapie kann tröstlich sein und ein wichtiger Kontakt mit der Welt. Aber die Vorstellung, dass das Reden über eine Krankheit oder ihr bloßes Verstehen das eingefahrene Programm, das sie hervorgebracht hat, auf wundersame Weise zum Verschwinden bringt, ist – wie die meisten Menschen, die das hinter sich haben, eingestehen – Wunschdenken.

Also versank ich noch tiefer in der Depression. Ich konnte mich nicht überwinden, irgendetwas zu tun, so übermächtig war die Angst davor, Entscheidungen zu treffen oder keine Entscheidungen zu treffen. Mein Leben geriet in ein Muster, bei dem ich die Tage kaum noch auseinanderhalten konnte. Den Großteil des Tages blieb ich im Bett, zitternd aus Angst vor der Angst, in der ich gefangen war. Mittags schlich ich hundert Meter weit zum nächsten Pub, trank zu viel, las das dortige Exemplar der *Times* von der ersten bis zur letzten Seite, ohne ein Wort aufzunehmen, und schlich dann wieder zurück ins Bett. Ich machte mir nicht mehr die Mühe, ans Telefon zu gehen oder die Post zu öffnen.

Zu behaupten, ich litte an Verlust des Selbstwertgefühls (eine verbreitete Theorie zur Ursache und Natur von Depressionen), hätte die Komplexität meiner Gefühle ins Riesenhafte aufgeblasen. Meine Gedanken kreisten einzig und allein um meinen Zustand. Es war, als säße man in jenem mathematischen Gebilde namens Möbiusschleife fest, einem Ring, der einmal in sich gedreht ist, sodass er nur eine Fläche besitzt. Angst war die Fläche meiner Schleife. Ich hatte einen flüchtigen Augenblick des Friedens am Tag, ein paar Sekunden des Gleichgewichts zwischen dem Erwachen in den frühen Morgenstunden und dem Einsetzen der Panik. Er war kurz, aber spürbar wie das Passieren des Leerlaufs beim Schalten in einen anderen Gang, doch er rief mir immer wieder ins Bewusstsein, dass es einen ›gesunden‹ Zustand gibt und dass ich in diesem Zustand sein wollte, nicht gänzlich außerhalb. Die Verlockung des Hakens an der Tür war nie besonders groß (wer hätte mich gefunden?), aber wenn ich genug getrunken hatte, um mich ein wenig zu beruhigen, flüchtete ich mich in die Vorstellung, zu verwildern. Falls mir das Geld ausginge, würde ich die einzige Überlebenstechnik anwenden, die ich wirklich beherrschte: in die Wälder fliehen und von Beeren und Wurzeln leben. Ich wusste genau, dass das ein Hirngespinst war, und meist lag ich einfach nur da, zusammengekrümmt in der Haltung, die man bei einem Flugzeugabsturz einnehmen soll, starr vor Angst und verzweifelt betend, dass die Turbulenzen vorübergehen mögen.

Die Auslöser für das, was mit mir geschah, sind inzwischen hinlänglich klar. Ich war buchstäblich erschöpft, schachmatt, am Ende einer Sackgasse. Und ich hatte es versäumt, eine entscheidende Entwicklungsphase zu durchlaufen, war nie ›flügge‹ geworden. Wäre ich doch nur in der Verfassung gewesen, ganz ruhig darüber nachzudenken, warum mein Nervensystem sich für diese sonderbare, kontraproduktive Reaktion entschieden hatte, welchen Wert für das Überleben sie ursprünglich gehabt haben könnte. Eine so verbreitete und tiefgreifende Dysfunktion wie die Depression muss einen Vorläufer im ›Normalverhalten‹ haben, irgendeinen urzeitlichen Nutzen, eine ökologische Funktion. Ein Evolutionspsychologe hat die These aufgestellt, ihr Prototyp sei das Gefühl des ohne Beute heimkehrenden Jägers, das ihn ansporne, in Zukunft erfolgreicher zu sein. Das klingt eher nach der Vorlage für gekränkten Männerstolz als für eine Krankheit, die einen niederzwingt. In der konventionellen Psychologie dominieren seit langem Szenarien vom männlichen Jäger und das Modell von Stressreaktion als ›Kampf oder Flucht‹.

Doch überall in der belebten Welt hat es schon immer eine dritte Reaktion auf Bedrängnis gegeben: die List, die Oliver Sacks als »vegetativen Rückzug«[35] bezeichnet. Wenn Kampf oder Flucht nicht möglich ist, ungünstig erscheint oder vielleicht nicht richtig erlernt wurde, tauchen Lebewesen ab. Opossums stellen sich tot. Igel rollen sich ein. Schleiereulen fallen in Ohnmacht. Sie alle begeben sich zur Abwehr in einen todes- oder schlafähnlichen Zustand, in dem die Entscheidungs- und sogar die Bewegungsfähigkeit ausgesetzt sind. Selbst die Nestlinge des Mauerseglers machen das (zugegebenermaßen aus anderen Gründen), indem sie in Torpor verfallen, wenn ihre Eltern auf längeren Nahrungsflügen sind. Vegetativer Rückzug bedeutet sichere Zuflucht, einen Zeitraum, in dem innere Schutzprozesse Vorrang vor der ganzen Adrenalinausschütterei haben. Er ist für jedes Tier eine vollkommen vernünftige Reaktion auf eine Bedrohung, die es in die Enge treibt – eine Art Urdepression. Beim Menschen wird diese Reaktion offenbar auch durch lang anhaltende Traurigkeit oder Enttäuschung hervorgerufen. In der Natur ist sie als Kurzzeitstrategie gedacht, die endet, sobald die Gefahr vorüber ist. Bei mir endete sie nicht, und ich fühlte mich eindeutig weiterhin von einer unbestimmten Gefahr bedroht.

In der Hoffnung, den Teufelskreis zu durchbrechen, begab ich mich in die Klinik. Ich wurde entgiftet und umsorgt. Aus dem Aufenthaltsraum beobachtete ich einen über dem Klinikgelände jagenden Baumfalken und freute mich, dass ich ihn noch erkannte. Ich meldete mich zur Beschäftigungstherapie an, bei der sämtliche Werkzeuge und interessanten Materialien verboten waren. Also übte ich mich ein paar Tage lang in Kalligrafie und amüsierte mich kurz über den Gedanken, dass ich mir beibrachte, formvollendet zu schreiben.

Und da dämmerte mir, kurz vor meiner Entlassung, dass John Clare in ebendieser Klinik die letzten dreiundzwanzig Jahre seines Lebens verbracht hatte.[36] Damals wusste ich nicht viel über Clares Krankheit, sonst hätte ich mir Parallelen zwischen unseren Schicksalen zusammenfantasiert. Wie ich war er ein ›zartbesaitetes‹, hypochondrisches Kind gewesen, von unerklärlichen Schmerzen und einer gestörten Verdauung geplagt. Mit zunehmendem Alter wurden seine Qualen schlimmer und noch erschwert durch Armut, die zermürbenden Forderungen seiner Gönner und Verleger sowie das Gefühl von Verlust und Orientierungslosigkeit, das die Einhegung seiner Heimatlandschaft in ihm hervorrief. Er war, als bekanntester ›Bauerndichter‹, ein Heimatloser. Zudem war er mit ziemlicher Sicherheit manisch-depressiv. In seinen Vierzigern litt er an Wahnvorstellungen und war psychisch so gestört, dass er zuerst in eine Nervenheilanstalt im Epping Forest eingewiesen wurde (aus der er floh und zu Fuß nach Hause lief) und später dann in diese Klinik in Northampton. Dr. Skrimshire, der die Einweisungspapiere ausfüllte, trug als besonders gravierenden Umstand seiner Erkrankung ein: »jahrelange gewohnheitsmäßige Dichterei«[37]. Doch wie ich wurde Clare gut umsorgt, von mitfühlenden Ärzten, die ihn ermunterten, weiter zu schreiben. Bei Tag durfte er in die Stadt, wo er zum allseits bekannten Verseschmied wurde, der unter dem Portikus der Kirche saß und für ein Tütchen Tabak Geburtstagsgedichte und Billetdoux verfasste. Noch bis wenige Jahre vor seinem Tod schrieb er ernsthaftere Lyrik, manches herzergreifend, anderes bloße Reimerei. Er war, mit einem Wort von Jonathan Bate, der Clares Leben zwischen Mühsal und Verzückung liebevoll und erschöpfend dokumentiert hat, »heldenhaft«[38]. Doch in seiner Dichtung gab es eine merkliche, vermutlich vorauszusehende Veränderung. Während seiner Jahre in der Nervenheilanstalt war Clare in seiner Depression nie auch nur im Entferntesten ›vegetativ‹. Dennoch zog er sich allmählich immer mehr zurück, und an die Stelle der sinnlich-lebendigen, weltverhafteten Poesie seiner mittleren Jahre trat ein introspektiveres, abstrakteres, beinahe metaphysisches Sinnen. Die Dichtkunst selbst, ›die Muse‹ und das Bild des verirrten und enttäuschten Sängers wurden am Ende seine Themen, nicht mehr die leibhaftigen, in Begeisterungsrausch versetzenden Sänger: die Singvögel, mit denen er einst »die glücklichsten Tage sommerlichen Ruhms«[39] geteilt hatte.

Nach ein paar Wochen kehrte ich halbwegs wiedergeherstellt nach Hause zurück. Doch da sich an meinen Lebensumständen nichts geändert hatte, ging es rapide wieder bergab mit mir. Ich zog im Zimmer, in dem ich lag, die Gardinen zu, nicht nur gegen unliebsame Blicke, sondern auch weil ich es nicht ertrug, daran erinnert zu werden, was ich verloren hatte. Und so starrte ich stattdessen auf das Bücherregal, die Büchersammlung, die ich im Lauf eines Vierteljahrhunderts zusammengetragen hatte und die wohl nie wieder jemand anrühren würde – und auch auf meine eigenen Bände, deren Entstehung mir nun wie ein unbegreifliches Rätsel erschien. Diesen Teil von mir verloren zu haben, war am schwersten auszuhalten. Schreiben war für mich nichts Hochtrabendes wie der ›Sinn des Lebens‹. Es war einfach meine Art zu sehen. Etwas erleben hieß, es in einen Satz, eine Szene oder eine Geschichte zu fassen. Als mein Vater starb – das erste schwerwiegende Ereignis in meinem zwanzigjährigen Leben –, empfand ich zunächst nichts als Erleichterung darüber, dass ein unnahbarer und tyrannischer Trinker aus unserer Familie genommen worden war. Doch auf seiner Beerdigung überkam mich der Wunsch nach Wiedergutmachung, danach, etwas Zuneigung für ihn aufzubringen, mich wenigstens der Trauer hinzugeben. Es gelang mir nicht. Der Schreiberling auf meiner Schulter übernahm, und als ich vom Grab nach Hause kam, konnte ich mich nur in mein Zimmer einschließen und stundenlang schreiben, über die Einkäufer, die ihren Hut vor dem Leichenwagen gezogen hatten, über das seltsame Glänzen der Graberde und über den Augenblick, als meine Mutter, die so lange alles still erduldet hatte, beinahe vornüber gestürzt wäre. Diesen Reflex zu verlieren war, als wüsste man plötzlich nicht mehr, wie man einen Fuß vor den anderen setzt.

Und nun, da meine Sinne äußerer Reize beraubt waren, wandten sie sich nach innen. Meine Ohren, in denen es wegen meiner Hochtonschwerhörigkeit ohnehin schon ein wenig klingt, fingen an zu improvisieren. Ich bildete mir ein, Dinge zu hören – keine Halluzinationen, denn ich wusste ganz genau, dass sie nur aus meinem Kopf kamen, aber dennoch mit großer Deutlichkeit. In meinem linken Ohr saß eine vierköpfige Blaskapelle, die spielte, was man gemeinhin ›Unterhaltungsmusik‹ nennt, in meinem rechten ein russisch-orthodoxer Bass mit einer gewaltigen Stimme von außergewöhnlichem Umfang. Das Repertoire der Blaskapelle konnte ich nach Belieben variieren (auch wenn sie boshafterweise eine besondere Vorliebe für *The Floral Dance* hegte), aber der russische Bass blieb unkontrollierbar wild und arabesk. Dann wachte ich eines Morgens zu Tode erschreckt von all den roten Buchumschlägen im Zimmer auf, die auf einmal unheimlich zu glühen schienen. Mein Arzt sagte, wohl um mich zu beruhigen, am frühen Morgen sei die Netzhaut stärker durchblutet, und wenn ich mir schon um etwas Sorgen machen wolle, dann käme das als Erstes in Betracht. Aber ich war alarmiert, dass mein eigener Blutstrom mich in Angst versetzen konnte, und ich hatte bestimmt nicht vor zu vergessen, dass Rot in der Natur als universelles Warnsignal gilt.

Die letzten paar Akte sind schnell erzählt. Sie bilden das bekannte Endstadium eines Zusammenbruchs. Aus den ungeöffneten Rechnungen wurden vor der Tür stehende Geldeintreiber. Ich vernachlässigte mich. Meine Schwester, mit der ich den Großteil unseres Lebens das Haus geteilt hatte, fühlte sich nicht mehr imstande, mit mir umzugehen oder zu reden, und bestand darauf, dass wir das Haus verkaufen. Da war er, der Katastrophenalarm. Ich nahm ihn ernst, legte meine Angelegenheiten in die Hände ein paar alter Freunde und hob den letzten Rest meiner geschrumpften Ersparnisse ab, um nochmals ein paar Tage ins Krankenhaus zu gehen. Wieder wurde ich entgiftet und mit der höchstmöglichen Dosis einer Batterie von Medikamenten vollgepumpt. Aber es gab einen Unterschied. Diesmal würden weder meine Ärzte noch meine neuen Anwälte meine Entlassung befürworten, wenn ich direkt wieder nach Hause ginge. Ich musste entweder in ein Übergangswohnheim - was mir sicher den Rest gegeben hätte - oder in die Obhut zuverlässiger Freunde, die inzwischen zum Glück erkannt hatten, in welchem Zustand ich mich befand (Di Brierley sei Dank, die mich an einem besonders finsteren Tag besuchte und so schlau war, mein Adressbuch durchzugehen).

So wurde ich von der Klinik aus direkt an die Küste im Norden von Norfolk verfrachtet, wo ich in den Sechzigerjahren erstmals zaghaft die Zehen über das behütete Zuhause hinaus ausgestreckt hatte. Mike und Pooh Curtis, mit denen ich befreundet war, seit ich damals diesen marschigen Landsaum entdeckt hatte, nahmen mich unter ihre Fittiche wie ein Findelkind. Ich wurde gewogen, mit neuen Hosen ausgestattet, in denen Platz für die zugelegten Pfunde war (aber nicht im Zweifel darüber gelassen, dass ich sie besser wieder loswerden sollte), und an die Arbeit geschickt. Ich hängte die Wäsche nach draußen, erntete Gemüse und ging im Dorf einkaufen, eine so ungewohnte Betätigung, dass ich mir Verstecke suchen musste, um mich hinzusetzen und zu verschnaufen. Pooh schenkte mir einen Notizblock, nur für den Fall, dass mir ein Gedanke kam. Mir kam keiner. War meine Krankheit ein vegetativer Rückzug gewesen, so war dies eine Art vegetativer Fortschritt, ein langsames, mühevolles, blindes Zurückklimmen zu einem Anschein von Eigenständigkeit.

Noch in der ersten Woche testeten mich die beiden an den Salzmarschen, über die ich einst so sehnsüchtig geschrieben hatte. »Die Nähe dieser unsteten Randzonen«, hatte ich sinniert, »gehört zu Norfolks geheimnisvoller Anziehungskraft [...], ist ein Spiegelbild des unterschwelligen Wunschs, selbst so zufallsregiert zu sein wie aufsprühende Gischt, frei und losgelöst zu bleiben und an irgendeinen unerwarteten Ort gespült zu werden. Inmitten dieses Treibsands scheint die Welt voller Möglichkeiten.« Nun wirkte ihre Unbeständigkeit wie das Bedrohlichste auf der Welt. Wir gingen im Watt Herzmuscheln sammeln, dann Queller pflücken. Früher fand ich das zutiefst befriedigend und beglückend – knöcheltief im Schlick waten, die fleischigen Triebe zusammenbündeln, nach Hause marschieren wie ein Jäger und Sammler. Aber nun konnte ich nicht länger als zwanzig Sekunden in der Hocke bleiben, ohne entsetzliche Schmerzen im Rücken und in den Knien zu bekommen. Nur wenige Jahre zuvor war ich barfuß übers Watt gerannt, ohne darüber nachzudenken, wohin ich meine Füße setzen musste. Nun knickten meine Gelenke, die keine längere Belastung mehr gewohnt waren, alle vierhundert Meter um, und ich stolperte nur noch hinkend umher. Als ich meinen ersten ernstzunehmenden Spaziergang unternahm – eine Strecke von tausendzweihundert Metern –, konnte ich am Ende vor lauter Atemnot kaum noch sehen. Während wir in Mikes kleinem Boot durch den Hafen von Blakeney brausten, wünschte ich mir inständig, ich läge wieder mit dem Gesicht zur Wand im Bett. Nur Zentimeter von meinem Sitz entfernt schwappten die Wellen. Ich fühlte mich zu steif und ängstlich, um ins Boot hinein- und wieder herauszuklettern. Gereizt und wahrheitswidrig bestritt ich, dass ich mich je dem Meer verbunden gefühlt hatte. Pooh schüttelte nur den Kopf und sagte: »Wenn du nach Norfolk kommst, Rick, dann musst du gefälligst lernen, mit Wasser klarzukommen.« Sie wusste nicht, wie recht sie behalten sollte.

Doch Schritt für Schritt erholte ich mich. Meine Pfunde purzelten, und ich konnte wieder richtig atmen. Ich schrieb eine Postkarte. Ich nahm den Geruch dicker Bohnen wahr. Die Rolle eines Gesunden zu spielen, so zu tun, als könne es eine Zukunft geben, ließ es nach und nach wahr werden. Das Schauspiel wurde zur zweiten Haut - einer Verkörperung -, in der Fühlen wieder möglich wurde. Vielleicht war es auch, wie wenn man ein Uhrwerk wieder in Gang bringt, indem man einfach die Zeiger weiterdreht.

Und so zogen die Wochen ins Land. Ich wurde von Freund zu Freund gereicht, an der Küste von Norfolk entlang zu Justin, durch den ich Norfolk in früher Jugend kennengelernt hatte und der jetzt mein Finanzverwalter war, landeinwärts zu Roger, nach Süden zu Di, die meine Freunde zusammengetrommelt hatte, dann gewagterweise eine Zeit lang in meine alte Heimatgegend (wenngleich noch nicht wieder ›heim‹) zu Francesca und John, die meine Mitstreiter im Hardings Wood gewesen waren, und anschließend zurück in den Norden von Norfolk. Vom Gefühl, hilfloses Treibgut zu sein, ging ich allmählich dazu über, dieses gänzlich sorgen- und verantwortungsfreie Leben zu genießen. Ich verschwendete kaum einen Gedanken daran, dass ich in wenigen Wochen kein Zuhause mehr hätte.

Polly hatte ich etwa acht Jahre zuvor bei einer Dinnerparty in Norfolk kennengelernt. Unsere Gastgeberin hatte uns in der freundlichen Annahme, unsere gemeinsame Pflanzenliebe werde uns Gesprächsstoff liefern, nebeneinander gesetzt. Ihr Plan ging auf. Polly half bei der Nachbildung eines benediktinischen Kräutergartens im Herzen von Norwich und wollte alles wissen, was ich ihr dazu erzählen konnte. Sie hatte die Art von fesselnder Neugier und geballter Aufmerksamkeit, die schmeichelt und dabei äußerst anziehend wirkt. Sie stammte selbst aus Norfolk, war als Arzttochter in den Broads aufgewachsen und hatte die gleiche ungezügelte Kindheit wie ich in den Chilterns erlebt. Nun war sie Dozentin für Kindheitsforschung und hatte nebenher einen Abschluss in Kunstgeschichte erworben. Wir hatten wirklich jede Menge Gesprächsstoff, und die drei Stunden vergingen, ohne dass wir viel mit einem anderen Menschen geredet hätten. An Einzelheiten erinnere ich mich nicht mehr, aber ich weiß noch, *wie* wir uns unterhielten, und sehe noch unsere übertrieben erstaunten, begeisterten und skeptischen Gesichter vor mir – immerzu aufgerissene und verzogene Münder, wie bei Kindern, die gerade gelernt haben, miteinander zu sprechen. Auf einer tieferen Ebene hatten wir im Gegenüber bereits das unverbesserliche Heckenkind erkannt. Aber sie war gebunden, hatte Mann und Kinder, und am Ende des Abends hakte ich es nur bedauernd als weitere Begegnung ab, aus der vielleicht hätte mehr werden können.

Wenn ich in Norfolk war, sah ich sie ab und an wieder, und jedes Zusammentreffen war so vergnüglich und bewegend wie das erste. Nun, da ich unter ziemlich anderen Umständen an der Nordküste weilte, fragte ich mich, wie es ihr ging und ob wir uns mal wieder verabreden könnten. Als ich erfuhr, dass es in ihrem Leben alles andere als zum Besten stand, überredete ich meine Gastgeber, sie zum Tee einzuladen. Ein paar Tage darauf besuchte sie uns. Wir spazierten (mit Anstandsdame) über die Wiesen, schauten konzentriert viele Blumen und nervös einander an. In der gleichen Woche führte sie mich in ihrem Kräutergarten herum. Wir flirteten zaghaft, verwegen. Zwischen den welkenden Herbststauden erschnupperte ich den nicht in die Jahreszeit passenden Duft von Maiglöckchen. »Das bin ich«, platzte sie heraus. Wir küssten uns flüchtig, mit aufgerissenen Augen. Ein paar Tage später, als ich bei Roger in Mellis wohnte, holte ich tief Luft und fragte sie, ob sie mich besuchen wolle. Ich wartete vor dem Pub auf der Allmende auf sie. Als sie ankam, hing sie halb aus dem Auto und winkte wie die Queen. Wir hielten uns so lange im Arm, verwundert über das, was geschah, dass Passanten uns anzügliche Scherze zuriefen. Der Nachmittag war klar und heiß, und wir spazierten durch die Stoppelfelder. Es war die Stunde der Bekenntnisse, die Verluste wurden offen auf den Tisch gelegt. Sie erzählte mir vom traurigen Niedergang ihrer Ehe und vom Tod ihres Bruders, den sie noch nicht verwunden hatte. Ich erzählte ihr von meiner Krankheit, von der langen Krankheit meiner Mutter, den verlorenen Jahren. Wir weinten viel, die schluchzenden Tränen der Befreiung. Der Himmel war verblüffend blau. Als wir uns hinlegten, hörten wir Mäuse durch den Weizen huschen. Wir fanden heraus, wie Kornkreise entstehen, und mussten schließlich lachen, als alles zu einer verwickelten Komödie wurde. Wir verließen das Feld von Stoppeln zerkratzt und in dem Wissen, dass unser beider Leben sich verändert hatte.

Mittlerweile ging es mir wieder so gut, dass ich es wagen konnte, zur Übereignung unseres Elternhauses in die Chilterns zu fahren. Ich hatte kaum noch Geld und schrieb Polly eine von Selbstmitleid erfüllte Nachricht, in der ich jammerte, ich wisse nicht, wie ich an meine nächste Mahlzeit kommen solle. Sie antwortete postwendend mit einer gepolsterten Versandtasche voller Mangold und stellte damit unmissverständlich klar, dass sie nicht vorhatte, mich zu bemuttern, aber schon intuitiv wusste, was mir wieder auf die Sprünge helfen und mich zum Lachen bringen würde. Ich bezweifle, dass irgendwer sonst auf der Welt hätte erraten können, wie viel mir ein Briefumschlag mit Blättern zu diesem Zeitpunkt bedeutete. Nur durch glücklichen Zufall fand ich das zwischen dem Grün steckende kleine Kuvert. Es enthielt einen Geldschein, nicht für Essen, sondern für die Zugfahrkarte nach London zu einer Ausstellung in der Royal Academy. Wir machten beide blau und trafen uns dort. Die nächsten Stunden stand ich im Bann von Pollys Sicht auf Kunst, die für sie kein bloßes Endprodukt, sondern ein *Schaffensakt* war, ein Drama, das den Künstler in einem Moment seines Lebens einbezieht, mit Stimmungen, Freunden, Wetter und Rechnungen ebenso wie mit einer Vision.

Am Ende des Sommers musste Polly auf eine Radreise über die Pyrenäen. Es schien unfassbar weit weg und war für uns beide eine sehr schmerzhafte Trennung in einem so frühen Stadium unserer Beziehung. Doch ausnahmsweise verhielt sich Polly einmal ganz erwachsen und bat mich, ein wenig Tagebuch zu führen, während sie fort war, damit sie wusste, was ich in der Zeit gemacht und worüber ich nachgedacht hatte. Ich weiß nicht – und werde hoffentlich nie erfahren –, wie viel weise therapeutische Voraussicht hinter dieser kleinen Liebesflause steckte. Aber mit Freuden tat ich wie geheißen und kritzelte zum ersten Mal seit zwei Jahren mehr als meinen Namen und meine Adresse auf Papier. Ich schrieb darüber, was im Garten passierte, über durchziehende Vögel, meinen Wald und einen Feiertagsausflug mit Freunden zu einem Rockfestival in einem Pub auf dem Land, bei dem ich eine

Sechsjährige wie eine waschechte Cajun aus Louisiana tanzen gesehen hatte. Ich versuchte, Teile meiner Vergangenheit, von denen ich noch nicht erzählt hatte, zusammenzufügen, meine Jahre in Oxford, die Berufe, die ich ausgeübt hatte, bevor ich Schriftsteller wurde. Und je mehr ich schrieb, umso weniger glich mein Leben der Rolle des im Abseits stehenden Spanners, die ich mir zugewiesen hatte. Ich war herumgekommen, hatte Freunde gewonnen und mir, wie ich mich allmählich entsann, einen Namen gemacht. Wieder zu schreiben war nicht nur eine Wohltat an sich, eine zurückgewonnene Identität, sondern ein Schlüssel zu Seiten von mir, die jahrelang vor sich hin geschlummert hatten. Ich brachte – zum ersten Mal im Leben, glaube ich – ein paar ungenierte Erotika zu Papier, und als hätte ich Sorge, man könne mich für jemand anderen halten, als ich bin, ein umfassendes politisches Bekenntnis, das nicht nur mein längst überfälliges persönliches ökologisches Credo enthielt, sondern auch die Tatsache, dass ich zu Zeiten der Friedensbewegung den Plan eines geheimen Regierungsbunkers besaß (ich hielt ihn in einer Streichholzschachtel in meinem Kleiderschrank versteckt). Die Seiten mehrten sich, und während ich im Schatten der Buche, die sich dreißig Jahre zuvor in unseren Garten gesät hatte, saß und schrieb, schweiften Kaufinteressenten über den Rasen. Größtenteils machten sie höflich, aber nervös einen Bogen um mich, vielleicht aus Sorge, dass ich zum Inventar gehörte. Sie ahnten nicht, dass ich tatsächlich wieder der *Writer in Residence* war.

Als Pollys Urlaub vorüber war, merkte ich, dass ich praktisch ein schmales Buch geschrieben und mein Leben zurückgewonnen hatte. Meine Freunde, das Meer, die anstrengende Arbeit, die symbolisch trostspendende Buche und vor allem Pollys Fürsorge hatten die Macht meiner Krankheit gebrochen. Doch die ›Heilkraft der Natur‹ bestand für mich im Wiedererlangen der fantasiereichen Beziehung mit der Welt dort draußen. Diese Kraft begleitete mich, als ich meine Sachen packte und nach East Anglia zog, nun der Liebe wegen und des Glücks.

*

Gott sei Dank lief ich nicht Gefahr, rückfällig zu werden. Die Wintersonnenwende kam und ging, ein gedachter Augenblick in der winzigen Verschiebung zwischen dem Dunklerwerden und Hellerwerden der Tage. Und ausnahmsweise wurde das Wetter wie aufs Stichwort mild. Der Winterweizen wuchs auf fünf Zentimeter an. Der Monkjack in der Tiefkühltruhe mutierte zum peinlichen Fossil. Doch über Weihnachten war Kate im Haus und lud mich liebenswürdigerweise ein, die Festtage mit ihrer Familie zu verbringen. Da ich die vorigen zwei Winter in etwa so gesellig gewesen war wie Ebenezer Scrooge und seit meinem zwölften Lebensjahr selten mit mehr als drei Leuten Weihnachten gefeiert hatte, war ich gerührt. Zum Dank erbot ich meine Hilfe beim Schmücken des Hauses, wobei ich nur eine nebelhafte Vorstellung vom Ausmaß der Tradition hatte, der ich mich für kurze Zeit anschloss. Zuerst kamen die Kisten zum Vorschein, und binnen Kurzem war jede Arbeitsfläche mit dem Winterklimbim dreier Generationen bedeckt. Ein Karton war komplett mit Eisen- und Porzellanschwalben gefüllt, die allem Anschein nach (was mein Interesse an Dekokram rapide steigerte) die eindeutigen Merkmale von *Hirundo daurica* statt *H. rustica* aufwiesen. Ein anderer Karton enthielt lauter Enten, die taxonomisch weniger leicht zu bestimmen, von denen aber viele zu dritt eingewickelt waren. Es fanden sich Hochzeitsteller, eine Kollektion von Baumfeen, Tüten mit Lametta und mindestens vier Lichterketten, die alle überprüft werden mussten und nicht nur rund um die traditionelle Fichte, sondern auch in den Birnbaum des Spechts gehängt werden sollten. Da ich nicht nur verwirrt herumstehen wollte, erklärte ich mich bereit, die altehrwürdige, bedeutungsträchtige Krippe aufzubauen, die als eine Art Bausatz daherkam: eine Pappschachtel mit der Aufschrift ›Kabeljau-Filets‹, eine Handvoll Stroh und ein paar entfernt biomorphe Tonfiguren, vermutlich Relikte aus einem Schultöpferkurs in den Fünfzigern. Ich rief mir meinen Religionsunterricht in Erinnerung (ungefähr derselbe Jahrgang), um Schäfer von Schafen unterscheiden zu können und den Klumpen Urmasse zu finden, der das Jesuskind darstellen sollte. Zum Spaß stellte ich die drei Weisen aus dem Morgenland hinten in die Fischpackung und alle Tiere nach vorn, kam dann jedoch zu dem Schluss, dass Öko-Satire zu dieser Zeit im Jahr nicht angebracht ist (auch wenn kein anderer als der heilige Franziskus die Tradition des *presepio* begründete, mit echtem Ochs und Esel an der Krippe).

An Heiligabend trudelten die ersten Gäste ein, ein ganzer, weitverzweigter Clan von Kindern, Lebensgefährten der Kinder, Schwestern, Onkeln, Nichten und sonstigen Verwandten. Ich musste mir einen Plan zeichnen, um auszutüfteln, wer wer war. Alle verhielten sich freundlich, aber mir war unangenehm bewusst, dass ich bei allem guten Willen ein Außenstehender blieb, ein wenig wie einer der Schmuckeremiten, die bei pittoresken Festen im achtzehnten Jahrhundert die malerische Kulisse zierten. Angesichts meines merkwürdigen Sozialprofils – alleinstehender Untermieter mit zweifelhaftem Beruf und zwielichtiger Vergangenheit – war ich dankbar, dass man sich überhaupt mit mir abgab.

Der Weihnachtstag begann mit Champagnerschlürfen, danach setzten wir uns alle im frisch gestrichenen Esszimmer auf Kirchenbänken an große Tische. Wir unterhielten uns darüber, wie wichtig Familientraditionen sind und Winterfeste, um die tote Jahreszeit zu vertreiben. Draußen gleißte die Sonne, und vor den Fenstern tanzten Mückenschwärme. Drinnen begannen wir mit dem ersten Punkt auf unserem, wie sich herausstellen sollte, erschöpfenden Ritualprogramm. Zeremonienmeister Alan teilte uns für eine Partie Trivial Pursuit in zwei Gruppen auf, eine Tischseite gegen die andere, Licht, wie der Zufall es wollte, gegen Schatten. Es war eine auffällige Gegenüberstellung, und ich fragte mich, ob wir wohl das komplette heidnische Brimborium durchziehen würden – die Mächte des Lichts gegen die Mächte der Finsternis –, als wir auch schon mit einem flammenden Busch durch den kahlen Obstgarten wetzten. »Nur noch eine Runde«, verkündete Alan. Das Mittagessen schien in weiter Ferne.

*

An Weihnachten genau siebzehn Jahre zuvor saß ein Feldbiologe der University of Vermont auf einem schneebedeckten Hang vor zwei von einem Kojoten gerissenen Schafen, die er von einer nahe gelegenen Farm heraufgeschleppt hatte, und grübelte darüber nach, was er im vorangegangenen Herbst erlebt hatte. Professor Bernd Heinrich hatte die Überreste eines Kadavers mit fünfzehn Raben geteilt («Es gibt kein größeres Vergnügen, als unter Fichten gebratenen Elch zu essen und dabei Raben zu beobachten«) und »bemerkte ein Paradox«. Die Raben speisten in großer Zahl gelassen miteinander und riefen noch weitere Vögel herbei, mit einem »Schrei«, den er nie zuvor gehört hatte. Er war, bekennt er, perplex. Das, was er als das »›kommunistischste‹ Benehmen« bezeichnet, das ihm je in der Natur untergekommen sei, dieses Teilen jenseits der Verwandtschaftsgrenzen, schien den Grundlagen seiner gesamten biologischen Ausbildung und der sakrosankten Theorie der egoistischen Herde zuwiderzulaufen.[40]

In den darauffolgenden fünf Jahren studiert er wie besessen, liebevoll-verzweifelnd Raben, und sein Tagebuch *Die Seele der Raben* wird zu einem klassischen Erlebnisbericht über die kalte Jahreszeit, Vogelgepflogenheiten und Biologenbräuche sowie über das ewige (in Heinrichs Fall schon beinahe wesenseigene) Ringen von Wissenschaft und Leidenschaft. Das Rätsel lässt ihm keine Ruhe. Können Vögel willentlich ihr Futter *teilen?* Ist das absichtliche »Rekrutieren« anderer Vögel eine Tatsache, und wenn ja, zu welchem potenziellen evolutionären Zweck? Er stellt Theorien – und sich selbst – auf die Probe, beinahe bis zum Umfallen. Er schläft bei toten Ziegen und Katzen, seinen Rabenködern, und schleppt fast zwanzig Kilo Schweineinnereien einen gefrorenen Berghang hinauf. Manchmal ist es so kalt in seiner Hütte, dass die Uhr nachgeht und das Timing seiner minutiösen Beobachtungen zunichte macht. Er wird für die Raben zu einer Art Schamane, der ihnen ihr eigenes ausgeklügeltes Rufrepertoire über eine gewaltige Lautsprecheranlage vorspielt. Bald hat er neun verschiedene Hypothesen in Arbeit: unverständliche Modelle aus der Soziobiologie wie das Gefangenendilemma und plausiblere Theorien, etwa die Möglichkeit, dass die Vögel den Schutz der Gruppe vor Raubtieren suchen oder umgekehrt Radau schlagen, um Raubtiere *anzulocken,* damit sie von zäher Haut umgebene oder stark gefrorene Kadaver für sie aufreißen. Die Raben setzen derweil ihre berückenden, verblüffenden Possen fort, und Heinrich gerät immer stärker in ihren Bann. »Die Vögel fühlen sich wohl. Nach dem Fressen rollen einige wie glückliche Hunde auf dem Rücken im Schnee oder liegen auf dem Bauch, wirbeln und kicken Schnee. Einige fahren auf der Brust Schlitten und schieben sich dabei mit den Beinen vorwärts. Sie nehmen ein Schneebad [...].«

Die Grenzen zwischen Vögeln und Beobachter verwischen allmählich. Auf dem Campus in Vermont veranstaltet der Professor ein Fest und rekrutiert eine Schar studentischer Helfer zum gemeinsamen Schmaus eines

Lammkadavers. Sie zischen Moosehead-Bier und grölen zu Folk-Gitarren, und die ganze Chose gipfelt im amischmäßigen Aufbau eines riesigen Rabengeheges, in dem er die Marginalien und Feinheiten des Rabenverhaltens nach Belieben studieren kann. (»Wenn ich Phantasien nachgebe und mir vorstelle, wie Raben Menschen studieren, komme ich nicht umhin, mich zu fragen, was sie von einigen unserer Bräuche halten würden und zu welchen wissenschaftlichen Schlußfolgerungen sie darüber kämen«[41], schreibt er nachdenklich.)

Nach fünf Jahren aufopfernder, hingebungsvoller, enervierender Gewissensprüfung – »Ich schätze solche Unwägbarkeiten nicht, weil ich konstante und einleuchtende Ergebnisse haben möchte«[42] – will man, dass Heinrich seine Ideologie über Bord wirft und nach seinem Bauchgefühl, seiner inneren Vorstellung, seinem offenkundigen Einfühlungsvermögen geht. Am Ende erstellt er eine Liste von dreiundfünfzig Anhaltspunkten und Hypothesen und akzeptiert – ein klein wenig widerstrebend, denn das dürfen Wissenschaftler auf gar keinen Fall – das Naheliegende. Die schreienden, fressenden Horden sind Jungvögel, die tun, was alle Jugendlichen zu Festzeiten tun: Banden bilden, um Freundschaften zu schließen, Status zu erlangen, Partner zu finden und Spaß zu haben. Man ist einfach nur dankbar, dass Heinrich auf dem größtmöglichen Umweg zu diesem Schluss gekommen ist.

*

Die Jugendlichen auf der Ling – dem heidebedeckten Gemeindeland, das sich ums Haus erstreckte – drehten ebenfalls auf. Nach dem Mittagessen folgten weitere rituelle Spiele und viel Geselligkeit. Wie bei jedem familiären Weihnachtsfest war es wichtig, dass alles wie immer und in der richtigen Reihenfolge gemacht wurde. Zuerst kam ein wildes Tanzspiel, aus dem ich nicht schlau wurde, und dann eine Schatzsuche, bei der ich nicht mithalten konnte, so schwungvoll sausten die jüngeren Gäste ums Haus. Jetzt fühlte ich mich nicht mehr nur wie ein Außenseiter, sondern auch noch wie ein altes Wrack. Der Höhepunkt der Lustbarkeiten, der mit einem schrecklichen Gefühl der Unausweichlichkeit (und der Aussicht auf göttliche Vergeltung) näher rückte, sollte um meine Krippe herum stattfinden, die für den Anlass ordentlich hergerichtet worden war. Ein Tableau vivant stand an, und ich wurde als Schäfer besetzt. Die regulären Schäfer wussten, was sich geziemt, legten gewirkte Vorhänge als Gewänder an und schlangen sich Geschirrtücher um den Kopf. Der kleinste Verwandte doubelte das Jesuskind. Ich tat mein Bestes mit ein paar Ethno-Klamotten, aber mit der Kombination aus spanischer Umhängetasche und lila Bandana sah ich aus wie die Schaufensterpuppe einer Siebzigerjahre-Boutique. Wir standen still, und es wurden Fotos geknipst, Bilder, die sich zu jenen gesellen würden, die im Jahr zuvor geknipst worden waren, und zu jenen aus dem Jahr davor, bis hin zu der Zeit, als die Familie den ersten Fotoapparat besaß.

Der Literaturwissenschaftler Hugh Sykes Davies hat das Wort *ecolect* für die Spracheigenheiten und Rituale geprägt, die Familien oder kleine Freundeskreise miteinander pflegen, um ihre besondere Verbundenheit zu bekräftigen und einander zu versichern, dass alles beim Alten ist. Dieses Phänomen ist, soweit ich weiß, bei allen Lebewesen anzutreffen. Nur ich selbst kam mir ein wenig vor, als fehlte mir dieses Idiom.

*

Aber natürlich war ich nur so isoliert, wie ich es sein wollte. Über Weihnachten hatte sich David Nash gemeldet und seinen Gruß mit einer Neuigkeit garniert, von der er nicht ahnen konnte, wie trefflich sie kam. Seine wilde, abenteuerlustige Skulptur *Wooden Boulder* hatte das Meer erreicht. Zum ersten Mal hatte ich den seltsam anrührenden Holzklumpen fünf Jahre zuvor gesehen, als er in einem Bach bei Blaenau Ffestiniog hockte und über seine Flucht nachgrübelte. 1978 hatte David eine mächtige, über ein Nachbarhaus ragende Eiche gefällt und als Bezahlung dafür den Stamm erhalten. Aus diesem ersten ›Holzbruch‹ schnitt er einen Koloss von einer halben Tonne Gewicht, den er mit der Kettensäge in nahezu kugelrunde Form schliff. Ursprünglich wollte er ihn zum Talgrund rollen und anschließend in sein Atelier transportieren. Doch dann kam ihm die Idee, ihn mit Hilfe eines Bachs zu befördern, eine Folge von Wasserfällen und Gumpen hinunter, sodass aus seinem Weg nach unten eine Art Erzählung entstehen könnte. Nashs Erzählung, wohlgemerkt. Der Eichenklotz hatte andere Vorstellungen. Er wurde zum höchstgelegenen Wasserfall bugsiert und fallen gelassen. Doch er kam nie unten an. Auf halber Strecke kam der Zufall ins Spiel, und der Klotz verkeilte sich zwischen den Felskanten einer Kaskadenstufe. An diesem Punkt überließ David die künstlerische Absicht huldvoll den willkürlicheren Launen der Natur und konzipierte den Klotz neu: als wasserumtosten Felsbrocken. Er war in die Freiheit entlassen worden, nicht nur aus dem Baum, in dem er gewachsen war, sondern auch aus Davids Gewalt.

Im Lauf der folgenden zwanzig Jahre bewegte er sich allmählich den Bach hinunter. 1979 fand David ihn in einer Gumpe gestrandet vor, von Eis und welkem Laub bedeckt. 1994 polterte er bei einem Hochwasser kurzzeitig wieder den Bach hinab und riss dabei ein Tor und ein Stück von einem Zaun mit, bis er unter einer Straßenbrücke stecken blieb. Es folgten weitere Stillstände, Befreiungsaktionen und ungehinderte Sprints bis zu dem Tag im Jahr 1997, als ich ihn eine Sturmeslänge vom Fluss Dwyryd und von der freien Bahn zur Irischen See entfernt entdeckte. Nun war er auf und davon, um in den Geschichten anderer vorzukommen – vielleicht als lästiges Ärgernis für Kleinbootbesitzer, als Klatschthema unter Delfinen oder als rätselhafte Flaschenpost an einem jamaikanischen Strand.

»Man muss rührig sein«, sagt man hier, wenn man mit den Dingen Schritt halten, wieder Anschluss finden will. Und in der zeitlosen Spanne zwischen Weihnachten und Neujahr wagte ich den ersten richtigen Versuch, wieder ›rührig zu sein‹, indem ich eigene Ausflüge aus den Bäumen hinaus ins Nass unternahm. Ich fuhr mit dem Jeep los, eine Karte im großen Maßstab auf dem Beifahrersitz, schaute nach, wohin Feldwege und Sträßchen führen, probierte Abkürzungen aus, suchte nach Zugängen. Das war nichts Neues. Mein gesamtes Arbeitsleben hindurch war ich ein Nachmittagsnomade gewesen, der umherstreifte, um landschaftliches Treibgut und Geschichtensplitter zu sammeln, manchmal ganz gezielt, häufiger jedoch ins Blaue hinein, wie Gischt. Diesmal tastete ich mich westwärts das Tal entlang, folgte der langen Kette von Fenngebieten, die sich von Roydon im Osten über das große Niedermoor bei Redgrave bis hin zu den entlegenen Riedgrasflächen bei Market Weston erstreckt. Vereinzeltes Vokabular dieser Landstriche prägte sich allmählich ein: das Filigran der Erlenbestände, die Silhouette von Stieglitzen im Gezweig, der Wellenflug der Spechte, windzerzauste Rohrkolbenwolle, unbeschreibliches Geraschel im Schilf und überall die aufglitzernde Andeutung von Wasser, die einen unentwegt verfolgt, einem in Erinnerung ruft, dass die Welt selbst in stillen Wintermomenten ›rührig ist‹, Pläne schmiedet und Überraschungen ausheckt.

Ich fuhr auch nach Osten, weil mich plötzlich die Lust überkommen hatte, ein am Neujahrstag blühendes Winterheliotrop (der Name bedeutet ›sich zur Sonne wendend‹) zu suchen. Auf unserem ersten gemeinsamen Ausflug in die Broads hatten Polly und ich einige verfrüht blühende Exemplare gefunden, und es war zu einer Art Totemblume für uns geworden. Nun pflückte ich ein paar für mein Zimmer, wegen der quastenförmigen rosa Blütenköpfchen und des mediterranen Dufts nach Honig und Vanille, und bildete mir etwas darauf ein, dass ich die Blume in unserer eigenen Gemeinde aufgespürt hatte - bis ich entdeckte, dass sie die Grünstreifen derselben Straße ein paar hundert Meter in entgegengesetzter Richtung so dicht überzog wie eine Plane.

Und nach Norden fuhr ich, um David Cobham und Liza Goddard zu besuchen. David hatte bei meinem ersten Fernsehfilm, *The Unofficial Countryside,* Regie geführt, und wir waren gute Freunde geworden - eine Freundschaft, die seine Hochzeit mit meiner alten Liebe Liza irgendwie überstanden hat. Nun waren die beiden in Norfolk Greifvogelpaten und nahmen mich mit zum Sculthorpe Moor, einem neuen Gemeindenaturschutzgebiet im Wensum Valley. Ich stellte es mir ganz ähnlich wie die Fenns im Waveney Valley vor, aber sechzig Kilometer sind selbst in Norfolk eine weite Entfernung zwischen Inseln der Wildnis. Sculthorpe schien älter und echoreicher als jedes Feuchtgebiet, das ich aus eigener Anschauung kannte. Riesige Weiden waren wie Getreidegarben auseinandergefallen, bogen sich über den Torfboden und wurzelten hier und da an den Spitzen. Ihre Äste waren mit Moos, Flechten und epiphytischen Farnen drapiert, beinahe schon gepolstert. An dumpfigen Stellen standen, fahlschwarz und modrig, Bülte der Rispen-Segge, die in Norfolk einst abgeschlagen wurden, um daraus Kaminhocker und Kniekissen für die Kirche zu machen.

Wir schlenderten gemächlich zum Fluss und stießen auf die Pfotenabdrücke eines Fischotters (dessen fünf Zehen alle nach vorn zeigen und der hier oben verwirrenderweise als *seal* - Seehund - bezeichnet wird). Wir sahen Pfosten, auf denen Schleiereulen gerastet hatten, und einen schmalen Trampelpfad, der sich ins Schilfröhricht schlängelte und einfach im Nichts verlor – die entlaufene Färse, von der er stammte, war verschwunden. Es war wunderlich, und ich kam mir wie eine Landratte vor. Aber dann sah ich etwas, das ich kannte, einen Brocken Dialekt, den ich im Waldland aufgeschnappt hatte. Entlang des Hauptpfads wuchsen scheinbar Grüppchen einzelner Erlen. Für ihre Größe standen die Bäume jedoch dicht beieinander, und ihre Stämme strebten, wie sich bei näherem Hinsehen erwies, in einem lockeren, hohlen Ring garbenartig auseinander. Genau das Gleiche hatte ich in den Chilterns gesehen, wo uralte Hainbuchenstöcke ihre Mitte und viele ihrer Triebe verloren hatten. Was aussah wie einzelne Bäume, gehörte zu einer einzigen Pflanze. Ich vermutete, dass diese Erlen ebenfalls aus alten Stümpfen gewachsen waren, die mit ihren zwei bis zweieinhalb Metern Durchmesser leicht fünfhundert Jahre alt sein konnten.

Demnach wären sie das Kostbarste in diesem Naturschutzgebiet gewesen, unersetzlich und beunruhigend verwundbar an einem Ort, der offener Fennlandschaft geweiht ist. Auf die Gefahr hin, für einen Wichtigtuer gehalten zu werden, erwähnte ich meine Theorie gegenüber Nigel, dem Schutzwart. Er war ein sehr ernsthafter, aber sanftmütiger Mann aus Norfolk, Enkel des letzten professionellen Reetschneiders am Barton Broad, mit Augen, die manchmal Hunderte von Metern in die Ferne spähten. Auch hatte er etwas von einem Schamanen, jemandem, der Vögel aus der Luft herbeizaubern konnte. Er träumte als Erster von diesem Naturschutzgebiet, als er während einer Mittagspause in der Nähe seine Brote aß. Hingerissen vom Schauflug der Rohrweihen über dem Schilf, hatte er schlauerweise nachgeforscht, wem das Gelände gehörte. Er fand heraus, dass die Pacht noch in derselben Woche auslief, und binnen weniger Tage wurde es vom Hawk and Owl Trust übernommen.

Nun, da Nigel sich in die Familientradition eingereiht hatte, führte er das Reetschneiden und den Wurzelstockbetrieb in steinzeitlichem Umfang wieder ein, und an jenem Sonntagmorgen füllte sich die einstige Allmende mit freiwilligen Helfern aus der Gegend. Die Luft schwirrte von Norfolker Dialekt wie von Gänsegeschnatter. John, der sich vom Wilderer zum Fotografen gewandelt hatte, hatte unten in einem Baum die Überreste eines gewaltigen Nests entdeckt und einen flüchtigen Blick auf einen ebenso gewaltigen Greifvogel erhascht. »Ich hab diesen Riesenvogel gesehen und gedacht, das ist zu früh für 'ne Weihe. Da dreht er sich zu mir um, sodass ich die dicken Flügel und die Truthahnbrust erkennen kann, und Teufel, es war ein Habicht.«

Das und der Gedanke an Rohrweihen im Frühling berauschte mich. Was müsste man wohl tun, fragte ich mich, um die Weihen, diese perfekten Destillate aus Wind und Schilf, wieder ins Upper Waveney Valley zu locken, wo sie zuletzt im frühen neunzehnten Jahrhundert gebrütet hatten? Vielleicht die Moore renaturieren, auf der ganzen Strecke zwischen Diss und Market Weston? Ich dachte an das Wildlands Project in Amerika und sein widerhallendes Mantra »Reconnect Restore Rewild«. In den Achtzigerjahren hegte eine Gruppe von Umweltaktivisten und romantisch gesinnten Ökologen die Vision, Amerikas Wildnisgebiete miteinander zu verbinden, John Muirs »Bienenweiden«[43] auf den Burger-Ranches zu renaturieren und wieder Naturwald zwischen (und dereinst auf) die Freeways zu setzen: »Wir leben für den Tag, an dem es von New Mexico bis Grönland durchgehend Wolfspopulationen gibt, an dem wieder riesige, lückenlose Wälder und weit dahinfließende Prärien gedeihen und präkolumbische Tier- und Pflanzenarten beherbergen, an dem der Mensch in Achtung vor, im Einklang mit und in Liebe zur Landschaft lebt.«[44] Die Vision war zu provokant und vielleicht auch zu egoistisch, um jemals in dieser Form wahr zu werden. Aber sie hat einen Traum in die Welt gesetzt, der das realistischere Handeln beflügelt, einen Extremstandpunkt, der bereits dabei ist, den gemäßigten Pragmatismus in seine Richtung zu ziehen.

Initiativen dieser Größenordnung sind für uns diesseits des Atlantiks, die wir eine bescheidene, defensive, rücksichtsvolle Herangehensweise an den Naturschutz gewohnt sind, irritierend. Aber in einem Anflug von ausgleichender Gerechtigkeit haben ausgerechnet die Niederländer, deren Ingenieure vor vier Jahrhunderten der Entwässerung von East Anglia den Weg bahnten, Verantwortung übernommen und begonnen, einen Großteil des Landes, das sie dem Meer so mühsam abgerungen haben, wieder der Wildnis zu überlassen. Ihre renaturierten Feuchtgebiete – eine Fläche von Tausenden

Hektar – gleichen in keiner Weise unseren aufgeräumten Schutzgebieten. Sie sind zu einer riesigen Feuchtsavanne aus Seen, Wattenmeer, immensen Schilfbeständen und Gestrüpp geworden, in der es von Vögeln wimmelt – Weihen, Seeadler, Löffelreiher und im Winter fünfzigtausend Graugänse. Es gibt praktisch keine Eingriffe durch den Menschen. Der Wasserspiegel darf natürlich fluktuieren, und im ganzen Gebiet leben große Herden halbwilder Pferde und ›dedomestizierter‹ Rinder. Bald werden diese Reservate mit bewaldeten Binnengebieten zusammengeschlossen zu einem, so hofft man, ›bedeutenden vereinten Natur- und Kulturreservat, mit so wenig Schranken wie möglich für Mensch und Tier‹.

Was macht ein Habitat, einen Bau, einen ›Wohn-Ort‹ aus? Die Vorstellung von einem ›Natur- und Kulturreservat‹ ist uns fremd, da wir so daran gewöhnt sind, diese Konzepte als Gegensatz zu betrachten. Und doch scheint es mir nicht nur ein wünschenswerter Lebensraum (und etwas, was den Ursprüngen unserer Spezies entspricht), sondern es entspricht auch dem Ort, an dem ich selbst gelandet bin. Jedes menschliche Zuhause – sogar ein vorübergehendes wie mein Zimmer – ist ein kulturelles Gebilde. Aber zu meinem kam ich beinahe reflexartig, ebenso gedankenlos wie eine Rohrweihe, die aus ihrem Winterquartier ins Fenn zurückkehrt – dem natürlichen Instinkt folgend, wenn man so will. Wenn ich im Augenblick der für mich bedeutsamsten Veränderung in meinem Leben bewusst hätte planen und entscheiden müssen, wohin ich gehen soll, hätte ich es nie und nimmer geschafft. Das Schwanken zwischen gleichermaßen reizvollen Möglichkeiten hätte mich vollkommen gelähmt und wohl auf direktem Weg wieder in meinen paralysierenden Angstzustand versetzt.

Die Freiheit zu entscheiden, wo man wohnen, was für ein Leben man führen, wer man sein will, gilt als eines der großen Privilegien der Menschheit – jedenfalls der wohlhabenden Menschen der westlichen Welt. Ich habe sie jedoch oft als verunsichernd empfunden und vielleicht auch als Hindernis für spontanere, organischere Veränderungen. Seinen »Platz« zu finden hat für mich ebenso viel mit wohlüberlegter Entscheidung zu tun wie damit, ein gewisses Maß an Drift zuzulassen, mit den Ereignissen zu lavieren, sich vom Fluss der Dinge treiben zu lassen. Eben flügge geworden, war ich in einer Lage gelandet, die ich mir nie hätte träumen lassen, in der einfachsten Bleibe, die möglich war, einem Bau, der mir sinnbildlich wie die Behausungen vorkam, die Menschen der Frühzeit auf Waldlichtungen errichteten. Aber es ging gut. Ich wurde schnell erwachsen. Ich verließ das Haus. Ich rührte mich wieder.

3 · GEMEINPLÄTZE

Die Allmende ist eine ungewöhnliche und elegante gesellschaftliche Institution, innerhalb derer die Menschen früher politisch in Freiheit lebten, indem sie sich den natürlichen Gegebenheiten anpassten. Die Allmende ist eine Organisationsebene der menschlichen Gesellschaft, die das Nichtmenschliche einschließt.

GARY SNYDER, *Lektionen der Wildnis*[45]

Am lange sich hinziehenden Ende des Winters saß ich mit den Katzen in meinem Zimmer, blätterte durch Landkarten und haschte nach kleinen Ahnungen und Andeutungen des Frühlings. Das Erleben von *le temps* spielt sich immer im Kontext von Ort ab, und ich sann nicht nur darüber nach, wann der Frühling ›stattfinden‹ könnte, sondern auch wo. In den Chilterns gehörten zu meinen Frühlingsritualen eine Reihe genau lokalisierter Vorboten, eine Folge von Stationen beim saisonalen Abschreiten meiner Gebietsgrenzen: das erste Scharbockskraut am Flussufer in der Mill Lane, am äußersten Rand von Berkhamsted, pünktlich zu meinem Geburtstag im Februar (in einem hoffnungslos späten Jahr schummelte ich und brachte eins mit einer UV-Lampe zum Blühen), das erste Hasenglöckchen in meinem Wald (Wochen vor den Hasenglöckchen aller anderen), die ersten Mauersegler hoch über der Gemeindekirche. Was mochten die hiesigen Entsprechungen sein? Ich durchstreifte Schuppen und Scheunen, um zu erkunden, wo die Schwalben wohl nisten würden, falls sie wiederkämen. Mindestens ein halbes Dutzend alter Nester war über die Gebäude verstreut, eins davon schwebte, mit beinahe Ruskin'scher Anmut, über einem viktorianischen Schaukelpferd. Ob irgendwo ein Hasenglöckchen wachsen würde? Eine heimische Orchideenart auf der Heide ums Haus? Sangen in Hörweite meines Zimmers Nachtigallen?

Die Zeit wurde mir lang. Den Katzen ebenso. Nachdem sie im Herbst in Windeseile zu furchtlosen Jägern geworden waren, hatte die Kälte sie zu

Bettvorlegern verkommen lassen. Nun zeigten sie erste Anzeichen von Rastlosigkeit. Sie strichen im Zimmer umher, tranken Wasser aus Blumenvasen und Nachttischgläsern, hielten ein Nickerchen, sprangen indes schlagartig auf und mischten sich ein, sobald ich ihnen etwas Interessantes zu machen schien, ohne sie einzubeziehen. »Du liest etwas über die Steinzeit in Norfolk? Will ich auch. Ich will sogar hin!« Über alles liebten sie eine großformatige Faltkarte oder das Herumturnen auf der elektrischen Schreibmaschine (auch wenn es ihnen nie gelang, ihren Namen zu tippen, wie es mein Kater Pip in den Chilterns durch glücklichen Zufall um ein Haar geschafft hätte). Alle drei hatten fein unterschiedene Arten, Liebkosungen einzufordern. Blanco war die reinste Raubkatze, stieß seinen Kopf gegen meinen und betatzte, meist mit eingezogenen Krallen, mein Gesicht. Lily pfötelte und leckte behutsam, fast entschuldigend, an den Fingern der Hand, mit der sie von mir gestreichelt werden wollte. Blackie, das Flittchen, ließ sich einfach seitlich aufs Bett fallen wie eine Slapstick-Komödiantin.

Thoreau bekennt in seinen Tagebüchern, dass er, wann immer er ›starr‹ geworden war und Erholung brauchte, ausnahmslos nach Südwesten spazierte. »In dieser Richtung liegt meine Zukunft«, schrieb er, »dort scheint die Erde reicher und weniger verbraucht zu sein«.[46] Das ist zum einen ein Seitenhieb auf die Alte Welt und das, was er als ihre Besessenheit von Geschichte und aussterbenden Institutionen betrachtete. Doch er meinte auch, in der Natur Zeichen und Vorboten einer Neigung gen Westen zu sehen. Dorthin wanderten die Sonne und, so glaubte er, Nomadenvölker und ziehende Tiere. Es sei »die Richtung der gesamten Menschheit«[47]. Er betrachtete die Westwärtsbewegung als eine Art Urinstinkt.

Ich bin mir nicht sicher, ob ich Thoreaus Glauben an einen neuen, transzendentalen Wilden Westen teile, aber mitten in einem langen Winter hat der Südwesten eine ziemlich verlockende Anziehungskraft, da man dem Frühling dort auf seinem Weg nach Norden sozusagen entgegengehen kann. Polly und ich erlagen der Versuchung und fuhren nach Cornwall. Es heißt, das sei ein fremdes Land dort unten, doch es bibberte unter genau denselben Temperaturen, die wir in Norfolk hinter uns gelassen hatten, und war ebenso stark von Sturm und Hochwasser heimgesucht worden. Aber man spürte, wie der Puls wieder einsetzte. Die ersten Roten Lichtnelken und der erste Glöckchenlauch standen in Blüte, und hier und da wagten Bussarde verfrühte Balzflüge. In der späten Januarsonne und der salzigen Luft kam man sich ein wenig vor wie in Südspanien im Winter.

Eines Morgens schweiften wir flussaufwärts am Fal entlang, von der Mündung aus, an der ich mir in den Achtzigerjahren angesehen hatte, wie die Springflut zur Frühjahrs-Tagundnachtgleiche, weiß von Porzellanerde, über die Schlüsselblumen in den Eichenwäldern am Hang steigt. Die Blumen hatten so verloren gewirkt wie gestrandete Seesterne. An diesem Morgen gab es keine schwimmenden Blüten, aber eine andere Erinnerung daran, dass der Lauf der Jahreszeiten stets von Wanderung und Ortswechsel begleitet ist und von der Neuaufteilung von Revieren. Fast jede schmale Bucht hatte ihren eigenen gefiederten Wächter, so blendend weiß, als wäre er aus Alabaster geschnitzt. Einst waren Seidenreiher nur gelegentliche Irrgäste vom europäischen Festland. Aber in den Achtzigerjahren fingen sie an, entlang der englischen Südküste zu übersommern, und seit 1996 brüten sie dort. Sie sind vielleicht eins der wenigen Geschenke des Klimawandels.

Wir wanderten weiter, immer der Nase nach, und stießen auf ein sumpfiges Tälchen voller Schnepfen. Im Gesträuch erspähten wir einen winzigen, olivfarbenen Vogel mit markantem Augenstreif. Ein überwinternder Zilpzalp, vermutete ich zunächst. Als er näherkam, wirkten die Augenstreifen dunkler und komplexer, und ich ahnte schon, dass wir es mit einer echten Rarität zu tun hatten. Aus zwei Metern Entfernung gab es dann keinen Zweifel mehr, auch wenn wir beide noch nie einen solchen Vogel gesehen hatten. Es war ein Sommergoldhähnchen, ein seltener Wintergast in diesen Breiten. Sein Kopf glich einer Karnevalsmaske: der Scheitel glühend orange, dunkle, fernöstlich anmutende Streifen am und über dem Auge und ein bronzefarbener Fleck an der Halsseite. Dann machte es etwas Außergewöhnliches – es begann, geräuschlos auf einem Ast entlangzutanzen und schnellte dabei Fliegen fangend in weiten Schwüngen und hohen Bögen in die Luft, sodass man die Flügelschläge gerade noch erkennen konnte. Darin lag nichts besonders Westliches, aber es schien wie eine Art Vorspiel.

Es galt, ein lange vor mir hergeschobenes kornisches Abenteuer zu bestehen, während ich hier war. Ich wollte Mabe, das Dorf mit meinem Namen, aufsuchen (und mein Erbe einfordern – Titel, Privilegien, Besitz und so weiter). Doch es erwies sich als Enttäuschung, ein ziemlich tristes ehemaliges Bergbaudorf, dessen Kirche verschlossen war. Früher war sie St. Mabe geweiht, nun schien sie die Kultstätte irgendeines Hochstaplers namens St. Laudus zu sein. Wir besorgten uns vom Pfarrer den Schlüssel (es war Sonntag, und er kam uns mit einer Flasche Chardonnay unter dem Arm auf der Straße entgegenmarschiert) und stöberten innen umher. Hoch oben in den Glockenturm war etwas eingemeißelt, das mit seinem blättrigen Haupt- und Barthaar wie ein Green Man aussah. Polly zeigte sich skeptisch, aber nachdem ich so schmachvoll meiner Heiligkeit beraubt worden war, war ich überzeugt. Draußen stand wie zur Bestätigung ein keltischer Stein mit eingeritztem Kreuz. Im Reiseführer wurde eingeräumt, dass es sich um ein prähistorisches Natursymbol handelte, das ›zu schwer‹ gewesen sei, um es wegzubewegen (unwahrscheinlich). Stattdessen war man diplomatisch vorgegangen und hatte es christianisiert. Ich fragte mich, ob St. Mabe ihm das Bleiberecht gewährt hatte – wie so viele von Cornwalls ›Heiligen‹ wohl nur ein umherziehender keltischer Naturpriester, der die Halbinsel auf seinem Weg nach Südwesten durchwanderte, dem Frühling entgegen.

*

Zu Hause holte ich wieder die Karten hervor und versuchte, mir von den Ecken der hiesigen Landschaft, die ich noch nicht gesehen hatte, ein Bild zu machen. Das war eine alte Gewohnheit von mir. Schon seit meiner ersten Reise nach East Anglia war ich ein notorischer Kartenwurm. Im Winter oder wenn ich nicht nach draußen konnte, hockte ich über Messtischblättern, plante Spaziergänge, malte mir die Gestalt unbekannter, nie zuvor betretener Gegenden aus und erfreute mich zuweilen ganz einfach an den abstrakten Mustern auf der Karte. Ich hatte imaginäre Lieblingsschlupfwinkel: High Wrong Corner (was war dort bloß geschehen?) mitten in einer Einöde im Breckland, die Dörfer, die sich im Herzland Norfolks aneinanderreihten – Sall, Corpusty, Guist, Fulmodeston –, und deren Namen an den Nebenstraßen entlang aufgefädelt waren wie konkrete Poesie. Und aus irgendeinem Grund fesselte mich die Form der Landschaft zwischen Occold und Thorndon in Suffolk, wo langgezogene, ganz untypisch gescharte Höhenlinien von seltsam hieroglyphischen Feldgrenzen durchschnitten waren. Sie mutete leicht exotisch, orientalisch an, und ich stellte mir die Südhänge stufig vor, mit Kulturterrassen, auf denen Weintrauben und Kirschen und vielleicht sogar Pfirsiche angebaut wurden, wie in mittelalterlicher Zeit an der Küste bei Iken.

Nun stand das Haus, in dem ich wohnte, tatsächlich auf der Karte, und ich war zehn Minuten von den Hängenden Gärten von Occold entfernt. Eines Tages fuhr ich zufälligerweise durch dieses Fleckchen, das ich mir so oft ausgemalt hatte. Natürlich gab es weder Terrassen noch Weinberge, nicht mal die pseudo-mediterrane Villa eines Zugezogenen. Dafür lag ganz oben auf dem Hügel eine riesige, groteske Ansammlung grüner Spielzeughäuser, ein Lego-Set in Groß. Auf dem Schild beim verbarrikadierten Eingang stand *Huntingdon Life Science* – unser modernes Sinnbild des Bösen. Das ist das Dumme an alten Karten (meine war Jahrgang 1968): Die in ihnen eingefrorene Zeit ist ein Nährboden für Sehnsuchtsfantasien.

»Raus aus der Karte, rein ins Gelände«, drängte David Abram[48] in einem seiner provokanten Aufsätze über die unscharfen Grenzen zwischen Zeit und Raum. Aber man muss einen Anfangspunkt finden. Der Unterschied zwischen den Chilterns und der Vorschau auf der hiesigen Karte hätte größer nicht sein können. Die Höhenlinien gaben sich nonchalant. Die Sträßchen schlenderten eher, als dass sie sich schlängelten. Wälder bestanden vorwiegend aus jungen Feuchtgehölzen oder aus Forstplantagen. Durch halb geschlossene Lider sah man nicht das übliche Karomuster aus Grün- und Brauntönen, sondern ein gelb unterlegtes Filigran aus Blau. Das Tal verlief in einer klaren Linie. Der Waveney wand sich durch die Heide zu seiner Quelle im Redgrave Fen zurück, wo auch die Little Ouse entsprang und genau in die entgegengesetzte Richtung floss – gen Westen zum Breckland. An den Talrändern gab es Nebenflüsse, die zumeist nach Süden flossen, sodass sich zwischen Diss im Osten und Market Weston im Südwesten eine mancherorts bis zu achthundert Meter breite Zunge aus zerstreuten Fenns und Marschen ergab. Auf den frühesten Karten bilden sie einen sechzehn Kilometer langen, nahezu lückenlosen Korridor aus sumpfigem Land. Nun verlieh das Geflecht aus künstlichen Entwässerungskanälen und begradigten Bachläufen der Karte das Aussehen einer von Sprüngen durchzogenen Eisfläche. Doch das Wasser verband noch immer. Wie bei den Labyrinthen in Rätselheften für Kinder konnte ich die Wege, die es nahm, nachzeichnen und die Quellbänder, Flüsschen und Feldgräben wieder mit ihrer Hauptader im Fluss zusammenführen.

Ich versuchte, mein persönliches Netz von Verbindungen und Verknüpfungen darüberzulegen. Wir alle haben so einen inneren Atlas, eine irrationale und hoffnungslos maßstabs*un*getreue Karte mit Wahrzeichen, Höhenmarken und Orientierungspunkten. Meine hatte in etwa die Form eines frühen Satelliten – eine um das Tal kreisende Kugel mit rechtwinklig abstehenden Antennen. Eine davon wies nach Norden an die Küste, zu Freunden und Marschland-Bastionen, die ich seit langer Zeit kannte. Eine weitere Antenne – strenggenommen eine Durchgangsstraße – wies ins Breckland. Die nach Osten ausgerichtete Nadel endete an der Küste von Suffolk zwischen Aldeburgh und Southwold, wo ich ein paar Jahre ein Cottage als Refugium besessen hatte, und war durch eine Kette von vertrauten Dörfern mit dem Stour Valley verbunden.

Aber das war nur der Rahmen, mein mentales Hauptverkehrsnetz. Dazwischen lag ein Gitterwerk von Heiligtümern und Talismanen: eigentümliche Wellentäler in den Straßen, Schattentunnel, unsichtbar hinter Bäumen versteckte Bauernhöfe, ein Weiler, in dem jeder Garten voller Kaiserkronen war. Und je länger ich auf die Symmetrie dieses Musters schaute, umso mehr beschlich mich der Gedanke, dass ich vielleicht exakt in der Mitte von East Anglia wohnte. Als ich der Idee mit einem Bindfaden nachging, stellte ich fest, dass es stimmte. Hätte ich die Fläche von Norfolk und Suffolk ausgeschnitten und eine Nadel durchs Haus gestochen, wäre die Karte frei rotiert, wie ein Kreisel.

Und mir fiel noch etwas auf. Ein Großteil der Landschaft schien an einer von Nordwesten nach Südosten verlaufenden Achse ausgerichtet zu sein. Am auffälligsten war diese Neigung im Osten, wo in einem vielleicht zweihundertfünfzig Quadratkilometer großen Gebiet um Diss die Maserung der frühen Landschaft – Altwege, Feldgrenzen, sogar Waldsäume – unverkennbar nach Westen tendierte. Die Richtung spielte eigentlich keine Rolle. Faszinierend war die übereinstimmende Ausrichtung der schrägen Linien und dass sie an den meisten Stellen offenbar überhaupt nicht mit der Geländeform oder dem Lauf der Gewässer zusammenhing. Die kleinen Felder südlich eines Dorfes etwa lagen allesamt parallel, durchschnitten die Höhenlinien jedoch in allen erdenklichen Winkeln. Grünwege folgten der generellen Ausrichtung selbst dann, wenn es sie nirgends hinzuführen schien. Natürlich gab es Ausnahmen – in der Nähe größerer Flüsse oder dort, wo die Hänge so steil waren, dass sie Beachtung verlangten. Die wichtigste Römerstraße nach Norwich (heute die A140) kreuzte die Maserung in einem Winkel von etwa fünfundzwanzig Grad. Aber die meisten anderen Gegebenheiten, an denen die Orientierung abwich, entstammten eindeutig modernerer Zeit, wie die rechteckigen Forstplantagen einiger Großgrundbesitze aus dem neunzehnten Jahrhundert. Dann stieß ich auf einen Heimatforscher, der die durchschnittliche Schräge der Maserung gemessen hatte.[49] Ich bekam Gänsehaut: Mein neues Streifgebiet hatte eine Neigung von vier Grad nach Westen.

Am nächsten Tag kaufte ich mir einen Kompass und ging nach draußen, um mir die Sache mit eigenen Augen anzusehen. Dummerweise hatte ich vergessen, dass es perspektivisch unmöglich ist, derlei vom Boden aus zu erkennen. Was das ganze Phänomen noch rätselhafter machte. Wenn es keine sichtbaren Anhaltspunkte gab, wie konnten die Felder dann bewusst so angelegt worden sein? Es scheint wenig glaubhaft, dass die Bauern der Vorzeit, die die Grundstruktur dieser Landschaft schufen, sich die Mühe gemacht haben sollen, ihr Tun aufeinander abzustimmen. Beruhte es also auf irgendeiner grundlegenden geografischen Gegebenheit, wie etwa auf dem leichten periodischen Absinken und Ansteigen von East Anglias Höhe über dem Meeresspiegel? Oder ließ vielleicht der vorherrschende Ostwind oder der Lauf der Sonne alle Feldarbeiter in eine Richtung ›lavieren‹? Besaß man in prähistorischer Zeit ein stärkeres Gespür für das Magnetfeld der Erde? Die Flurform ist hier annähernd auf den magnetischen Nordpol ausgerichtet. Und wenn man sich in wildere Gefilde der Spekulation vorwagte: Konnte es sein, dass die alten Wege in Richtung einer bedeutenden Kultstätte wiesen, vielleicht Seahenge an der Nordküste, und dass in späterer Zeit erfolgte Ackerrodungen sich an ihnen orientierten? Oder hatte Thoreau Recht, wenn er glaubte, die Westwärtsbewegung sei bei Lebewesen ein elementarer Drang?

Ich bezweifle, dass es einen einzelnen Grund für den ›Strich‹ einer Landschaft gibt, dessen Ursprung vielleicht in prähistorischer Zeit liegt, als noch Wildpferde und Wisente in den Fenns des Tals grasten. Aber ich erwärme mich für den Gedanken, dass diese ländliche Raumplanung nicht von Grundbesitzern und Bürokraten auf dem Reißbrett vorgenommen wurde, sondern auf irgendeine Form von Instinkt zurückgeht, ein unerklärliches Verlangen, sich nach der Sonne zu richten.

*

Die Pferde hatte ich zum ersten Mal im frühen Herbst gesehen, an einem Tag, als das Redgrave Fen unter der tiefstehenden Sonne beinahe rötlich gelb erschien. Während ich zwei Rehe beobachtete, die vorsichtig durch die Tümpel in der Ferne staksten, schossen fünf, sechs Köpfe aus dem Gestrüpp empor, spähten umher wie Periskope und verschwanden dann wieder. Sie wirkten staubig, angespannt, geschmeidig. Überrascht, sie zu sehen, war ich nicht. Auf der Informationstafel des Naturschutzgebiets wurden sie groß angekündigt, in erster Linie, um die Leute davon abzuhalten, sie zu füttern. Nicht vorbereitet war ich auf den Schock, den sie meinen Sinnen versetzten, und das Bild von einem anderen Ort und aus einer anderen Zeit, das sie in mir wachriefen. Als ich sie einige Tage später im Galopp davonfliegen sah, das Schilfgras um ihre Schultern wogend, wirkten sie wie eine Herde Impalas in der Savanne. Sogar Redgrave selbst schien plötzlich wie eine Savanne. Sie hatten den Ort verzaubert.

Ich habe Pferde immer auf Distanz gehalten. Ich bin nie geritten und habe mich ihnen nie nahe gefühlt. Teilnahmslos, wie sie in der Ecke eines winzigen Auslaufs stehen, sich bei Hitze oder Regen kaum von der Stelle rühren, außer um Schutz hinter der Kruppe des anderen zu suchen, sind sie mir manchmal ein zu trauriger Anblick. Bei den zwei Erlebnissen mit Pferden, die mir in Erinnerung geblieben sind, waren sie jeweils in der Opferrolle. In den Siebzigerjahren hatte ich in Suffolk bei einem Reiterfest auf dem Dorf zugeschaut, wie ein kleines Mädchen auf seinem überforderten Shetlandpony einen Parcours mit niedrigen Sprüngen absolvierte. Beide scheiterten kläglich. Die Mutter des Kindes saß zufällig neben mir, und als das letzte

Hindernis fiel, brüllte sie ihrer Tochter zu: »Schick ihn noch mal rum! Lass ihm das ja nicht durchgehen!« Diese Szene ist mir im Kopf hängen geblieben – die Miniatur einer kompletten Herrschaftspyramide. Ein paar Jahre später sah ich zu, wie meine hochschwangere, überfällige Schwägerin Rose, bis oben hin vollgestopft mit Chicken Vindaloo, ohne Sattel auf einer kleinen Koppel im Kreis umherritt. Es klappte. Am Tag darauf, dem ersten Frühlingstag, kam Hannah zur Welt. Aber auch dieses Pferd war ein Arbeitstier, und das Bild von Pferden als Paradebeispiel für bis zur Unterwürfigkeit gezähmte Wildheit blieb haften.

Die Pferde in Redgrave machten allerdings einen ganz anderen Eindruck. Sie waren eine willensstarke Zigeunerbande, über die ich mehr wissen wollte. Natürlich hatte man sie im Fenn, wie in England überhaupt, angesiedelt. Es waren Koniks, hergebracht vom örtlichen Naturschutzverband, um die Fennvegetation im Zaum zu halten. Konikpferde haben eine verschlungene Geschichte. Sie sind Nachfahren der Tarpane, der echten europäischen Wildpferde, die bis ins späte neunzehnte Jahrhundert in den Wäldern Polens überdauerten. Die Art starb aus, als 1876 das letzte wilde Exemplar heldenmütig über eine Felskante galoppierte, um der Gefangenschaft zu entgehen. Die Gene der Tarpane lebten jedoch in von Kleinbauern gezüchteten Kreuzungen fort und waren offenbar zäh und dominant. Ganz spontan bildete sich eine polnische Landrasse heraus, die Tarpan-Merkmale aufwies: das mausfalbe Fell, den schwarzen Aalstrich, die dunkle Mähne, die stellenweise beinahe eine Stehmähne ist und von Natur aus zu einer Seite weht oder fällt, sodass die hellen Haarhülsen sichtbar sind. In den Dreißigerjahren waren diese Pferde in Deutschland Gegenstand fragwürdiger selektiver Zuchtprogramme, mit denen man ein reinrassiges, ›arisches‹ Pferd rückzüchten wollte. Heraus kam der Konik, im Großen und Ganzen ein rekonstruierter Tarpan. Angesichts einer so dunklen, verwickelten Geschichte, die von Eugenik beeinflusst ist und Echos vorweltlicher Landschaften heraufbeschwört, ist es kein Wunder, dass die Tiere starke Gefühle hervorrufen.

Für Landschaftspfleger sind Koniks in erster Linie robuste Arbeitshilfen. Der örtliche Naturschutzverband hätte sich auch für Rinder oder Hochlandschafe entscheiden können. Aber Koniks haben deutliche Vorzüge. Sie fressen alles, was ihnen vor die Nase kommt – Dornengestrüpp, junge Birken, alte Binsen. Sie gelangen überallhin, durch Schilfdickicht, hüfthohes Wasser und schlimmsten Matsch. Sie helfen, die Verbuschung einzudämmen und ein Mosaik aus offenen Wasserflächen, Moor und Bruchwald aufrechtzuerhalten. Sie trotzen praktisch jedem Wetter (bekommen bei Kälte aber Heu) und fohlen ohne fremde Hilfe draußen im Fenn. Und als Bonus haben sie quasi den Stammbaum einer Wildrasse.

Manche Einheimische betrachten die Koniks und das intensiv gepflegte Fenn, zu dessen Erhaltung sie beitragen, jedoch als fremdes, unnatürliches Eindringen in ein echtes Stück englischen Gemeindelands. Einige sind sogar der Meinung, das Naturschutzgebiet verwandle sich in eine Art Safaripark. Seine Starspezies – die Gerandete Wasserspinne, die schwer auffindbar in kleinen wassergefüllten Torfstichen lebt – erhält minutiöse und maßgeschneiderte Aufmerksamkeit. Doch der Einsatz einer Herde halbdomestizierter Säugetiere, die hier wahrscheinlich seit fünftausend Jahren nicht mehr wild vorgekommen sind, ist ein Eingriff anderen Kalibers. Auch verhalten sich die Pferde nicht immer wie Geschöpfe der Wildnis. Eines Morgens ertappten Polly und ich uns zu unserer eigenen Überraschung dabei, dass wir uns an sie heranpirschten wie Apachen. Ihre fast kreisrunden Hufabdrücke und die noch frischen Pferdeäpfel wiesen alle in eine Richtung, und wir fanden sie zwischen den Erlen. Es waren siebzehn Tiere, die in dichter Fennvegetation weideten, drei Wallache hatten sich als Gruppe von der Herde abgesondert.

In einer französischen Zeitschrift war ich auf eine beruhigende Beschreibung ihres Temperaments gestoßen:

> *Tarpane haben ein sehr ruhiges Gemüt. Sie sind freundlich, neugierig und anhänglich. Zugleich ist der Tarpan ausgesprochen intelligent, unabhängig und recht eigensinnig. Im Unterschied zum neuzeitlichen Hauspferd hat er seine Freiheit nicht im Austausch gegen Futter und Pflege an den Menschen abgetreten, daher verlässt er sich tendenziell lieber auf sein eigenes Bild der Lage als auf die Entscheidung seines Besitzers. Er lässt sich gern reiten, aber ungern die Richtung vorschreiben.*

Auch aus der Nähe waren sie eine Zigeunertruppe – ziemlich klein und mit wolligem Winterfell in allen möglichen Pastelltönen von Grau bis Gelbbraun. Ihre Gesichter wirkten lang und leicht gravitätisch. Sie schlichen sich dicht an uns heran und nickten übertrieben. Wir blieben reglos stehen. Sie beschnupperten uns von oben bis unten und schleckten Pollys sich duckenden Hund ab. Dann schnappte eins nach dem Reißverschluss meines Mantels und versuchte, ihn aufzuziehen. Vielleicht lag es an ihrer »neugierigen und anhänglichen« Natur, wahrscheinlicher aber daran, dass ein früherer Spaziergänger Möhren in der Innentasche gehabt hatte.

Die gesamte Erfahrung hier ist von Illusion durchzogen: Die Pferde sind freilaufend, ebenso jedoch ein eingehegtes Matriarchat aus Stuten und Wallachen – umzäunt und nur gelegentlich von einem Deckhengst besucht. Das Fenn selbst überlebt inmitten von East Anglias Ackersteppen nur durch das Äquivalent zur Intensivmedizin. Bis vor einigen Jahren ging es den Weg nahezu aller Feuchtgebiete in Gemeinbesitz. Das Sinken des Grundwasserspiegels, mancherorts noch verschlimmert durch massive Wasserentnahme für die Landwirtschaft, ließ das Fenn austrocknen. Birken- und Erlenwald besiedelten den nunmehr festen Boden und trockneten es noch weiter aus. Das ist fraglos ein ganz natürlicher (wenn auch normalerweise sich langsamer vollziehender) Prozess, und das Endergebnis war nach dem Geschmack vieler Einheimischer. Ihnen gefiel die Mischung aus dichtem Gesträuch und Sumpf, der Eindruck von Verwilderung. Aber es war nicht mehr das Fenn, das es seit der letzten Eiszeit gewesen war, und in den späten Neunzigern wurde diese Entwicklung mit Hilfe hoher Subventionen aus der Europäischen Gemeinschaft gestoppt. Mit dem Geld wurden die Brunnen versiegelt, das Gebüsch gerodet, die obersten, ausgetrockneten Torfschichten abgetragen und der Ort wieder vernässt. Infolgedessen ist es – wenn man von den übermäßig vielen geradlinigen Pfaden und Erklärungstafeln und dem Fehlen von irgendetwas Raubtierhafterem als ein paar Landschaftspflegern absieht – zur passablen Nachbildung eines prähistorischen Feuchtgebiets geworden. So könnte das Tal in der Steinzeit ausgesehen haben, als die britischen Wälder noch im Entstehen begriffen waren.

Und dieser Gedanke durchbrach das Gefühl, dass ich die Pferde schon einmal gesehen hatte: Koniks gleichen fast bis aufs Haar den Wildpferden in steinzeitlichen Höhlenmalereien.[50] Sie haben eine längere Mähne und größere Hufe (vielleicht infolge generationenlanger Züchtung für die Feldarbeit), aber man erkennt sofort den gedrungenen Kopf und den Hängebauch. Das außergewöhnliche, dreißigtausend Jahre alte *Panneau der Pferde* aus der Chauvet-Höhle in der Ardèche könnte dem Leben im Fenn nachempfunden sein. Pferde sind bei Weitem das beliebteste Sujet in der paläolithischen Höhlenkunst und meist wundervoll beobachtet. Manchmal sind sie mit nur wenigen Strichen und durch geschickte Nutzung der Gesteinsoberfläche wiedergegeben. Der ›stürzende‹ oder sich wälzende Tarpan in Lascaux ist in Rußbraun und Holzkohlenschwarz rund um eine Felskrümmung in eine Spalte hinein gemalt, sodass es beim Herumgehen wirkt, als würde er sich in typischer Pferdemanier auf dem Rücken hin und her rollen. Auf dem Panneau der ›gepunkteten Pferde‹ in Pech Merle im Département Lot ist das rechte Tier so gezeichnet, dass sich sein Maul in einen pferdekopfförmigen Felsvorsprung einpasst. Der gesamte Fries ist beinahe pointillistisch und wurde wahrscheinlich durch Aufsprühen von Ockerpigment und Holzkohle mit dem Mund oder einem Blasröhrchen hergestellt. Diese Tiere sind definitiv keine Arbeitspferde.

Schon seit Entdeckung der ersten europäischen Höhlenmalereien im späten neunzehnten Jahrhundert sind sie Gegenstand lebhafter Erörterung und zuweilen wilder Spekulation. Ihre Lage tief in dunklen, entlegenen Winkeln, ihr Zweck (wenn es Sinn hat, darüber zu mutmaßen) und das gelegentliche Aufblitzen von Humor und Karikatur werfen allesamt Probleme auf, die über das schiere Wunder ihrer Ausführung hinausgehen. Die Viktorianer, gekränkt von der Demütigung, die diese anspruchsvolle Kunst ihrem Zivilisationsdünkel beizubringen schien, taten sie als bedeutungslose Kritzeleien ab, als Glückstreffer ein paar talentierter Kopisten. Als man allmählich die komplexen Strukturen und Techniken der Malereien entschlüsselte, wurden sie ganz ähnlich wie Rorschachtests gedeutet, auf eine Art und Weise, die Vorurteile und vorgefasste Meinungen des Betrachters selbst spiegelte. Zu Beginn des zwanzigsten Jahrhunderts werteten Anthropologen und Ethnografen sie mit ihren spätkolonialen, utilitaristischen Modellen ›primitiver‹ Kulturen als rein funktionale Darstellungen – als Jagderzählung, zur Säugetierbestimmung oder als magische Jagdhilfe, mit der die Beute vergegenwärtigt und somit ›gebannt‹ wurde (ein Wort, das wir noch heute für Porträts verwenden). Tarpane wurden zweifellos ihres Fleisches wegen gejagt und dazu oft über Felskanten gehetzt, wie unheimlicherweise auch der letzte ihrer Art. Aber wegen ihrer Milch hielt man sie auch in Halbgefangenschaft, eine Vorform der Domestizierung, die wahrscheinlich von Frauen bewerkstelligt wurde.

In jüngerer Zeit wurden die Malereien als Fruchtbarkeitszauber betrachtet, der eine Fülle heraufbeschwören sollte, nicht nur von Wild, sondern von allem, was sich paart und gedeiht. Überall erblickte man Speere und Genitalien, und die Bilder wurden als paläolithische Pin-ups gedeutet, männliche Verherrlichungen von Sex und Gewalt. Dann beförderte das Interesse an veränderten Bewusstseinszuständen einen Aufschwung schamanistischer Erklärungen und die Meinung, die Bilder gehörten zu Ritualen, bei denen Drogen oder Tanz eine zentrale Rolle spielten. Unlängst haben Strukturalisten begonnen, den Blick auf die Anordnung und Verteilung der Kunst in der Höhle statt nur auf Einzeldarstellungen zu richten und sind dabei auf einen offenbar weit verbreiteten Zusammenhang gestoßen: Wisente (ein männliches Symbol?) sind häufig auf konvexe Oberflächen gemalt, gegenüber von auf konkave Flächen gemalten Pferden (weibliches Symbol?). Sie vermuten, dass die Gemälde komplexe Darstellungen der Kosmologie und Philosophie früher Steinzeitmenschen sein könnten.

Manche der Theorien waren eindeutig nicht gegen voreingenommene Selektion und Wunschdenken gefeit und gerieten deutlich ins Wanken, sobald die Malereien genau ausgemessen, zoologisch identifiziert und, was entscheidend war, mit jedem einzelnen Kratzer und jeder Markierung *abgepaust* wurden statt in groben Zügen abgezeichnet. Hierbei erwiesen sich zum Beispiel einige der vermeintlichen Speere als unter der Malerei befindliche Kratzspuren von Bärenkrallen. Jagdzauber erscheint zunehmend nur als partielle Erklärung. Es besteht zum Beispiel oft ein umgekehrtes Verhältnis zwischen dem Tierreichtum in einem Gebiet, den Arten, die wahrscheinlich als Hauptnahrungsmittel dienten (beides abgeleitet von Fossilienfunden und Speiseresten in den Höhlen), und den Arten, die am häufigsten abgebildet sind. Wie Claude Lévi-Strauss sagt, waren Totemtiere eher »gut zu denken«[51] denn gut zu essen. Raubtiere, besonders Großkatzen und Bären, sind ebenso einfühlsam porträtiert wie Speisetiere, und manchmal sind ihnen die hintersten Nischen gewidmet – die frühesten Beispiele einer Ehrfurcht vor großen Tieren, die sich durch die gesamte menschliche Kultur ziehen sollte. Was die fieberhaft imaginierten Vulven und Erektionen betrifft, haben sich einige bei nüchterner Überprüfung als Hufabdrücke von Pferden und als kleine Fische erwiesen. Es besteht wenig Zweifel, dass der vornehmliche Zweck der Malereien im weitesten Sinne religiös war. Die Wahl tiefer Höhlen als Galerie für die Malereien, die Verwendung der Felswände als eine Art Tor zu einer anderen Welt, der vage Eindruck eines Musters in der Anordnung der Malereien – alles deutet auf den Versuch hin, irgendwie zum Geist der Tiere vorzudringen, zum Wesen der Natur und damit zum Wesen des Lebens selbst. Doch für die Betrachtung der Qualität und der Beschaffenheit der Malereien spielt das keine Rolle. Ganz gleich, wie ernst und spirituell ihr Endzweck war, ihre Schöpfer arbeiteten, wie begabte Künstler immer arbeiten, schufen Kunst, die zugleich liebevoll, sozial, mythisch, anschaulich und schlichtweg verspielt war.

Ich schaue mir eine Nahaufnahme des *Panneaus der Pferde* aus der Chauvet-Höhle an und versuche möglichst unvoreingenommen zu sehen, was genau es zeigt. Die vier Pferde befinden sich rechts von einem Fries mit anderen Tieren, von denen die meisten wie sie nach links blicken: eine Gruppe von Auerochsen – Wildrinder mit großen Hörnern – und unter ihnen zwei kämpfende Nashörner. (Es ist das bislang einzige in der europäischen Höhlenkunst entdeckte derartige Aufeinandertreffen dieser Tiere und doppelt bemerkenswert durch die Art, wie der Rumpf des rechten Nashorns absichtlich verzerrt über eine Rundung im Fels gemalt ist, sodass es aus unterschiedlichen Blickwinkeln wirkt, als ob er sich aufbläht oder anspannt.) Die Pferde sind gestaffelt übereinander und teilweise über die anderen Tiere gemalt. Ihre Köpfe liegen dicht beisammen, wie bei einem Zielfoto, und man könnte meinen, sie seien Variationen auf ein- und dasselbe Thema, mehrere Versuche, einen Pferdekopf darzustellen. Nur sind es Porträts – oder Fantasiebilder – vier verschiedener Tiere. Das oberste, vermutlich zuerst gezeichnete Pferd hat den langen Kopf in klassischer Tarpan-Pose vorgereckt. Die Gesichtsmuskeln sind durch Falten im Gestein angedeutet und schattiert und durch Linien, die mit einem Feuersteinstichel geritzt wurden, hervorgehoben.

Das unterste Pferd wirkt ganz anders, vergleichsweise wie ein Shetlandpony. Es ist klein, ausdrucksstark, sein Fell mit einer Mischung aus Lehm und Holzkohle dunkel gefärbt, die Oberlippe wie vor Überraschung oder aus Neugier leicht hochgezogen (es ›flehmt‹, wie man im Pferdejargon sagt).

Ganz gleich, welchen sozialen oder religiösen Zweck dieses Bild erfüllte, es vereint zwei unbestreitbare Eigenschaften: Faszination für die Tiere und Versenkung in die vielförmige Tätigkeit des Malens selbst. Ich wüsste nicht, wie man eine Grenzlinie zwischen beidem ziehen könnte, die das Einfühlen in die Kreatur und das Zeichnen der Kreatur voneinander trennt. Sowohl die Gestalt der Tiere als auch die Techniken, mit denen sie porträtiert wurden, scheinen durchdrungen von einem Sinn für Bewegung, Individualität, feine Stimmungsunterschiede, für das Wechselspiel von Beherrschtheit und Impulsivität. Das erste Anfertigen eines Bildes außerhalb der geistigen Vorstellung (wie theoretisch der Gedanke eines so abrupten Schritts auch sein mag) war der Anbeginn von Kultur, der entscheidende identitätsstiftende Akt der Spezies Mensch. Zuvor jedoch müssen Momente spontaner Freude, des Nachdenkens und der groben Konzeptualisierung stattgefunden haben, und auch danach, in jeder Phase zwischen der Vorbereitung auf die Jagd und dem Fertigstellen der Malerei – zwischen dem scharfen Beobachten der Tiere, dem Einprägen von Verhaltensmustern und Landschaftsmerkmalen etwa und den beschaulichen Augenblicken, dem spielerischen Betrachten und Nachahmen der Pferde; und später dann zwischen der beim Melken entstehenden Nähe und der ersten ›Namensgebung‹ einzelner Tiere. Selbst das vorausgeplante Ritual des Malens muss, wie das Betrachten der Tiere, von Einfühlung und einem Gespür für Bewegung durchwirkt gewesen sein: der Erinnerung an ein bestimmtes Maul, das dem Maler Schmunzelfalten ins Gesicht trieb, der zündenden Idee, dass man Farbe auch mit dem Mund aufsprühen konnte, dem Eindruck, dass ein halbgezeichnetes Pferd sich im zufälligen Flackern der Tierfettlampen, mit denen die Höhle beleuchtet wurde, um eine Krümmung im Fels herum in Bewegung setzte – der Augenblick, wie Annie Dillard schrieb, in dem »die Phantasie im Dunkel der Erinnerung begegnen kann«[52].

Am letzten frostigen Winterabend sah ich im Sonnenuntergang siebzehn Wildpferde mit funkelnd roter Mähne durchs Schilf galoppieren. Es war wie eine Vision von East Anglia aus der Eiszeit, ja beinahe wie eine Höhlenmalerei. Es interessiert kein bisschen, wie die Pferde hierher gekommen sind und ob diese pfleglich inszenierte Landschaft aus zweckmäßigen, wissenschaftlichen oder romantischen Gründen angelegt wurde. Die Pferde haben sie befreit. Irgendwie haben sie es geschafft, eine Wildnis herbeizuzaubern.

*

In East Anglia gibt es keine Höhlen, noch nicht mal eine Kleckserei an einer Felswand. Unsere eigenen Landschaftstheater sind – ganz im Sinne der hiesigen Tradition, es mit der Findigkeit nicht zu übertreiben und sich allgemein gern einzugraben – steinzeitliche Flintbergwerke[53]. Grimes Graves ist eine Ansammlung von mehr als vierhundert Gruben und Schächten im Breckland, dreißig Kilometer gen Westen. Das sandige Plateau gleicht einem einsamen Strand, der übersät ist mit von den Gezeiten glattgeschliffenen Buckeln und Mulden, doch vor fünftausend Jahren wurde hier in nahezu industriellem Maßstab Feuerstein abgebaut. Der Dichter Norman Nicholson, dessen Großvater in Cumberland Eisenerz schürfte, verglich den Bergbau einmal mit dem Ernten einer Rübe, die bedauerlicherweise nicht nachwachse. Jetzt gedeihen zwischen den Gruben zuweilen andere Früchte: die kurzlebigen Frühlingsblümchen, die der natürliche Bewuchs der alten sandigen Einöde sind.

Ich bin an einem sonnigen Nachmittag im späten Winter hergekommen. Am Himmel über mir gaukeln Kiebitze, und Jagdbomber vom Luftstützpunkt Lakenheath erinnern daran, dass sich in der zivilisierten Welt ein Krieg zusammenbraut. Im Kreidekalk unter mir liegen die Tunnel, aus denen die Einheimischen die Utensilien ihres barbarischen Lebensstils heraushieben: Armschmuck, Äxte und Beile, Bohrer, Schaber, Stichel, Harpunen, Sicheln, Feuerschlagsteine, Schleudersteine, Schaftzungen und Widerhaken. Es ist hell genug, dass ich in die Hauptgrube hinabsteigen kann, einen zwei Meter fünfundsiebzig breiten und neun Meter tiefen Schacht. Den ganzen Weg die Leiter hinab ist die Kreidewand weich wie Seife, und als ich probehalber mit dem Fingernagel darüberfahre, hinterlasse ich einen verräterischen Kratzer. Ebenso wie die Fingernägel anderer aus hundert Jahren, merke ich. Irgendwo in dem Schrammengewirr sind die Kerben, die feuergehärtete Geweihhacken vor fünfzig Jahrhunderten geschlagen haben. Durch den Kalkstein ziehen sich zwei Feuersteinbänder. Auf halber Höhe verläuft eine dreißig Zentimeter dicke Lage dunkler, durchbrochener Knollen, die glänzen, als wären sie eben mit Wasser übergossen worden. Unten an der Sohle befindet sich der *floorstone,* die Schicht mit dem wertvollsten Feuerstein. Vom Schacht zweigen kleine Kammern und Seitengänge ab, vergittert, aber künstlich beleuchtet. Sie haben sehr niedrige Decken. Die Bergarbeiter, die den Feuerstein herausbrachen (ob Kinder und Frauen darunter waren?), müssen auf dem Rücken gelegen haben. Hier hinten war man vom in den Schacht dringenden Tageslicht abgeschnitten und benutzte Öllampen aus Knochen oder ausgehöhltem Kalkstein, ähnlich denen, die in den südeuropäischen Höhlen mit Felskunst gefunden wurden.

Warum aber nahm man diese Mühe auf sich, wo es so viel freiliegenden Feuerstein an der Erdoberfläche gab? Das unterirdische Gestein ließ sich gewiss besser spalten und bearbeiten. War es auch ansprechender aufgrund seiner mineralischen Farbgebung und seiner wie funkelnagelneuen Oberfläche? Und glaubte man, diese schwer gewonnenen, aus unterirdischen Kammern gehievten Steine, die nach Schießpulver und Metall rochen, lange bevor beides entdeckt wurde, besäßen mehr Macht, mehr Mana, beim Jagen und Herstellen? In manchen Kammern gibt es Anzeichen für sozialere, komplexere Vorgänge als zweckmäßige Rohstoffgewinnung: Graffiti, aus Kalkstein geschnitzte Gegenstände, Grabdepots. In einem der Seitengänge fanden frühe Forscher den Schädel eines Wassertreters – ein heute selten in East Anglia anzutreffender ziehender Watvogel –, der zwischen zwei mit den Sprossen nach innen gerichteten Geweihhacken lag.

Das Leben sucht sich seinen Weg in diese tiefen Winkel, so oder so. Ich drücke mich möglichst dicht an das Absperrgitter vor einer der erhellten Kammern und sehe, dass sich rund um die Lampen ein Algenbelag auf dem Kalkgestein ausbreitet. Wie wird es hier in zwanzig Jahren aussehen, mit der richtigen Brise und noch ein paar mehr Emissionen aus der oberirdischen Welt? Ich stelle mir vor, wie die spärlichen, leuchtenden, ephemeren Pflanzen auf den Sandflächen der Brecklands, Ehrenpreis und Federnelken, von Konservatoren unbemerkt im Algenkompost Wurzeln schlagen – ein ganzes unterirdisches Ökosystem womöglich, wie die Steppenlandschaft der Brecks in der Jungsteinzeit, als zwischen dem Heidekraut und den Pingos vielleicht Wassertreter brüteten.

*

Feuerstein gehört zu den meistgenutzten Rohstoffen der Erde, doch weiß niemand genau, wie er entsteht, nur dass er ein aus Kalkstein ausgefälltes und wahrscheinlich durch vulkanische Hitze und Druck metamorph umgewandelte Kieselsäure ist. In den Chilterns, wo unzählige Feuersteine scheinbar spontan auf den Feldern zutage traten, hielt man sie früher schlicht für von der Sonne gebackene Kalksteinklumpen, natürliche Steinkuchen. Ebenso unsicher ist, wann versucht wurde, die ersten Abschläge von einem Gestein zu machen, das von Natur aus ohnehin scharfe Bruchkanten hat. Ich habe mal einen Eolithen gefunden, einen jener rätselhaften ›Steine aus der Morgenröte der Menschheit‹, dessen scharfe Kanten Anzeichen früher Bearbeitungen sein könnten oder auch vollkommen naturbedingt, das Werk aneinanderstoßender Packeisschollen – Naturkräfte, die sich als Handwerk ausgeben. Er sah aus wie die zwei oberen Glieder eines Fingers und war an einem Ende spitz. Am Schaft hatte er eine an das Mundstück einer Blockflöte erinnernde Mulde, die sich auf seiner Reise an die Erdoberfläche in perfekter Herzform mit Kalkstein gefüllt hatte. Er ist mein Herzstein. Ich habe ihn in meinem Wald gefunden, ganz in der Nähe von dem Ort, an dem ein neunzig Millionen Jahre alter versteinerter Seeigel im Stumpf einer jungen Esche saß wie ein fossiler Steinpilz.

Geschichte stellt sich in der Landschaft nie so säuberlich und logisch geordnet dar wie von Historikern rekonstruiert. Schichten sind durcheinandergewürfelt, verschoben, prahlen oft mit einer Bedeutung, die ihnen eigentlich nicht zukommt. Die Waveney-Version der Geschichte vom Seeigel im Baum ist die im Torfstichtümpel lauernde Gerandete Wasserspinne. Oder die gemeinschaftliche Wäscheleine auf der Heide, die an toten Bäumen und an Betonzaunpfählen aus dem Zweiten Weltkrieg über das Heidekraut gespannt ist. Landschaft als Sprache ist reinstes Pidgin. Sie wimmelt von Slang, Neologismen, Mimikry und Modewörtern, aber mit dem kuriosen Dreh, dass sie verständlich ist.

Als ich ›in Therapie‹ war, versuchte ich einmal, meinen Psychiater zu überlisten, indem ich die Schichten des Gedächtnisses mit Torf verglich, einem harmlosen, aber im Wesentlichen todgeweihten Medium. Erinnerungen, argumentierte ich, gehörten wie Torf der Vergangenheit an. Die Nachklänge desaströser Beziehungen, zerstörerischer Gewohnheiten, eines ungesunden eingefahrenen Programms – sicherlich konnten sie bei einem rationalen, selbstkritischen Menschen ohne Schaden anzurichten im Kopf umherschweben wie fossile Pollenstäubchen in verrottendem Schilf? Man konnte sie sogar ausgraben, um sie zu inspizieren und, falls nötig, zu entlarven. Aber sie wären nicht länger aktiv, kein Teil der lebendigen, interagierenden Oberfläche.

Es war ein durchsichtiges Leugnen der Wahrheit und eine alberne Analogie. In den Fenns scheint selbst der Torf ein eingefahrenes Programm zu haben, ein beharrlicher, hartnäckiger Zug im Leben des Tals zu sein. Eines Abends, als ich zum Vergnügen las, entdeckte ich, dass Virginia Woolf 1904, im Alter von zweiundzwanzig Jahren, einen Sommer hier verbracht hatte. Sie wohnte in Blo' Norton Hall und fuhr von dort mit ihrem Fahrrad nach Diss. Sie muss an unserem Bauernhaus vorbeigekommen sein. In ihrem Tagebuch beschrieb sie eine wasserreiche Landschaft, in der die Luft von Libellen und dem Marzipanduft von Echtem Mädesüß erfüllt war, und gestand, in den Fluss gefallen zu sein (»wiewohl ein Spaziergang im Fenn einen einzigartigen Charme besitzt, sollte man ihn nicht auf dem Weg woandershin unternehmen«[54]). »Es bedürfte«, schrieb sie, »eines feinen und geübten Pinselstrichs, um ein Bild von dieser sonderbaren, grau-grünen, sanft sich wellenden, träumenden, philosophierenden, in Erinnerungen schwelgenden Landschaft zu vermitteln.«[55] Eine fesselnde Vorstellung: Virginia Woolf als Tiefenökologin und warnende Wasseramsel. Aber ihre empfängliche Fantasie musste einfach mit dieser wetterwendischen Landschaft harmonieren.

Tausend Jahre zuvor huldigten die anonymen Namensgeber der Siedlungen im Tal sämtlich seiner allgegenwärtigen Nässe. Diss kommt von *disce,* angelsächsisch für ›Graben oder kleines stehendes Gewässer‹ (den Weiher gibt es immer noch). Redgrave bedeutet möglicherweise *reed-ditch* (Schilfgraben), wahrscheinlicher aber *red-grove* (Erlenhain?). Hinderclay (*Hyldreclea,* ca. 1095) ist ›die Landzunge in einer Flussgabelung, auf der Holunder wuchs‹, und Thelnetham ›der Weiler, der gern von Schwänen aufgesucht wird‹ (von altengl. *elfetu,* Schwan, mit einer häufigen Form der Silbenvertauschung). Das Blo' in Blo' Norton heißt vermutlich einfach ›windumtost‹ oder ›ungeschützt‹, wie John Clares Wort *blea.* Selbst in der späten Steinzeit war das Tal offenbar schon immer ein grau-grüner, sanft gewellter Landstrich mit Schwänen und Weiden. In Torfstichen der Kleinbauern haben Archäologen Überreste von Weidenzweigen gefunden, die bis in die unterste Torfschicht hinabreichen und damit einen Zeitraum von vielleicht zehntausend Jahren umspannen.

Die offizielle Geschichte des Tals ist kaum geordneter. Im elften Jahrhundert verzeichnet das Domesday Book es als Gegend mit wenigen Lehnsgütern und vielen Kleinbauern. Bis ins frühe neunzehnte Jahrhundert lebte und arbeitete man dort in mehr oder weniger autarken Allmenden. Für alles andere war das Tal zu feucht. Seine Bewohner flickten sich, wie Bauern rund um den Erdball, mühsam eine Existenz zusammen, indem sie Torf zum Heizen stachen, den Brotofen mit Stechginster befeuerten, ihre Dächer mit Schilf und Reet deckten, eine Kuh oder ein paar Gänse hüteten, Heckenfrüchte und einen Streifen Getreide auf dem Allmendacker ernteten. Im Winter waren sie ebenso amphibisch wie andere Fennbewohner, fingen Wildvögel und angelten nach Aalen. Die wichtigste ›Exportware‹ der Bauern war Hanf, eine Nutzpflanze der Heimindustrie, die in Zehntausenden kleiner Parzellen und Gärten angebaut wurde.[56] Viele Hanfbauern waren zugleich Weber und verarbeiteten Fasern aus eigenem Anbau, die durch ›Rösten‹ vom Stängel gelöst wurden, indem man den Hanf in die heimischen Teiche legte. South Lopham, das auf der zu Norfolk gehörenden Seite des großen Fenns liegt, belieferte im neunzehnten Jahrhundert den königlichen Haushalt mit Hanfleinen. Man wurde davon nicht reich, war aber auch kein Lohnknecht. Wie J.M. Neeson es formulierte: Die Allmendebauern hatten »sowohl ein Leben als auch einen Lebensunterhalt«[57].

Das Ende dieser Wirtschaftsform (nicht aber der Seele des Landstrichs) setzte mit der Auslöschung und Kultivierung der hiesigen Allmenden bei der Einhegung zwischen 1815 und 1820 ein. Ein Großteil der Moore wurde trockengelegt – auch wenn die Landbesitzer, sei es aus Großmut oder aus Nervosität, größere ›Armenäcker‹ (eine Art Entschädigung, rund ein Hektar Grund, der als Weideland oder zum Gemüseanbau überlassen wurde) gewährten, als es vielerorts in England üblich war. Und während der Kapitalismus in der frisch rationalisierten Landschaft Fuß zu fassen begann, verlor der vielseitige Hanf gegenüber dem höherpreisigen Weizen allmählich an Bedeutung.

Was blieb, waren kaum mehr als verblasste Rituale. In einer traurigen Parodie der komplexen Gepflogenheiten gerechter Gemeinnutzung wurden die Dorfbewohner von Market Weston nach der Einhegung einem Reetschneide-Spielchen ausgesetzt. Eine Glocke wurde geläutet, und die verbliebenen Allmendler liefen zum Fenn, um so viel Reet zu schneiden, wie sie konnten. Ein paar Stunden später wurde die Glocke erneut geläutet, um das Fenn zu schließen. Dann traten die Verwalter auf den Plan, mähten den Rest und verteilten den damit erzielten Erlös an die Armen. Die Sozialhilfe war geboren.

Das Ausmaß des Verlusts wird auf der ältesten detaillierten Karte von Norfolk nur allzu deutlich. William Faden, Hofgeograf König George III., veröffentlichte seine auf akribischen Vermessungen beruhende Karte von Norfolk im Maßstab 1:63360 im Jahr 1797[58]. Zu diesem Zeitpunkt begann die intensivste Phase der *Parliamentary Enclosure,* und im Interesse ambitionierter Grundbesitzer wurde das Hauptaugenmerk auf die Allmenden gelegt. Im Breckland und im Sumpfgebiet nahe des Wash beherrschen sie die Landschaft. Doch auch sonst gibt es in der Grafschaft kaum einen Winkel, in dem Dörfer nicht von zur Allmende gehörenden Heiden, Seggenmooren, breiten Viehtriftsäumen (lokal bekannt als ›Langwiesen‹), Weidegründen und den letzten gemeinschaftlich genutzten Feldern umgeben sind. Am Nordufer des Waveney erstreckte sich auf dem ganzen Gebiet zwischen Thetford und Diss ein mancherorts sechseinhalb Kilometer breites Mosaik von Allmendeland. Bis 1850 war praktisch alles dem Pflug und der Plantagenforstwirtschaft gewichen.

Die Landschaft hallt wider von dieser Geschichte, ist voll von Wegweisern zu Orten, die es nicht mehr gibt. Fast jeden Tag komme ich an den ausgelaugten Ackerwüsten entlang der ›Fennstraßen‹ vorbei, an den öden, kultivierten (oder heutzutage oft kompromisslos in Bauland umgewandelten) Flächen von ›Oberen Allmenden‹ und ›Unteren Allmenden‹, an Orten, die die Heide im Namen tragen und an denen jedes Heidekrautsprösschen vernichtet ist. Aber das eingefahrene Programm, der Hang zum Wilden, kann nicht komplett abgeschaltet werden. Die Seele des Tals ist noch immer ein schmales Band belebender Wildnis, ein ›Armenacker‹ in einem ganz nichtmaterialistischen Sinn.

Und dann sind da noch die Gräften, ein echtes Stück Landschaftsdialekt, das sich bis heute erhalten hat. Wir haben umgräftete Herrensitze, umgräftete Bauernhäuser, umgräftete Mietenhöfe. Es gibt unterteilte Gräften, die ganze Dorfanger umschließen. Draußen auf den Feldern, an den einstigen Stätten untergegangener Herrenhäuser, liegen sie in der Landschaft wie mysteriöse Bestattungsgräben. Als sie angelegt wurden, dienten sie einer Vielzahl von Zwecken. Sie waren Wasserreservoir, Viehtränke, Hochwassergraben, Fischteich, Grenzmarkierung. Gräften um einzelne Häuser waren fraglos auch Statussymbole, ganz ähnlich wie eine moderne Kiesauffahrt. Nun, Jahrhunderte später, sind sie zu Wasserspielen mutiert. Kleinste Häuschen präsentieren sich mit exklusiver Wasserlage, stolz wie Tafelenten. Teils sind sie zu Zierteichen aufgehübscht, mit Holzterrasse und gusseisernen Reihern (und bisweilen auch echten). Ein paar Abschnitte der alten Gräften liegen wieder im Fenn, zwischen dem Blütenschaum von Echtem Mädesüß und Zottigen Weidenröschen. Die Gräften sind kein starres Fossil. Sie sind eine Landschaftserzählung, so zählebig und anpassungsfähig wie ein gutes Volksmärchen.

Die Gräfte um das Bauernhaus von Roger Deakin, Glied einer ganzen Kette von Gräften, die um den großen Dorfanger in Mellis liegen, hat einen weiteren Nutzen. Sie ist ein Badeteich, der an fast jedem frühen Morgen von seinem Besitzer durchschwommen wird – und an heißen Nachmittagen von jedem anderen, der sich dazu überreden lässt. Vorigen Sommer dümpelten Schwärme von Schriftstellerinnen zwischen Entengrütze und Libellen. Roger ist ein waschechter Allmendler, nicht nur kraft des Umstands, dass er auf Allmendegrund lebt, sondern einfach, glaube ich, kraft seines Lebens. Wenn es nicht so prätentiös wäre, würde er es vermutlich als seinen Beruf angeben. Sein Leben ist durchdrungen von dem Glauben, dass mit Findigkeit und ein wenig respektvollem Miteinander jeder alles schaffen kann, in beinahe jeder Gesellschaft. Vor dreißig Jahren baute er ein verfallenes Bauernhaus aus dem sechzehnten Jahrhundert in eigener Handarbeit wieder auf und lernte dabei alles vom Abvieren der Baumstämme bis zum Klempnern. Jetzt gleicht der Bauernhof einem surrealen Arkadien: Aus Feldern wurden wieder Wiesen hervorgelockt, neue Wäldchen wurden gepflanzt (wobei viele Bäume ringförmig statt in Reihen stehen), man findet Scheunen voller Wellblech und gedrechseltem Holz, gesammelte Steine, das Cockpit eines Canberra-Bombers, aus eigenen Eschen geschnitzte Skulpturen im Stil von David Nash, Friedhöfe von alten Citroëns, rund um eine stillgelegte Sägemühle angelegte Gemüsebeete und Baumschulen (»das Unkraut hält die Wurzeln feucht«), zu Schlafplätzen für warmes Wetter umfunktionierte Bauwagen und für alle Fälle, wenn das morgendliche Kraulen im Graben zu abschreckend erscheint, eine Außenbadewanne. Roger ist ein Anhänger des vielschichtigen Lebens. Setzen Sie ihm, sagen wir mal, ein paar Leyland-Zypressen vor die Nase, dann wäre sein erster Gedanke nicht, sie niederzubrennen, sondern sie von Rosen überwuchern zu lassen. Er umschifft Probleme, wählt fast immer den längsten und damit erlebnisreichsten Umweg. Aus seinem helldunklen Leben an den feuchten Säumen Suffolks entstand sein Meisterwerk *Logbuch eines Schwimmers*[59], ein Lobpreis des Schwimmens als wahre Gemeinnutzung von Wasser, eine persönliche Annäherung an das zweite Element.

Nun arbeitete er an einem Folgeband über den Wald. (Der Wald und das Wasser: wie uns beide umtreiben.) Ich hatte ihn den ganzen Winter kaum zu Gesicht bekommen. Im Spätherbst war er nach Kirgisien gereist, zu einer Trekkingtour durch die Berge, in denen die Vorfahren der bei uns angebauten Äpfel und Walnüsse wachsen. Er hatte bei den halbnomadischen Volksstämmen geweilt, die während der dreimonatigen Nussernte draußen in den Wäldern zelten und sich von Wildfrüchten, Honig, Joghurt und Lammfleisch ernähren. Er war mit mehr Walnüssen als Reisegepäck heimgekehrt, Nüssen in allen möglichen Größen und Schrumpligkeitsgraden, und einem passablen Wortschatz ihrer lokalen kirgisischen Namen. Dann war er schon wieder unterwegs, diesmal in die australischen Regenwälder. Das Letzte, was ich von ihm gehört hatte, war ein mitternächtlicher Anruf an Silvester. Er hatte gerade mitangesehen, wie Eukalyptusbäume in der Hitze der um Sydney wütenden Buschfeuer explosionsartig in Flammen aufgingen – am Puls des Geschehens, wie eh und je. Ich hatte ihn vermisst. Er ist ein nie versiegender Quell von Optimismus und Vorstellungskraft, und wir sprechen dasselbe spinnige Idiom. »Hab heute Morgen eine Hornisse im Fenn gesehen.« »Ja, gute Hornissengegend hier.« »Wahrscheinlich ihr letzter Ausflug. Hoffentlich sehen wir nächstes Jahr die Kinder.« Roger hegt die maliziöse Insektenfantasie, eine elektronische Orgel zu bauen, die darauf basiert, dass Grillen die Tonhöhe ihres Zirpens je nach Umgebungstemperatur variieren. Die in Glasröhrchen eingeschlossenen Grillen würden per Tastatursteuerung erwärmt oder abgekühlt. In Wahrheit würde Roger natürlich keiner Fliege etwas zuleide tun. Als ich während meiner Rehabilitation bei ihm wohnte, taumelte beim Abendessen einmal ein Nachtfalter, ein riesiges Birkenjungfernkind, ins Haus. Er ließ sich nicht nach draußen bewegen, daher knipsten wir drinnen alle Lichter aus, öffneten die Tür und stellten eine große Starklichtlampe draußen in den Garten. Wir aßen im Schummer zu Ende, und das Jungfernkind, Freund der Dämmerung, entflog in die Freiheit.

Nun widmete Roger sich zu Hause einem neuen oder vielmehr wiederaufgelebten Projekt. Die Saga von der Cow Pasture Lane ging in eine neue Runde. Der Weg gehört als Viehtrift zu einem alten Wegenetz, das die Allmenden und Anger der Gegend miteinander verbindet. In den Achtzigerjahren begann ein Bauer, ihn umzugraben, wohl in dem Glauben, sein kurzzeitiger Besitz habe Vorrang vor jahrhundertelangem menschlichen Gemeinwirken. Roger startete eine wütende Kampagne gegen diese dreiste Entfernung von Schichten, und es gelang ihm, den Großteil des Weges zu retten – auch wenn der Bauer zuvor schon einen anderen Abschnitt umgepflügt hatte. Nun interessierte sich die Gemeindeverwaltung wieder für den Weg und dachte darüber nach, ihn auf seiner gesamten Länge in den Status eines Nebenwegs zu erheben, was ihr die rechtliche Grundlage verschaffen würde, das umgepflügte Stück wieder instandzusetzen. Dazu brauchte es mehr Belege für das historische Alter des Wegs, seinen Ursprung, und Jane vom Planungsamt wollte nach Mellis kommen, um sich unsere Meinung anzuhören.

Ein paar Tage später finde ich mich also bei Roger zur Ortsbegehung und Lagebesprechung ein. Sein Wohnzimmer ist wie eine Kommandozentrale eingerichtet: Über die Tische sind alte Karten und Luftaufnahmen gebreitet. Aus allen winkt der Weg hervor, schon 1783. Aber landschaftlich gesehen ist das gestern, und wir begeben uns mit Jane nach draußen, um den Pfad nach weiter zurückreichenden Relikten abzusuchen. Um Eindruck zu schinden, fangen wir an, die Szene wie einen Drei-Personen-Akt aus einer Shakespeare-Komödie zu spielen. Roger präsentiert die gar wunderbare Gestalt des Wegs, seine schiere Anmut. Ich trete in die Kulisse, um Jane mit Bouquets archaischer Flora zu umwerben. Roger wirft geschickt ein historisches Mäntelchen um eine ›befestigte Furt‹, die den Pfad durch einen kleinen Bach führt. Das stürzt Landbesitzer wie Planungsbeamte regelmäßig in Verwirrung, und Roger erklärt geduldig: »Kein Pflaster. Pflaster*steine.* Unter Wasser.« Wir suchen herum, und sie sind nicht schwer zu finden, drei noch erhaltene Felsplatten aus einem seltsamen Konglomerat, das von weit über die Grenzen von Suffolk hinaus hergekommen sein muss.

Der Weg indes hat unsere Zirkusvorstellung gar nicht nötig. Er verströmt Herkunftsbewusstsein und ökologische Lebensart. Auf seiner ganzen Länge ist er breit genug zum Weiden, und hier und dort weitet er sich zu kleinen Buchten, in denen das Vieh einst rastete. An den Rändern des Graswegs stehen lauter Pflanzen alter Habitate: Stängellose Schlüsselblumen, Hirschzungenfarn, Waldbingelkraut, sogar ein einzelnes Exemplar der Nieswurz-Art, die in Suffolk unter dem Namen *setterwort* bekannt ist (ihre Wurzel wurde krankem Vieh mit einem *seton* – Haarseil – unter die Haut gesetzt). Die ihn säumenden Hecken sind keine gepflanzten Weißdornstreifen, wie man sie in geplanter Landschaft antrifft, sondern die klassische Mischung alter Waldbestände in East Anglia – Esche, Ahorn, Hasel, mit etwas Hainbuche und Eiche. Und sie wurden nicht als Gebück angelegt, sondern auf den Stock gesetzt, alle acht bis zehn Jahre der hiesigen Tradition gemäß bis zum Boden zurückgestutzt. Manche der Wurzelstöcke, die im Lauf der Jahrhunderte in die Breite gewachsen sind, haben einen Durchmesser von zweieinhalb Metern. Unter den hochstämmigen Eichen sind kaum zwei, die sich gleichen. Es gibt Kronen wie Bonbonkugeln und wie Pilzkappen. Es gibt krumme Stämme, knollige Stämme, glatte Rinden, borkige Rinden, runde Eicheln und längliche Eicheln – genau die Vielfalt, die man von einer wilden, selbstausgesäten Eichenpopulation im Unterschied zu einer Zeile von in der Baumschule gezogenen Stecklingen erwartet.

Cow Pasture Lane war eine urzeitliche, durch den Primärwald (von dem nach der Rodung des dahinterliegenden Waldes für die Landwirtschaft nur unbedeutende Streifen erhalten blieben) geschlagene und getrampelte Viehtrift. Auf diese Art wurden während des Mittelalters gemeinhin Hecken ›angelegt‹, aber ich wage zu vermuten, dass der Weg wesentlich älter ist, wahrscheinlich aus der Eisenzeit wie ein so großer Teil des hiesigen Landschaftsskeletts. In dem Fall würde er weiter in die Vergangenheit zurückreichen als die meisten Allmenden und Anger der Gegend (die vielleicht als nächtliche Rastplätze ihren Anfang genommen haben) und wäre somit älter als die um sie herum entstandenen Siedlungen.

Zu Hause packte mich wieder die Kartenreiselust, und ich probierte aus, wie weit ich die Cow Pasture Lane verlängern konnte, wenn ich nur Grünwege und alte Nebensträßchen benutzte. Ich folgte der Spur in nord-nordwestlicher Richtung (die Maserung entlang!) den Furzeway und die Lizzie's Lane hinauf zur einstigen Allmende von Redgrave, durch die Fenns, den die Geisterheiden von Garboldisham und Harling verbindenden Broadway entlang, in die High Bridgham Road und auf den Drove, East Anglias ältesten Verbindungsweg, der durch die ehemaligen Schafweiden von Breckland bis hin nach Grimes Graves führt. Eines Tages fahre ich die Strecke mit dem Rad. Einstweilen hörten wir, ein paar Wochen später, dass der Gemeinderat übereingekommen war, die Cow Pasture Lane als Nebenweg auszuweisen.

*

Dieser kurze Ausflug in öffentliche Belange diente der Gewissensberuhigung. Mir war nur allzu bewusst, dass ich Gefahr lief, weltfremd zu werden, eingesponnen wie ich war in die Geheimwissenschaft des Hausverkaufs und die Ordnung meines Lebens. Meine Schreiberei kam mir noch immer wie ein armseliger Beitrag zur Welt vor, und es dürstete mich, etwas Forscheres und Extrovertiertes zu tun – eine Höhlenmalerei pinseln, einen Schäferwagen aufmöbeln, die Fenns retten. Durch die Linse meines kleinen Fernsehers schien die Welt jenseits des Tals zunehmend fern und unwirklich. Draußen vor meinem Fenster fiel weiterhin der Regen, die Selbstfahrspritzen drehten ihre x-te Runde ums Feld, und ich fragte mich mit einer Selbstzufriedenheit, wie sie nur jemand haben kann, der im mittleren Alter Brotbacken gelernt hat, was in aller Welt die Verfehlungen königlicher Butler und der Zickzackkurs des Dow-Jones mit mir zu tun hatten. Ich fühlte mich nah am Wesen der Dinge. Ich mutierte zum Fenn-Insulaner. Jonathan Bates Worte über die Romantiker klangen mir unheilvoll in den Ohren: »Man berauscht sich an der Seele der Dinge um den Preis eines klaren Bruchs mit der menschlichen Gemeinschaft. Der Pantheismus verdrängt die Philanthropie, der Wunsch nach dem Einssein mit der Natur tritt an die Stelle des sozialen Bewusstseins.«[60]

Aber wenn ich ehrlich bin, kam ich mir kein bisschen selbstgefällig oder weltabgewandt vor. Weniger als ein halbes Jahr, nachdem ich nach East Anglia gezogen war, hatte ich das Gefühl, den Anschluss wiedergefunden zu haben, wieder Herr über mein Leben, geerdet zu sein. Ich verdiente meinen Lebensunterhalt, indem ich Beiträge fürs Radio und die Zeitung bastelte (meine Rückkehr in die Printmedien begann mit einer herrischen Besprechung zweier Nachahmungswerke von *Flora Britannica*, die sich die Fauna vorgenommen hatten). Und ich sorgte wie nie zuvor für mein seelisches Gleichgewicht. Polly war mir treue Freundin und Trost, aber noch nicht meine Lebensgefährtin, und ich hatte keine andere Wahl, als auf eigenen Beinen zu stehen. Und seltsamerweise hegte ich patriotische Gefühle, nicht auf hirnlos nationalistische Art, sondern aus einer wachsenden Zuneigung zu meiner *patria* heraus, meiner neuen Heimat. Ich glaube nicht, dass Liebe zum eigenen Ort, die keine Feindseligkeit gegen andere birgt, ein schlechtes Gefühl ist. Es ist ein wahrhaft umweltbewusstes Gefühl, und jedes Lebewesen hängt an seinem Fleckchen Erde, ohne respektlos gegenüber anderen zu sein. Das Tal und all seine Bewohner waren großzügig zu mir, und ich bewunderte die einzelgängerische Unabhängigkeit und Kreativität, die hier nicht nur überdauert hatten, sondern noch zu erstarken schienen.

So hockte sich der alte Anarchist in mir mit dem neuen Fennbewohner zusammen. Und während Blair und Bush in den Nachrichten ihren Krieg gegen Irak anpriesen, schienen Innen- wie Außenpolitik und ›ökologische Reformen‹ in einen selbstreferentiellen Zirkel zu treiben, ein fortwährendes Reparieren des Schadens, den das letzte ideologische Abenteuer angerichtet hatte. Von meinem Bullauge aus erinnerte es auf unheimliche Weise an eine iatrogene Krankheit, ein durch Therapie verursachtes chronisches Leiden.

Zum Trost schaute ich im Halbdunkel meines Eichenhains ›Natur-Sendungen‹. Blackie setzte sich eingeschnappt mit dem Rücken zum Fernseher auf meinen Schoß. Mit Großkatzen können ihre kleineren Verwandten, die fest in ihrer eigenen Welt verwurzelt sind und gebannt auf den Bildschirm starren, sobald Bekannte wie Spatzen oder Rotkehlchen auftreten, nichts anfangen. Nach kurzer Zeit schloss ich mich ihrer Meinung an. Die Sequenzen, in denen Raubtiere ihre Beute verfolgten, wirkten wie Endlosschleifen und wie eine Karikatur des komplexen Lebens in der Wildnis. Vögeln waren Miniaturkameras auf den Rücken geschnallt, damit wir ›die Welt mit ihren Augen sehen‹ konnten. Animierte Dinosaurier und Höhlenmenschen, die nach Drehbüchern agierten, an denen Nietzsche und Barbara Cartland mitgeschrieben hatten, eilten durch herzzerreißende Familiendramen ihren vorherbestimmten Schicksalen entgegen. Beinahe jede Sendung, wie ehrenwert ihre Absicht auch sein mochte, schien entschlossen, das Reich der Natur herabzusetzen, es eisern in seine Schranken zu weisen. Tiere wurden wahlweise als Spielzeug oder als Schreckgespenster porträtiert oder aber als bloßes Bündel von Empfindungen. Es gab Serien über *Schräge Tiere, Extreme Tiere, Mörderische Bestien.* Am schnellsten verbreitete sich das Genre über alle Kanäle, in dem junge, männliche Moderatoren im Dr.-Livingstone-Kostüm unglückselige Reptilien reizten und quälten, bis diese zurückschlugen. (Ihr Kleidergeschmack traf historisch gesehen ins Schwarze – die Viktorianer, die sich rittlings auf ihre ausgestopften Trophäen mit den entblößten Fängen setzten, nur um zu zeigen, dass die Tiere den Tod *verdienten,* handelten in der gleichen Gesinnung.) Überall vollzogen Kameras desorientierende Fokus- und Tempowechsel, ob es passte oder nicht, sodass die Bilder in keinem Zusammenhang mit authentischen Sinneserfahrungen standen. (Ich erinnere mich, dass dies die Grundlage für einen der wenigen Dokumentarfilme war, die je über Pflanzen gedreht wurden. Er hieß, wie konnte es anders sein, *Battle of the Leaves* – Schlacht der Blätter – und verwendete übertriebene Zeitrafferaufnahmen, um den Eindruck zu erwecken, dass windgepeitschte Blätter und rankende Stängel buchstäblich miteinander kämpften, eine Verzerrung der Wirklichkeit, die in gleicher Weise vermenschlichte wie die ›sentimentale‹ Sicht, die sie implizit belächelte.) Und im Hintergrund lauerte schon die *reductio ad absurdum* des Ganzen. ITV hatte eine Serie mit dem Titel *Man vs. Beast* – Mensch gegen Tier – produziert, die uns geradewegs in den römischen Circus zurückversetzt hätte. Gefilmt worden waren ein Elefant, der mit vierundvierzig Kleinwüchsigen darum wetteiferte, eine DC-10 zu ziehen, ein Bär und ein Mann, die in einem Hotdog-Wettessen gegeneinander ansabberten, und ein Orang-Utan, der ein Tauziehen mit einer Mannschaft von Muskelmännern über sich ergehen ließ. Angesichts der Protestwelle der Zuschauer, von denen angenommen wird, dass sie derlei sehen wollen, wurde die Serie ausnahmsweise vorübergehend abgesetzt.

Hoffnungsfroh schaltete ich David Attenboroughs Abschiedssaga *Das Leben der Säugetiere* ein. Doch auch hier begegnete man der Raubtierschleife und der unhinterfragten Annahme einer Rangfolge in der Natur. Die Serie erklomm, der zunehmend aufrechten Haltung ihrer Sujets folgend, die Stufenleiter des Seins bis hin zum triumphierenden Supersäugetier, der einzigen Spezies, die Kriege führen und Fernsehdokumentationen produzieren konnte. Aber in der vorletzten Folge gab es eine Geschichte, die auf den ersten Blick mit den üblichen Fernsehstereotypen von Aggression und Konkurrenzkampf brach. Sie handelte von einer Gruppe Affen, die über die Artgrenze hinweg miteinander kommunizierten und kooperierten. Attenborough beschrieb, wie die verschiedenen Arten in den unterschiedlichen Etagen des Waldes darauf eingespielt sind, eine herannahende Gefahr zu erspähen und »raubtierspezifische« Warnrufe auszustoßen, welche die ganze Horde wie wild davonstieben lassen. Er nannte das »eins der außergewöhnlichsten Anti-Raubtier-Bündnisse der Welt« (eine Spur übertrieben – Blackie erregt im Garten jedes Mal einen derartigen Massenaufruhr) und zog dann eine Leopardenattrappe aus dem Gebüsch, die aussah, als käme sie direkt aus dem Requisitenladen. Es ging darum, den Affen »Leopardenwarnschreie« zu entlocken. Gesellig und spaßliebend, wie sie sind, taten sie ihm natürlich den Gefallen, auch wenn die Laute für mich ebensogut schallendes Gelächter hätten sein können.

Ich traute meinen Augen kaum und spielte die Sequenz noch einmal ab. Attenborough moderierte aus dem Vordergrund, sprach mit seinem bekannten, vertraulichen Raunen. Wissend blickte er sich über die Schulter. Gleich würde er den Vorhang lüften, uns etwas Außergewöhnliches zeigen. Dann zog er den Leopardenersatz hervor. Worauf die Sendung hinwirkte, war, um es ganz unverblümt zu sagen, eine Abnormitätenschau in der langen Tradition der von Phineas T. Barnum ins Leben gerufenen Wandermenagerien, die Barnum selbst, nicht ahnend, welchen Klang der Name im einundzwanzigsten Jahrhundert haben würde, als »Die größte Schau der Welt« bezeichnete.

Mir fiel ein, was die französische Schriftstellerin Colette in den Dreißigerjahren über diese subtile Ausbeutung von Tieren gesagt hatte. In einer Reihe persönlicher Essays beleuchtete sie ihr eigenes Verhältnis zu Tieren. Sie schrieb über die Geschmeidigkeit eines Pythons, darüber, wie sie dem unregelmäßig klopfenden Herzen ihrer Hündin lauschte, über ihre Interaktionen mit einer von ihrer Katze angeschleppten Eidechse. Dann brach ihr ein Zoobesuch in Vincennes das Herz, und sie legte eine Art Bekenntnis ab:

> *Die Wirklichkeit ist anders, und wir haben nicht einmal mehr die Freiheit, auf genaue Kenntnis zu verzichten,* [...] *wie ein absichtlich ausgehungerter Panther einer Ziege die Kehle aufreißt, die zuvor – man muss den Kampf ausschmücken, und der Film mag keine passiven Opfer – ihr Junges zu verteidigen hatte.* [...] *Ich träume fern von ihnen* [den wilden Geschöpfen], *daß wir ohne sie auskommen, sie dort lassen könnten, wo sie geboren sind. Sollten wir vergessen, wie sie wirklich aussehen, so würde die Phantasie wieder aufleben.*[61]

Ich komme nicht ohne wilde Geschöpfe aus, die Menschheit vermutlich ebensowenig. Den Kontakt zu unseren Ursprüngen zu verlieren, zu den Quellen des Lebens, den Evolutionsmustern und der Weisheit, die sich unserer Kontrolle entziehen, zu anderen Daseinsformen, an denen wir uns messen können, zu unseren *Freunden,* hätte Folgen, die wir uns wohl nicht auszumalen wagen. Die Vorstellung, isoliert von ihnen, nur noch in Gestalt von Träumen und Legenden mit ihnen zu leben, ist schwer erträglich. Das widerspricht jedoch nicht der Aussage Colettes, dass unsere Beziehung zu Wildtieren von Fantasie und Achtung geprägt sein sollte statt von Ausbeutung, Manipulation und Verwaltung, selbst wenn sie nur in Form von Zurschaustellung geschehen. Ich fragte mich, welches Bild die Planer und Macher der Fernsehsendungen von unserem und insbesondere von ihrem eigenen Verhältnis zur Natur haben. Sind sie auf die Rolle des Zirkusdirektors abonniert und wir auf die des staunenden Publikums? Fraglos haben sie die Natur stärker ins Bewusstsein gerückt, ein generelles Interesse geweckt. Aber wozu? Erschöpft sich der Ehrgeiz derer, die in diesem angeblich expressivsten und flexibelsten Medium arbeiten, im bloßen Bereitstellen von Inhalten? Sehen sie die Welt ganz ähnlich wie die Betreiber von ›Curiositäten-Cabinets‹ im achtzehnten Jahrhundert, als Sammlung von ansprechend hinter Glas zu präsentierenden Zerstreuungen und Belustigungen? Glauben sie wirklich, dass die Übersetzung der Natur in Technik (Langsamer! Näher! Größer!) uns hilft zu verstehen, wo unser Platz in ihr ist? Ironischerweise zielen sogenannte Dokumentationen ›der Spitzenklasse‹ darauf ab, jeglichen Eindruck, der Mensch wirke auf die Natur ein oder sei auch nur Teil derselben Biosphäre, zu vermeiden, obwohl der gesamte Vorgang der kommerziellen Filmproduktion – ihr Beharren darauf, dass die Natur ausschließlich Objekt ist, nicht Subjekt, ihre manipulierten Storylines, ihr bewusstes Wegerklären komplexen Verhaltens – auf die umfassendste Einwirkung hinausläuft, die man sich denken kann.

Das Drehbuch, dem die Filmemacher so entschlossen zu folgen scheinen, schrieb vor vier Jahrhunderten der Schriftsteller Francis Bacon, der den Übergang von einer organischen Betrachtungsweise der Natur zum modernen mechanistisch-reduktionistischen Weltbild am deutlichsten aufzeigte. Die Natur, schrieb er, müsse von der Wissenschaft »bezwungen« und »bearbeitet« werden. Ihre »Untersucher und Erforscher« hätten die Aufgabe, ihre Pläne und Geheimnisse auszukundschaften. »[...] die durch die Kunst [d.h. die Wissenschaft] gereizte und gefangene Natur [zeigt sich] offenbarer, als wenn sie sich frey überlaßen bleibt.«[62]

Seit Bacon hat die Vorstellung von unserem Platz in der Natur bekanntlich eine deprimierende Entwicklung genommen, und die bei Weitem nicht nur aufs Fernsehen begrenzte ›Präsentation‹ der Natur lässt sich als entschärfte Version eines sehr alten Machtspiels begreifen. Während historisch gesehen die meisten Menschen ihr Leben in einer verworrenen Mischung aus Furcht vor der und Staunen über die Natur zubrachten, ging die von Moses bis Newton und darüber hinaus reichende philosophische Tradition wie selbstverständlich davon aus, dass der Mensch die höchste irdische Ordnung und der Rest der Schöpfung zu seinem Nutzen geschaffen sei. Im Zeitalter der Aufklärung im siebzehnten und achtzehnten Jahrhundert kam diese Annahme in dem starken Bestreben zum Ausdruck, den vollkommenen göttlichen Plan zu verstehen und zu entschlüsseln. Die Wissenschaft, diktierte Bacon, werde das neue Mittel menschlicher Selbstbehauptung sein, ihr Ziel »die Erweiterung der menschlichen Herrschaft bis an die Grenzen des überhaupt Möglichen«[63]. Nur gelegentlich brachte ein glühendes Interesse an den »kleinen Einzeldingen«[64] der Natur wie im Falle Gilbert Whites echte Achtung vor unseren Mitgeschöpfen hervor. Der Großteil derer, die von der Schönheit und verschlungenen Vielfalt der Natur berührt waren, konnten sich dennoch für nichts anderes als ihren Mittelpunkt halten, den Sinn und Zweck ihrer Existenz.

Im neunzehnten und zwanzigsten Jahrhundert führte die Faszination für die Mechanik der Natur unweigerlich zum Erkennen ihrer Vernetztheit und Verwundbarkeit – und der Tatsache, dass ihre verschlungenen Netze auch uns einschließen, ob es uns gefällt oder nicht. Diese überraschende Entdeckung hätte uns innehalten lassen sollen. Sie hätte uns behutsamer, achtsamer machen sollen, dankbarer dafür, dass wir durchlässig sind für den aufregenden Reiz des Planeten, seinen mannigfaltigen Erfindungsreichtum. Doch der alte feudalistische Herrschaftstrieb war tief in unserer Kultur verwurzelt und kam mit dem imperialen Paternalismus der Viktorianer in raffinierter Abwandlung bald wieder zum Vorschein. Wir reiften heran zu den Bewirtschaftern der Natur. Wir kümmerten uns um sie wie um ein Gut – oder eine Kolonie. Vielleicht ist das, wie der große Biologe Lewis Thomas glaubt, die einzig realistische Rolle:

> *Es ist eine verzweifelte Aussicht. Da sind wir nun [...], bis zum Überschwang erfüllt von unserem neuen Verständnis für die Verwandtschaft mit der ganzen Familie des Lebens, und da sind wir nun, immer noch der Mensch des 19. Jahrhunderts, und wandern gestiefelt über das offene Antlitz der Natur, unterjochen und zivilisieren sie. Und wir können mit diesem Beherrschen nicht aufhören, es sei denn, wir sinken selbst ins Grab.* [...] *Wir haben uns auf diese Weise entwickelt, wir sind so geworden, wir sind diese Art von Spezies.*[65]

Es war eine deprimierende, defätistische Schlussfolgerung, und sogar Thomas selbst schien sie Unbehagen zu bereiten. Seine – langfristige, großangelegte – ›Lösung‹ bestand darin, für die Menschheit eine Stellung als »Faktotum für die Erde« anzuvisieren, »für neue symbiontische Arrangements zu sorgen, Information zu speichern [...], eine gewisse Menge von Verschönerungen beizubringen [...]. Derlei Dinge«[66]. (Einmal erwähnte ich Thomas' Metapher gegenüber Jim Lovelock, der sie in Anspielung auf Gaia hübsch personifizierte: »Von der Erde angestellt – ja, das gefällt mir!«)

Es ist eine bescheidenere, nützlichere Rolle als die des Gutsbesitzers. Sie entspricht unseren Fähigkeiten, ohne Projekte auszuschließen, die andernorts im Ökosystem entstehen. Doch trotz Lovelocks kleinem Kunstgriff bleibt es im Wesentlichen eine nüchterne und zweckbetonte Rolle, die all unsere uralten, vielfältigen seelischen Bande mit der Natur in der Schwebe lässt. Wie Bill McKibben schrieb, auch in Erwiderung auf Thomas' Vision: »Das soll unser Schicksal sein? ›Verwalter‹ einer bewirtschafteten Welt, ›Hüter‹ allen Lebens zu sein? Für diesen gesicherten Arbeitsplatz wollen wir das Geheimnis der natürlichen Welt eintauschen, das erregende Geheimnis unseres eigenen Lebens und einer Welt voll der verschwenderischsten Schöpfung?«[67]

Der Begriff, der heute zumeist für die von uns anzustrebende Rolle verwendet wird, lautet ›Treuhänder‹. Wir sind die treuhänderischen Verwalter des planetarischen Anwesens und als solche verpflichtet, seine natürlichen Ressourcen zu bewahren und mit ihnen zu haushalten. Ein Treuhänder handelt bekanntlich stellvertretend für jemand anderen, nur für wen eigentlich ist nicht immer klar – dieser Tage seltener für Gott als für die Menschheit, unsere Kinder, die ›Nachwelt‹ und nur ausnahmsweise für die Natur selbst. (Auch diese Rolle entbehrt nicht der Arroganz, wenn man bedenkt, dass unsere Biosphäre seit Äonen hervorragend allein zurechtkommt.) Der Mainstream der Umweltbewegung ist schamlos utilitaristisch und anthropozentrisch. Er basiert auf aufgeklärtem Eigeninteresse: Wir möchten ein gesundes, sauberes, artenreiches Ökosystem, weil unsere materielle Zukunft davon abhängt.

Das wollen freilich alle Lebewesen, und wir haben jedes Recht auf unser Stück vom Kuchen. Problematisch an der Treuhänderrolle ist nicht das Sichern unseres Anteils, sondern die Überzeugung, wir hätten zudem das Recht oder die Pflicht, über die Anteile aller anderen Spezies zu bestimmen. Es liegt im Wesen des verwalterischen Verhältnisses, dass es zwischen uns und ihnen trennt. Es unterstellt eine Einteilung nach Macht und Bedeutung in einem System, das wir als Ganzes zu sehen lernen müssen. Wie wohlmeinend es auch ist, es lässt erneut jene autoritären Reflexe zu, die Ursache genau jener Umweltkrisen sind, die es beheben will. Es neigt dazu, die Natur als statisches System zu betrachten, als Sammlung von Dingen, und dynamische Prozesse – Sukzession, Wanderungsbewegungen, Naturkatastrophen, natureigene Heilprogramme und Entwicklungspläne – zu vernachlässigen. Es stellt Fürsorge über Anteilnahme und versteht das umfassende Verwalten der Natur als Ziel unserer ›Naturarbeit‹, nicht als Mittel auf dem Weg zu einer gerechteren Beziehung. Vor allem aber deutet es geschickt das der Aufsicht bedürfende Objekt als die nichtmenschliche Welt um, wenn es vielleicht eher wir selbst sein sollten. Die ›Präsentation‹ der Natur passt gut in dieses Modell. Sie reicht die nichtmenschliche Welt sozusagen auf dem Tablett dar: zubereitet, konfektioniert, erfassbar, konsumierbar.

John Clare war kein Präsentator der Natur. Er war ihr Repräsentator und Repräsentant, ihr Vertrauensmann. Über seine speziellen ›Plätzchen‹ schrieb er vor Ort statt aus der Distanz, und er schrieb im Namen seiner Mitgeschöpfe, indem er sich nicht so sehr auf oberflächliche Art mit ihnen ›identifizierte‹, sondern eher mit ihnen solidarisierte. Gerade im Akt des Schreibens, von dem man meinen könnte, er scheide ihn von der Natur, vereint er sich wieder mit ihr in der besonderen Rolle des Umweltbarden, der den Liedern der an den Rand gedrängten Mehrheit Ausdruck verleiht und sie übersetzt. In *The Lament of Swordy Well* – Die Klage von Swordy Well – versetzt er sich in ein »Stück Land«, das durch »schändliche Einhegung« und »der Gewinnsucht gierige Hand« unterdrückt und ausgebeutet wird.[68] In seinem langen, hypnotischen Gedicht *Der Nachtigall Nest* verbündet er sich mit dem Vogel im schlichten rostbraunen Gefieder und schaut ihm beim Singen zu, »wo der gekräuselte Farnwedel wuchert / Im Untergezweig der Hasel«:

Offen steht der Schnabel um Lieder der Klage
Dem Herzen zu entströmen — die glücklichsten Tage
Sommerlichen Ruhms teilte sie mit mir, so auch
Ersannen mir frohe Fantasien ihren Dienst[69]

Ist Clares Beziehung zur Nachtigall eine Art kulturelle Symbiose? Sein Eintreten für den Vogel ein Gegendienst für ihr vereintes Frohlocken?

Die besten Fernsehdokumentationen eifern Clares liebevoller, beflissener Wachsamkeit nach. Das geduldige Auf-der-Lauer-Liegen von Kameraleuten spiegelt genau seine Worte: »Sch, klapp das Törchen leise zu«[70]. Doch es fällt schwer, in ihrer leidenschaftslosen Objektivität irgendeinen Hinweis auf die Ahnung des Dichters von einer gemeinsamen Welt zu erkennen, und auf die zärtliche Zuneigung, die er der Natur entgegenbringt.

Trübsinnig und verbittert sah ich mir die Nachrichten an und fragte mich kurz, ob wirklich eine neue Sendung lief. Der Premierminister sprach sich für einen Krieg mit dem Irak aus. Sein Redestil kam mir bekannt vor: vertraulich, besorgt, rechtschaffen. Er hatte triftige Gründe und lüftete schließlich den Vorhang, um die Beweise zu präsentieren. Die Iraker waren im Besitz von ›Massenvernichtungswaffen‹, das Privileg der Aufpasserstaaten – auch wenn es bislang niemandem gelungen war, sie zu finden. Sie gehörten dem internationalen Terrorkomplott an, gegen das er gelobt hatte, zu Felde zu ziehen. Man solle ihm vertrauen, er wisse es am besten, wisse alles. Jeden Moment würde er eine Attrappe von Saddam Hussein ins Bild rollen, bei deren Anblick die britischen Zuschauer in kollektives Warngeschrei ausbrechen sollten.

Vielleicht gibt es tiefsinnigere Wege, zu einer Sicht auf menschliche – und ökologische – Belange zu kommen, als sich auf dem Fernsehschirm anzusehen, wie wichtige Männer auf der Weltbühne einherstolzieren. Andererseits rückt es sie vielleicht in die richtige Perspektive. So oder so war es ein ziemlich entmutigender Abend. Das viktorianische Bild der Schöpfung als ›Stufenleiter des Seins‹ glich zunehmend einer Seinspyramide, und auf den unteren Stufen wurde es allmählich ganz schön eng.

Viele von uns überlegten sich dreimal, ob sie auf die große, für den 15. Februar 2003 geplante Antikriegsdemo gehen sollten. Niemand wollte Saddam Hussein den Rücken stärken oder zu der Spirale von Straßengewalt zurückkehren, die in den Siebzigerjahren so viele von uns dem politischen Engagement entfremdet hatte. Doch es herrschte eine spürbare Empörung im Land, ein Gefühl, dass Anstand und Demokratie als lästige Unannehmlichkeiten, die dem großen Vorhaben im Weg standen, beiseite gescheucht wurden. Am Ende fuhren allein aus dem Waveney Valley zweihundert von uns hin, um sich am Thames Embankment weiteren zwei Millionen zum größten politischen Protestmarsch der britischen und wohl der gesamten westlichen Geschichte anzuschließen. Neun von zehn Demonstranten hatten noch nie an einer Kundgebung teilgenommen. Sie waren vorsichtig und undogmatisch, aber fest entschlossen – und da Demonstrationen auch Feiern gemeinsamer Überzeugungen und Gefühle sind, überaus festlich gestimmt. Es war offensichtlich, dass nicht nur der Krieg diese riesige Ansammlung keineswegs radikaler Leute auf die Straße gebracht hatte (das beliebteste Plakat, »Make tea, not war«, traf die Stimmung des Tages genau), sondern ein zunehmendes Gefühl der Entrechtung. Die vorsätzliche Gewalt, die in unserem Namen geplant wurde, korrespondierte den Transparenten der zahllosen Gruppen und Fraktionen zufolge mit abgeschotteten Regierungs-Thinktanks, nicht haftbar zu machenden Ölmultis, den Rüstungskonzernen, die das irakische Waffenarsenal aufgebaut hatten, und mit einem gewaltigen, kopflastigen Staatsapparat, der den Kontakt zu seinen Bürgern verloren hatte.

Mir lagen außerdem die in ihr Sommerquartier heimkehrenden Zugvögel am Herzen – die Schwalben, Turteltauben und Kuckucke, die auf der östlichen Flugroute von Afrika über das Delta der Flüsse Euphrat und Tigris und durch den Zentralirak ziehen. Entlang dem dünnen Band, das sie jedes Jahr zwischen dem armen Süden und dem reichen Norden zu knüpfen versuchten, würden sie nun nicht nur mit Saddams Sprühflugzeugen zu kämpfen haben, sondern auch mit US-amerikanischen und britischen Bombern.

*

Im Monat darauf fuhr ich in meine heimatlichen Gefilde in den Chilterns. Ob es vernünftig war, wusste ich nicht. Es heißt, man soll einen klaren Schlussstrich ziehen und nicht zurückblicken. Aber die Chilterns waren mein Leben gewesen, meine Wurzeln, der Ort, der mich im Guten wie im Schlechten geprägt hatte. Sie waren mein Exoskelett, meine erste Liebelei, mein Grundstoff. Ich musste noch einmal dorthin, und sei es nur, um herauszufinden, ob diese grüne Wand auf dem Hügelkamm noch in mir steckte oder ob sie zusammen mit den weniger erhebenden Geistern meiner Vergangenheit ausgetrieben worden war. Ich hatte das Gefühl, dass sie mir fehlte. Als ich krank gewesen war, wollte mein Psychiater mich fortwährend überreden, in die Hügel zu gehen. Er hatte mich einmal erlebt, nachdem ich eine Weile dort oben zwischen den Rotmilanen umhergewandert war, und dabei wohl mein altes Ich aufblitzen sehen und das, was die Vögel für mich versinnbildlicht hatten. Er bot an, mich hinzufahren, zum Mittagessen einzuladen und wieder zurückzubringen. Aber selbst das überforderte mich. Ich fürchtete, vielleicht nichts als Gleichgültigkeit zu empfinden, die totale Auslöschung von etwas, was mich einst so tief berührt hatte, zu spüren (soweit ich damals überhaupt etwas spürte). Die hohen Chilterns und ihre sorglos durch die Lüfte schwingenden Milane waren ein Prüfstein. Ich musste es wagen herauszufinden, ob ich sie wiederhatte.

Die Milane der Chilterns haben eine herzerwärmende Geschichte.[71] Ehemals waren die Vögel in ganz England verbreitet, bis Wildhüter sie im neunzehnten Jahrhundert praktisch ausrotteten. Sie wurden verfolgt, weil sie junge Fasane schlugen, und skurrilerweise auch, weil sie Wäsche stahlen, um ihre Nester zu schmücken. (In Shakespeares *Wintermärchen* warnt Autolycus, selbst »ein Schnapphahn von unbeachtetem Krimskrams«: *When the kite builds, look to your lesser linen.*[72]) Nur in den weniger barbarischen Bastionen von Mittelwales, wo sie als Symbol des wilden Ceredigion geschützt waren, konnten die Vögel sich halten. Langsam, aber sicher erholten sich die Bestände, doch die Ausdehnung ihres Verbreitungsgebiets über den Offa's Dyke hinaus schien in weiter Ferne zu liegen. Darum beschloss der Nature Conservancy Council in den späten Achtzigerjahren, ihnen zu helfen, und genehmigte die Auswilderung mehrerer in Spanien geschlüpfter und aufgewachsener Milanpaare in den Zufluchten auf John Paul Gettys Anwesen bei Ibstone in den Chilterns – eine Umgebung, die dem hügeligen Grasland, das sie in Europa bewohnen, ziemlich nahekommt. Anscheinend gefiel es ihnen dort, denn sie blieben und brüteten, und 1990 sah ich sie zum ersten Mal ganz zufällig über der M40. Eine Zeit lang wurden sie für mich zum Gral, zu einem Emblem des wildesten Landstrichs im Südosten, und manchmal, wenn die Fantasie mit mir durchging, auch dessen, was ich gern als meine keltische Abstammung betrachtete.

An jenem Märznachmittag fuhr ich also gen Süden, um mich meinen offenen Fragen zu stellen, und folgte dabei eine Weile den Straßen, die ich alle zwei Wochen auf dem Weg zu meinem Psychiater entlanggefahren war. Die Hügel zeigten sich von ihrer besten Spätwinterseite – karg, verwegen, lauernd. Doch es blies ein kühler Wind, und ich war mir nicht sicher, ob die Vögel auftauchen würden. Ich nahm die alte Strecke, einen Weg, der unten am Steilhang entlangführt und sich dann beim Dörfchen Kingston Blount abrupt nach Osten wendet, zu den Talmulden hinauf.

Und da waren sie. Aus der Ferne hätte es jeder andere große Vogel sein können, der am grauen Himmel schwebte. Dann stiegen sie empor, streckten die Flügel und segelten hoch dahin, zwei straff gespannte Armbrüste vor dem blattlosen Wald auf dem Hügelkamm. Sie flogen auf mich zu – ohne Eile, nur vom Wind getragen, über Luftwirbel hinweggleitend. Als sie dicht herankamen, sah ich, wie das rostrote Gefieder an Rumpf und Schwanz sich kräuselte. Ihre Rufe trug der Wind davon. Ich fuhr weiter nach Süden, aufs Plateau hinauf. Überall waren Milane. Sie tummelten sich über den Dörfern, ließen sich von Böen emporheben, über Cottages hinweg und bis auf die Höhe der Vogelhäuschen hinab. Beim Mittagessen in einem Pub sah ich sie durch die Fenster riesig und schwungvoll über die Hecken kurven. Draußen beobachtete ich aus der Nähe, wie sich einer in den Wind drehte. Er hob die Flügel an – ganz locker, wie die Arme einer Tänzerin oder ein leicht gebauschtes Segel – und sammelte die Luft ein, faltete sie ineinander. Dabei hielt er mit solch spielerischer Kraft das Gleichgewicht, dass ich spürte, wie meine Schultern sich ebenfalls anspannten.

Das Licht wurde schwächer. Ich nahm eine Abkürzung nach Hause, einen Weg durch raues Weideland. Auf einmal war die Luft voll von Milanen, ein bewegliches Netz aus Flugbahnen, das sich erstreckte, so weit das Auge reichte. Es war wohl eine der aufgeregten Versammlungen, die für viele gefiederte Arten zum Ritual der Nachtruhe gehören. Aber das erklärt nichts. Das hier war mutwillige, spontane Freude am Wind. Alle Greifvögel lieben den Wind. In ihm finden sie zu ihrer wahren Bestimmung, erleben eine Art Offenbarung. Dieses überwältigende gemeinschaftliche Schauspiel war mehr. Die Vögel vollführten waghalsige Manöver, gingen bis an die Grenzen ihrer Flugkünste.

Wie gebannt hielt ich an. Ich konnte die Vögel nicht zählen. Vor mir waren dreißig, vierzig, und als ich hinter mich blickte, sah ich dort ebenso viele. Sie waren übermütig, ließen sich aus dem Himmel fallen wie Wanderfalken, fegten über die Wiesen, stießen nieder, schraubten sich in die Höhe, standen in der Luft und balancierten dabei so mühelos mit dem gegabelten Schwanz, dass es aussah, als jonglierten sie mit dem Wind. Bei jedem Auf und Ab spürte ich, wie ich mitging und den Atem anhielt. Ich hatte nicht den Wunsch, zu fliegen oder mit ihnen dort oben zu sein, aber ich fühlte mich in den Sechsjährigen zurückversetzt, der mit ausgebreiteten Armen einen Hügel hinabstürmt – und vielleicht in eine noch fernere Vergangenheit.

Was ging hier vor? Es gab ein paar spielerische Verfolgungsjagden, aber das war keine Gruppenbalz. Auch war es keine der Ansammlungen, die um die Dörfer in den Chilterns herum stattfinden, wo Anwohner in freundlichster Absicht Suppenfleisch in ihren Futterhäuschen auslegen (und damit den Verdauungsapparat der Vögel gefährden). Das hier war Stammeskitt, ein ausgelassenes Schwelgen im Gemeinschaftsgefühl zum Tagesausklang, eine Demonstration gegenseitiger Bestätigung in dem Element, das sie am besten kannten, genau so, wie wir das alte Jahr vielleicht in einem Tanzwirbel verabschieden.

Das Licht schwand, und die Vögel verschmolzen mit den Bäumen. Ich folgte ihnen an Gettys ungewöhnlichem Cricketfeld vorbei, das wie eine Zierinsel zwischen den finsteren Buchenhängen liegt. Ich hörte das helle Binken von Meisenschwärmen, die zu ihrem Schlafplatz pendelten, und dann, direkt über mir, das Pfeifen eines Milans. Ein einzelner Vogel, nur mehr ein Schatten, glitt durch die Äste. Wir drangen gemeinsam ins Freie, und am Rande einer dämmrigen Lichtung stieß er herab wie ein erstickender Umhang – kein Tänzer mehr, sondern *Accipiter*, der Zugreifende.

*

Zu meinem Wald zurückzukehren war weitaus schlimmer, und mir war nicht im Mindesten nach tanzen zumute. Sein Verkauf stand bevor, und die drohende Veränderung schlug schmerzliche Wellen. Im Dorf war man beunruhigt. Großgrundbesitzer, hiesige und fremde, raschelten mit den Scheckbüchern. Der Wald konnte wieder Jagdgebiet werden oder eine Paintball-Arena oder von großhufigen Vielseitigkeitspferden durchfurcht. Meine Freunde Francesca Greenoak und John Kilpatrick, die von Anfang an Waldhüter, Helfer und unentbehrliche Stützen gewesen waren, riefen rasch eine lokale Stiftung ins Leben, um den Wald zu kaufen, zürnten mir aber insgeheim, dass ich so nachlässig gewesen war, für Notfälle wie diesen nicht vorzusorgen. Über meine eigenen Gefühle war ich mir nicht im Klaren und traute mich erst, über sie nachzudenken, als ich wieder vor Ort war. Durch die Notwendigkeit, mein Leben in Ordnung zu bringen, hatte ich mir eine Art Tunnelblick angewöhnt.

Die Vorzeichen an jenem Märzwochenende standen nicht gut. An die große Buche beim Eingang war ein ›Zu verkaufen‹-Schild gepinnt – dasselbe Schild vom selben Makler am selben Baum, das mir zwanzig Jahre zuvor Gänsehaut verursacht hatte, als wäre ein Gebet von mir erhört worden: »Wald zu verkaufen«! An der Esche daneben klebte ein Ford Kombi. Fast jeden Winter schlitterten für eine schnelle Spritztour geklaute Autos aus der S-Kurve der Straße. Aber an dem hier hafteten die unheilkündenden Schnipsel einer halb erzählten Geschichte. Es war der Transporter eines Malers und Lackierers, voller Arbeitsgerät, und beim Aufprall waren die nach vorn geschleuderten Farbtöpfe eruptiert und hatten das Innere mit einer bleichen Masse überzogen, dickflüssig wie Reptilienblut. Der Wagen wirkte selbst wie ein überfahrenes Tier, mitleiderregend und vorwurfsvoll. »Sieh dir den Schlamassel an!«, schien er zu sagen. »Du hast nicht aufgepasst, wo du hinsteuerst! Bist einfach abgehauen!«

Ich musste mir in Erinnerung rufen, dass ich den Wald nie als Privatbesitz gewollt hatte. Ich machte ihn zu meinem Eigentum, schrieb ich einmal, nur um mich wieder zu enteignen, ihn seinen rechtmäßigen Bewohnern zurückzugeben. Doch als ich das Maklerschild (das auf unheimliche Weise den Anschlägen glich, die 1853 bei der Einhegung rund ums Dorf vor den versperrten Pfaden angebracht wurden) in aller Deutlichkeit vor mir sah, fiel mir wieder ein, wie es damals gewesen war, als potenzieller Käufer und nicht als Verkäufer. Zwischen den Bäumen versteckt hatte ich zugesehen, wie andere Interessenten mit Schirmmütze und Klemmbrett auf den Lichtungen umherspazierten, und bei der Vorstellung, dass der Wald nicht mir gehören könnte, Höllenqualen gelitten. War ich all die Jahre unaufrichtig gewesen, hatte ich unter dem Deckmantel des Öko-Altruismus einen Egotrip verborgen? Ich wollte das Spielfeld für ein Gemeinschaftsexperiment schaffen, um herauszufinden, ob ein Trüppchen Dörfler aus dem zwanzigsten Jahrhundert ›zurück zur Natur‹ gehen konnte, den durch Bewirtschaftung angerichteten Schaden wiedergutmachen und sich dabei vergnügen. Außerdem hatte ich mir erhofft, dass der Wald in gewisser Weise ein Arbeitsplatz für mich sein könnte, auch wenn ich niemals wie mein Freund, der Fotograf Tony Evans, die Stirn gehabt hätte, die Gesamtkosten für mein bewaldetes Grundstück beim Finanzamt als Betriebsausgaben für mein ›Outdoor-Atelier‹ anzugeben.

Hatte ich auch eine Art Atelier gesucht, einen Ort, an dem ich mich und die Landschaft ›in Szene setzen‹ konnte? Oder einen Rückzugsort, zum Ausgleich für mein Versäumnis, mir eine herkömmliche eigene Behausung zu schaffen? Das Dorf, meine Freunde und eine große erweiterte Gemeinschaft aus Fröschen, Sperbern, Dachsen, Orchideen, Monkjacks und nomadischen Fledermäusen hatten hier tatkräftig gearbeitet und gespielt. Wir hatten die unpassenden Pflanzungen des Vorbesitzers (Graupappeln) entfernt, Licht hereingelassen, die Naturverjüngung freigestellt und ein Netz von Trampelpfaden angelegt, oftmals entlang der schon bestehenden Wildpfade. Wir hatten mit Vor-Ort-Demokratie experimentiert, um zu entscheiden, wo Waldwiesen hin sollten, und die Arbeit Pi mal Daumen mit dem entstehenden Brennholz bezahlt. Aber im Grunde war mir unangenehm bewusst, wie viel von dem, was wir gemacht hatten, von mir angestoßen oder beeinflusst worden war – wann und wo wir arbeiteten, auf welche Vegetationsbereiche es ankam, die Entscheidung, zweihundert Buchen in Form von Bauholz zu Geld zu machen. Ich wandelte, wie so oft, auf dem schmalen Grat zwischen einfachem Engagement und unterschwelliger Kontrolle, nur dass diesmal viele meiner eigenen Artgenossen zu den Mitstreitern gehörten. Und ich hatte nicht für ihre Zukunft vorgesorgt, für ihren Anteil an diesem Ort. Hatte ich Angst, mir meine Sterblichkeit einzugestehen? War der Wald – ein bleibender, findiger Ort – auch eine Abwehr dagegen?

Doch an jenem Märztag zeigte sich der Wald großzügig, wie es die Wildnis häufig ist. Er ließ mich vom Haken. Fran und John ebenso. Ihre Stiftung entwickelte sich vielversprechend. Sie hatte einen Zuschuss vom Heritage Lottery Fund in Aussicht und war gerüstet, die Zukunft des Waldes ›für unbegrenzte Zeit‹ zu sichern. Außerdem hatten sie Rotmilane über den Buchen gesehen, die von ihrem Revier dreißig Kilometer weiter südlich herübergekommen waren, vielleicht eine Zukunftsvision. Der Wald selbst wirkte wie funkelnagelneu, saubergespült vom gestrigen Sturm. Die Triebe der Hasenglöckchen standen schon fünfzehn Zentimeter hoch, nur noch wenige Wochen, dann würden sie blühen. Einmal hatte ich hier, auf Händen und Knien, siebzehn Farbvarianten gefunden, von Schneeweiß über Pastellblau mit weißen Streifen bis hin zu dunkelstem Indigo. An einem anderen Nachmittag hatte ich einen in ihrem Blau dösenden schneeweißen Hirsch überrascht, ein Anblick so verblüffend wie ein Einhorn. Auch Kinder hatte ich zwischen den Blumen schlummern sehen. Die Kinder waren unsere Glaubenshüter. Sie blieben gleichgültig gegen unsere Anfälle von Arbeitseifer und hielten an unbefangenem Animismus der besten Sorte fest. Ich hatte beobachtet, wie sie in tiefem Gespräch mit Bäumen versunken waren oder mit großem Ernst Frösche zurück an ihren Laichplatz eskortierten – »falls sie nicht über die Äste kommen«. Ich besah mir unsere Pfade, den glänzend grauen Schimmer auf den Buchenstämmen, die auf den gelichteten Flächen sprießenden Büschel junger Bäumchen und fragte mich, ob das Feuchtgebiet, in dem mein neues Zuhause lag, wirklich so viel wachstumsfreudiger war.

Mir wurde klar, dass das Gefühl, Verantwortung für den Ort zu tragen, in mir eine starke Aufmerksamkeit für seine Entwicklung geweckt hatte. Damals, als ich die Pfade zwei, drei Mal in der Woche entlangspazierte, nahm ich minimalste Veränderungen wahr. Ich wusste, wenn einzelne Eschensämlinge auch nur zwei Zentimeter gewachsen waren, woher vom Wind herabgewehte Äste stammten, wie groß genau unsere Waldwickenkolonien waren, welche Wege sich das Wasser bei einer plötzlichen Überschwemmung bahnte, wo in der Nacht zuvor die Dachse umhergestreift waren. Und nun standen mir diese zwei Jahrzehnte fortlaufender Erinnerung mit einem Mal wieder vor Augen, als hätte ich meinem Gedächtnistorf einen Bohrkern entnommen. Auf den Lichtungen, die wir durch Abholzung der Kulturpappeln des Vorbesitzers geschaffen hatten, strebten inzwischen Naturwäldchen in luftige Höhen. Vor drei Jahren hatten sie mich kaum überragt. Wir pflanzten fast keinen einzigen Baum, aber an die zehn Arten hatten sich von selbst angesiedelt. Darunter wuchsen schon Waldlorbeer- und Schildfarnbüschel. Ich spazierte weiter bis zum höchsten Punkt des Waldes. Hier oben hatte ich oft allein gearbeitet, die eher unerwünschten Pappeln geringelt, damit sie als Totholz wenigstens Meisen und Spechten nützlich sein konnten. Nun sah ich, wie weit die Bäume eingefallen waren und wie sich die jungen Eichen darunter schleichend zwischen die abgestorbenen Äste schoben. Auf einer Fläche von vielleicht zweitausend Quadratmetern war es genau wie in einem ursprünglichen Wald.

Es gab auch verspieltere Noten. Die Mistel aus den Beeren, die ich 1982 aus einem dem Untergang geweihten Obstgarten im Vale of Evesham gerettet und in die Borke unseres einzigen Holzapfelbaums gerieben hatte, war nun sage und schreibe zehn Zentimeter lang. Der Eschensämling, den wir naiverweise mit einer Wuchshülle umgeben hatten, maß nur ein klägliches Viertel der Größe seiner ungeschützten Nachbarn. Und die nach dem reichen Eichelherbst von 1994 gesprossenen Eichenwiesen, die so mächtige Bäume hervorzubringen versprachen, waren allesamt verschwunden – kahlgefressen von den Raupen, die von den Elternbäumen herabgeschwebt waren. Wälder haben ihren ganz eigenen Rhythmus, uralt und schelmisch.

Die einzige schwerwiegendere Form der Landschaftsgestaltung, die wir vorgenommen hatten, sah aus, als sei sie schon ewig her. Wir hatten nervös eine Zufahrt in einen der unwegsamen Hänge des Waldes geschnitten und uns gefragt, ob es ein vermessener Eingriff sei, ein Widerspruch zu dem, was wir erreichen wollten. Unsere Sorge wäre unnötig gewesen. Der Weg hatte sich schnell zu einer sehr sozialen, oder vielleicht sollte ich sagen allmendlichen, Landschaft entwickelt. Es war meine Entscheidung gewesen, ihn anzulegen. Die Dorfkinder minderten die Wucht des Eingriffs, indem sie Farne und Blumen zum Überwintern mit nach Hause nahmen. Unser Baggerführer fügte eine sanfte, aber verlockende Kurve hinzu, die unsere kühnsten Träume übertraf und im Frühling die untergehende Sonne hereinließ. Und eine größere Meute hatte das Ganze noch weiter abgemildert, behandelte es wie jede andere kleinere Schichtenstörung, machte sich dort heimisch und brachte es ordentlich in Unordnung: zuerst die Algen auf dem nackten Kalk, dann die Hasenglöckchen und schließlich die weißen Wogen der Gemeinen Waldrebe und unsere kostbare, fein geäderte Waldwicke – sie schluckten unseren Unsinn einfach. Nun trieben sie ihre eigenen Pläne voran. Die Böschung lag mittlerweile im Schatten und war von Moos eingefasst. Die Waldwicke war zwanzig Meter in die Sonne gewandert. Trotzdem blieb der Weg eindeutig ein Ornament, das wir dem Ort hinzugefügt hatten, und ich war auf absurde Weise gerührt, dass selbst ich – der Kapitän, der über Bord gesprungen war – eine kleine Spur hinterlassen hatte.

Noch mehr aber freute mich, dass die Chilterns eine unauslöschliche Spur in mir hinterlassen hatten. Meine Rückkehr hatte mich weder mit Bedauern erfüllt, dass ich fortgegangen war, noch irgendwelche unangenehmen Erinnerungen an meine Einigelung ausgelöst oder daran, dass ich dem Tode nah gewesen war. Die Chilterns schienen freigespült von jeder Assoziation mit Verhätschelung, Krankheit oder Rückzug. Sie waren und blieben einfach der Ort, den ich am besten kannte. Die Hügelkämme und Talmulden der Chilterns werden oft mit einer Faust verglichen, und diese Geländeform rechtfertigt die abgedroschene englische Redewendung: Ich kenne sie, vor allem Hardings Wood, *wie meinen Handrücken.* Und nun weiß ich, dass ich immer dorthin zurückkehren kann, nicht mehr aus Hörigkeit, sondern aus Liebe.

*

Der Abend dämmert. Ich will mir einen Scherz über meinen ›Gemeinschaftsraum‹ ausdenken, aber mir fällt keiner ein. Das eigene Zimmer (das, was Gilbert White sein »Hibernaculum« nannte) ist der Raum, den man am wenigsten teilt. (Das gilt auch für die Tierwelt. Nur unter dem Druck kalter Witterung verzichten die meisten Arten auf ihr Bedürfnis nach einem Schlafplätzchen für sich allein, und sei es noch so klein.) Doch irgendwo darüber hinaus verschwimmt die Vorstellung von Raum und Land als Privatbesitz: Das ›traute Heim‹ des Engländers stößt an das Geburtsrecht des englischen Volkes. Diese vollkommen gegensätzlichen Sichtweisen vertritt man überall auf der Welt ungeniert nebeneinander, und die Überzeugung, Land sei ein gemeinschaftliches Erbe, ist tief verwurzelt und vielleicht mit Beginn des Lebens instinktiv vorhanden.

In meiner Kindheit fing die Allmende gleich hinter dem Garten an, abgetrennt durch nichts als einen einfach gespannten Stacheldraht. Die freistehenden ›Domizile‹ unserer Straße waren auf dem Grund eines abgerissenen Herrenhauses errichtet, und der ehemalige Landschaftspark lag verwaist zwischen uns und einer neuen Sozialbausiedlung. Die rund vierzig Hektar Gelände fielen unaufhaltsam wieder der Wildnis anheim, ihre exotischen Zedern und Tannen wurden von einer tobenden Flut von Dorn und dichtem Gras belagert. Es war eine Hinterhofsavanne, und verwildert, wie damals alle Kinder waren, annektierten wir sie sofort als unser natürliches, biologisches Zuhause. Wir nannten sie schlicht ›die Wiese‹, nicht aus einem Gefühl für ihre Ursprünglichkeit heraus, sondern weil es die einzige war, die wir hatten oder brauchten.

Sie gehörte dem Mann, der unsere Häuser erbaut hatte, und zuweilen rückte er dem struppigen Gras mit der Egge zu Leibe oder ließ ein paar Rinder dort weiden. Aber er schien froh, dass die ganze Nachbarschaft, jung und alt, sie als ihre Allmende nutzte. Faszinierend finde ich, wie unsere Bande ohne jede Anleitung ein gerechtes Kartierungs- und Besiedelungsmuster für das Terrain entwickelte, das sich nicht nur mit den hobbylandwirtschaftlichen Anwandlungen des Besitzers vertrug, sondern auch mit der praktischeren Nutzung unserer Eltern (es war eine Abkürzung vom Bahnhof nach Hause). Niemand schwang sich zum Anführer auf oder beanspruchte irgendwelche Sonderrechte über das hinaus, was ihm aufgrund altersmäßiger oder körperlicher Überlegenheit ohnehin zufiel. Doch irgendwie tüftelten wir eine Struktur für den Ort aus, ein Netz aus Pfaden, Treffpunkten und Lagerplätzen, verbotenen Zonen und Ritualstätten. Und wir ersannen eine Art kleinbäuerliche Ökonomie: Wir verwerteten Backsteine aus dem Schutt des alten Herrenhauses, sammelten Walnüsse, Kastanien und sogar Mandeln von den Zierbäumen an unserer Straße, garten Kartoffeln in der Birkenholzglut und lernten, wie man Butter macht, indem man ein Sahnegläschen am Rad eines umgedrehten Fahrrades befestigt und dann kurbelt. Wir besaßen eine an Animismus grenzende Achtsamkeit – für die Beschaffenheit von gutem Brennholz, für imaginäre Gesichter an Baumstämmen, für gigantische

Feuersteine, die Biegsamkeit von Gräsern und alle Folterqualen, die man damit bereiten konnte, für den Geschmack von Blättern, für Wellen im Gelände, die tief genug waren, uns vor unseren Eltern zu verbergen, wenn wir etwas ›ausheckten‹. In den Sommerferien blieben wir den ganzen Tag dort draußen, kamen oft nur zum Abendessen und zum Schlafen nach Hause. Als Aufenthaltsort hatte die Wiese nur eine einzige echte Einschränkung: Sie war Stammesgebiet, das Revier unserer Bande und niemandes sonst. Wenn Freibeuter aus der Sozialbausiedlung (die nördlich der Wiese ihr eigenes Fleckchen hatten) sich dorthin verirrten, wurde mit ihnen ritualgemäßer, aber kurzer Prozess gemacht.

Die eigentliche Allmende der Stadt oben in den Hügeln hätte unterschiedlicher nicht sein können. Für mich war sie ein fremder und feindseliger Ort. Dort musste ich Langstreckenläufe absolvieren, wenn das Wetter für Rugby zu nass war, und ich verabscheute sie wegen ihrer Verbindung mit Einsamkeit und Schinderei und Winter. Die Stadt teilte meine kindische Abneigung nicht. Die Allmende war eins der wenigen Themen, bei dem über alle Klassengrenzen hinweg Einhelligkeit herrschte. Berkhamsted Common war 1866 durch eine spektakuläre Protestaktion von einer zynischen, unrechtmäßigen Einhegung befreit worden, und das vergaßen die Bewohner der Stadt nicht so schnell.[73] Doch ihre Rechtsansprüche waren nur noch rudimentär, auch wenn das ausgedehnte, mit Adlerfarn und Stechginster bewachsene Gebiet seit undenklichen Zeiten Gemeindeland gewesen war. Als die Brownlows (die Gutsherren) in den Zwanzigerjahren ihren ganzen Besitz veräußerten, wurde die eine Hälfte der Allmende vom National Trust aufgekauft und die andere vom örtlichen Golfklub. Ein paar Jahre danach gewährte der Klub der Allgemeinheit gemäß den Bestimmungen des Metropolitan Commons Act das ›Spazier- und Ertüchtigungsrecht‹. Aber das Verhältnis zwischen Grundbesitzern und Allmendlern bleibt, wie in meinem Buch *Home Country* beschrieben, angespannt:

> *Heimische Ährenleser geistern durchs Heidekraut, auf der Suche nach nicht immer gänzlich verschollenen Golfbällen. Spazierende Nichtgolfer stapfen, den Flüchen und Querschlägern der Vierer-Flights trotzend, über die Fairways. Sie pochen nicht so sehr auf*

ihr Recht wie auf ein Verständnis von Allmende als gemeinsames Erbe und als Heiligtum, ein Streifen »gutes Land«[74]*, das über die Stadt wacht. An einem stickig heißen Tag hörte ich einmal, wie ein Metzger auf der High Street einem Kunden erklärte, er lasse stets die Hintertür seines Ladens offen, um »die frische Luft der Allmende hereinzulassen«.*[75]

Später lernte auch ich diesen Ort lieben, aber eher als akademischer Bewunderer denn als Allmendler. (Meine eigene Allmende würde auf immer und ewig der verwilderte Park aus den Fünfzigerjahren bleiben.) Ich las von der menschlichen Feinfühligkeit und ökologischen Weisheit der Bräuche, die die Nutzung der Gemeindeflur regelten, von den Schonzeiten, in denen das Schneiden von Adlerfarn und Stechginster verboten war, den Vorschriften zur Größe der zugelassenen Hippen und den Ausnahmen, die für über Sechzigjährige und unter Vierzehnjährige gemacht wurden. Ich las Vinogradoffs meisterhaftes Werk über die englische Leibeigenschaft, *Villeinage in England*[76], in dem er darlegt, dass das Allmendewesen in seiner Hochzeit ein ausgewogenes, geschlossenes Energiesystem war, bei dem das Futter der Allmendweide mit dem im Herbst auf den Streifen des Gemeinschaftsfelds ausgebrachten Dung der Tiere ›bezahlt‹ wurde. Ich sah, wie im neuzeitlichen Dartmoor bei einer lebhaften Debatte darüber, ob Bienen, der Inbegriff wilder Nahrungssammler, als Tiere in Gemeinbesitz betrachtet werden können, über dieses gerechte System aus alter Zeit gestritten wurde. Lautet das Motto von *Friends of the Earth* ›Global denken, lokal handeln‹, so lautete das der Allmendler »*Lokal* denken, lokal handeln«.

Das mag heutzutage engstirnig anmuten, aber es beförderte Unabhängigkeit und Genügsamkeit sowie nachbarliche Vertrautheit mit anderen Allmendlern jedweder Spezies. Der Historiker Edward P. Thompson hat diesen gemeinsamen Lebensraum in Anlehnung an den Habitus-Begriff des französischen Soziologen Pierre Bourdieu[77] folgendermaßen definiert: »ein gelebtes Umfeld aus Praktiken, ererbten Erwartungen und Regeln, die der Nutzung Grenzen setzten und zugleich Möglichkeiten eröffneten, aus rechtlichen wie auf dem Druck der Gemeinschaft beruhenden Normen und Sanktionen«.[78]

*

Nach diesem Prinzip funktionierte ursprünglich wohl auch die Heide ums Haus in East Anglia. Von meinem Fenster aus kann ich die rund einhundert Hektar beinahe ganz überblicken. In der einstigen Flussaue des Waveney gelegen, war sie früher wie die Fenns der Gegend mit Torf bedeckt. Doch um 1840 war er vollständig abgebaut, und zum Vorschein kam eine weite Fläche von fast reinem Sand. Sie war zu unfruchtbar für den Ackerbau, selbst für die *Dig-for-Victory*-Kampagne im letzten Krieg. In den Vierziger- und Fünfzigerjahren wurde sie paradoxerweise sowohl der Wildnis überlassen als auch genutzt. Roy Potter und seine Familie leben seit Generationen auf der Heide. Der Bauunternehmer, der abends Stratocaster in einer Rock-Revivalband spielt, erinnert sich lebhaft an die Nachkriegszeit. Heidekraut und Stechginster bildeten stellenweise ein Dickicht, in dem es von Vögeln, vor allem Feldlerchen, wimmelte. Die Männer schossen Rebhühner und Kaninchen, die Jungen tobten umher, und die Frauen hängten ihre Wäsche an der gemeinsamen Wäscheleine auf. Alle hoben Sand und Kies für den Hausbedarf aus, fällten vordringende Bäume für Feuerholz und brannten gelegentlich kleine Flächen nieder.

Es war jedoch bei Weitem kein gewöhnlicher Ort. In strengen Wintern froren die flachen Teiche zu, und das ganze Dorf ging eislaufen. Roys Holzschlittschuhe hängen noch immer an der Tür. Im Sommer zog eine Meute von Kindern los, um im Fluss zu schwimmen, der damals nicht kanalisiert war und noch sandige Ufer hatte. Zur Abendbrotzeit riefen ihre Mütter sie mit der Trillerpfeife zurück. Bevor der Grundwasserspiegel durch Entnahmebrunnen sank, gab es in der Heide auch seltsame, sinnestäuschende Nebel, dichte Dunstschwaden, die in Kopfhöhe schwebten und alles Gelände unterhalb verbargen. In einer solchen Nacht landete Roys Vater, leicht angetrunken, auf dem Heimweg von der Heide einmal vor der falschen Haustür. Über den Nebel spähend, hatte er in der Ferne ein scheinbar vertrautes Licht erblickt, jedoch nichts von der Landschaft dazwischen.

Die Allmende ist, wie jeder Heimatort, eine Bühne und eine Lupe. Dort ist alles schärfer, dramatischer. Die Fröste sind verheerender, die Überflutungen höher, die Schlangen riesiger, die Blindgänger tückischer verborgen. Natürlich ziehen wir Roy ordentlich auf – unsere Standardreaktion auf jeden, der sich erdreistet, außergewöhnliche Umstände geltend zu machen, lautet »Ja, auf der Heide ...!«. Aber er hat Recht. Die wettergepeitschten Ebenen dieser Heide besitzen eine Art Virtuosität: Hier könnte alles geschehen.

Doch der Ort hat sich gewandelt. Die alten gemeinsamen Nutzungsformen, die offiziellen wie die inoffiziellen, sind heute verboten. Niemand darf mehr Kaninchen schießen oder Sand ausgraben, und Bäume fällen dürfen nur noch die Landschaftspfleger. Das nur gut drei Kilometer entfernte Städtchen Diss ist gewachsen und damit auch die Belastung durch den Autoverkehr. Als der Suffolk Wildlife Trust neuer Pächter wurde, änderte er zudem den Landschaftscharakter. Unter der Prämisse, dass die Heide ein seltenes und besonderes Habitat darstellt, das zur Erhaltung maßgeschneiderte Pflege benötigt, ließ er das lange Gras kurzmähen und setzte Freischneider ein, um die Bereiche mit Stechginster und hohem Heidekraut drastisch zu reduzieren. Ziel war es, die niedrigwüchsigen Pflanzen sandiger Heidelandschaften zu fördern. Unsere Heide spezialisierte sich.

Gebüsch ist der Feind der öffentlichen Naturraumerhaltung. Obgleich es ein vollkommen natürliches Habitat ist, das Nachtigallen, brütenden Zweigsängern, schlafenden Wintervögeln, scheuen Orchideen und einer Vielzahl von Insekten Unterschlupf bietet, hat seine Beseitigung oder zumindest Eindämmung in nahezu allen Schutzgebieten Priorität. Oft gibt es dafür gute Gründe. Verbuschung ist schlicht die Vorstufe zur Bewaldung, ein Stadium, zu dem sich letztlich alle Habitate – Heide, Niedermoor, Kreidehügel – hinentwickeln, sofern es nicht durch Brand, weidende Tiere oder menschlichen Eingriff aufgehalten wird. Doch zeitweise scheint Gestrüpp beinahe verteufelt worden zu sein. Vielleicht hat gerade seine Wildheit, sein üppiges, unberechenbares Wuchern – das Ergebnis von Wildwuchs, nicht von Pflege – es in Verruf gebracht.

Doch auf unserer Heide brachte die Entbuschung wieder den Zufall ins Spiel. Der Ort wurde rasch von Heerscharen von Kaninchen bevölkert. In naturgeschütztem Grasland sind Kaninchen als kleine, für sich selbst sorgende Weidetiere, die stärker wuchernde Vegetation im Zaum halten, gemeinhin willkommen. Hier aber kamen sie in riesiger Zahl, angelockt vom bequem erreichbaren Futter auf der frischen kurzen Grasnarbe, und nun beginnt die Heide an Stellen, an denen die Vegetation größtenteils abgefressen ist, zu erodieren. Der Fairness halber sei erwähnt, dass es nicht nur Verluste gab, sondern auch Gewinne. Jene Pflanzen, die auf kurzer Grasnarbe wachsen – Kleiner Sauerampfer, Labkräuter, Säulenflechten –, gedeihen prächtig. Spaziergänger mit Hunden freuen sich über die gute Begehbarkeit und die freie Sicht. Aber die Vielfalt der Pflanzen- und Vogelwelt – und auch der Menschenwelt – hat abgenommen. Es ist ein Streitpunkt, ob das alte System der Gemeinnutzung – das auf gut Glück erfolgende Niederbrennen und Bäumeschlagen – für Allmendler jedweder Spezies nicht vielleicht besser gewesen wäre. Wenn Naturschutz sich von der Sorge um alle heimischen Lebewesen entfernt, kann selbst er zur Monokultur werden.

Das Allmendewesen war nie vollkommen. Die Bevölkerung der Gegend wuchs, der Weidedruck wurde zu hoch, und aus der Art schlagende Individuen – von innerhalb wie außerhalb der Gemeinschaft – rebellierten zuweilen gegen die Gesetze und Gepflogenheiten verantwortungsvoller Nutzung. In der Regel befassten sich die Patrimonialgerichte mit ihnen, oder ihre Nachbarn verhängten Strafmaßnahmen gegen sie. Die zahlreichen Berichte über diese Verstöße geben ein schiefes Bild von den Problemen der Allmenden: Wenn alles reibungslos lief, wurde es einfach nicht verzeichnet.

Einen Zusammenbruch des gesamten Systems von innen heraus, wie er in den Sechzigerjahren von dem amerikanischen Ökologen Garrett Hardin in seinem hochtrabenden und moralistischen, aber überaus einflussreichen Aufsatz *Die Tragik der Allmende* als das unentrinnbare Schicksal ›herrenloser‹ Ressourcen dargestellt wurde, hat es nicht gegeben.[79] Hardin argumentierte, dass jedes Naturgut, das nicht den Beschränkungen von Privateigentum unterliegt, schließlich übernutzt werde, möglicherweise bis zur Erschöpfung. »Der einzelne ist in ein System eingeschlossen, das ihn nötigt, seine Herde in einer begrenzten Welt unbegrenzt zu vergrößern. – Indem die Individuen einer Gesellschaft, die an die freie Nutzung der Gemeingüter glaubt, ihre eigenen Interessen verfolgen, bewegen sie sich in Richtung auf den Ruin aller.«[80] Sein Pessimismus mochte im Fall der Ausbeutung von

Primärrohstoffen durch nomadisierende Industrielle (wie bei der Holzgewinnung und bei der Schleppnetzfischerei mit Fabrikschiffen) gerechtfertigt sein. Aber er wusste offenkundig nichts über das Allmendewesen in England oder in anderen kleinbäuerlichen Gesellschaften auf der Welt, in denen Bodenständigkeit und nachbarschaftliches Miteinander die Selbstkontrolle zur zweiten Natur werden ließen. Und interessanterweise bediente er sich des gleichen Arguments, das Befürworter der englischen Einhegungen immer wieder bemühten. Die Anlage zur Gier im Menschen sei unausrottbar, und weiterhin freien Zugang zu Naturgütern zu erlauben (besonders den Armen mit ihrem primitiven Mangel an Moral), werde in wirtschaftliches Unglück führen. Insgeheim meinten die Einheger natürlich ihr eigenes Unglück. Das Verderben, das sie prophezeiten, war ideologische Fiktion. In nahezu jedem Fall wurde das Ende des Systems nicht durch seine Ineffizienz herbeigeführt, sondern durch Aneignung des Gemeinbesitzes von außen.

Das reale Geschehen lässt sich am gesetzlichen Rahmen ablesen, der geschaffen wurde, um die Besitznahme der Allmenden zu legitimieren. Man postulierte, dass die Allmendrechte in der Vergangenheit von hypothetischen Grundbesitzern ›gewährt‹ wurden und daher ebenso umstandslos wieder entzogen werden konnten. Wie genau sich der Sachverhalt davor darstellte, wurde mit Absicht im Unklaren gelassen – allem Anschein nach waren die Grundbesitzer auf so plötzliche und geheimnisvolle Weise zu ihrem Land gekommen wie Adam zum Paradies. Diese juristische Mär machte das Gesetz nicht zum Schiedsrichter, sondern zum Aneignungsinstrument. »Das Gesetz spiegelte vor«, schrieb E. P. Thompson, »dass die Allmenden irgendwann anno dazumal von wohlwollenden angelsächsischen oder normannischen Grundherren überlassen worden waren, wodurch die Nutzung weniger einem Recht als einer Gnade entsprang [...] es stellte sicher, dass die Nutzung nicht als ein den Nutzern eigenes Recht betrachtet werden konnte«.[81] Es bedarf kaum eines Historikers, um zu bestätigen, wo ihr wahrer Ursprung lag und dass die im Gesetz formulierten Allmend-›Rechte‹ schlicht die politisch anerkannten Überreste eines weit umfassenderen Systems der Gemeinnutzung waren.

Doch die juristischen Machenschaften richteten noch schlimmeren Schaden an als die Aufhebung alter Gewohnheitsrechte. Sie knüpften solche, die erhalten blieben, an Grundeigentum statt an den Wohnsitz. Der Freeholder mochte im Fenn noch Ansprüche haben, der Pächter hingegen vielleicht schon nicht mehr und ganz gewiss nicht der landlose Arme. Die überkommenen Gewohnheitsrechte – die man einfach dadurch erwarb, dass man in einem bestimmten Ökosystem lebte – wurden in Eigentumsrechte überführt. Sie wurden ›verdinglicht‹, in Sachen umgewandelt, genau in der gleichen Art und Weise, wie die Natur zum Objekt gemacht wurde.

E. P. Thompson spricht von einem »gewohnheitsrechtlichen Bewusstsein«, in dem man sich eher auf »unser« Recht berief als auf »meins« oder »deins«.[82] John Clares gewohnheitsrechtliches Bewusstsein schloss auch die nichtmenschliche Welt ein, und laut Thompson »ließe er sich nicht erst im Rückblick als Dichter des Umweltprotests bezeichnen: Statt in seinem Schreiben zwischen Mensch und Natur zu trennen, beklagte er ein bedrohtes Gleichgewicht, das beide betraf«[83]. Seine Einhegungs-Elegie *Erinnerungen* fährt mit diesen Versen über einen ›Wildhütergalgen‹ fort:

– O ich denke nie mehr
An die schönen Namen der Orte wo ich lasse den Seufzer
Während die kleinen Maulwürfe ich baumeln seh im Wind umher
An der einzigen alten Weide die stehn blieb in den Ackerbetten
Die Natur verbirgt das Gesicht vor ihren baumelnden Ketten
& klagt still denn sie waren nicht zu retten
Allmende für die Hügel die noch Freiheit suchen dort
Obwohl dahin nun & Fallen liegen aus zum Mord
An den kleinen heimatlosen Schauflern –[84]

Hier sind ganz wörtlich Maulwürfe gemeint, aber »die Sphären von Mensch und Natur überschneiden einander so stark, dass jede für die andere stehen könnte«[85]. Und darum nutzte im umgekehrten Sinn auch die Allmende der Natur: Dort lebten Menschen im selben System rücksichtsvoller Koexistenz wie ihre Mitgeschöpfe.

*

Doch jenseits der Welt der Allmende gingen die Wildhüterspielchen weiter. Vierundzwanzig Stunden vor der Frühjahrs-Tagundnachtgleiche erklärte der Westen – stets erpicht, vor der Natur zum Schuss zu kommen – dem Irak den Krieg. Polly und ich planten für den nächsten Tag einen langen Spaziergang in den Frühling, von den Fenns bis in die Brecks. Es war ein warmer, strahlender Morgen, aber von Westen blies uns ein starker Wind ins Gesicht. Er hielt die Vögel aus der Luft und vielleicht auch fern – bis auf die üblichen Verdächtigen, die Spechte und die ›Pummelfässchen‹. Im Fenn war das Team von Landschaftspflegern noch immer an der Arbeit, schnitt weitere Bäume zurück, baggerte Tümpel aus, legte Böschungen an – zu viel, zu spät. Am Flussufer standen, in den feuchten Torf geschmiegt, vereinzelt Scharbockskraut und Sumpfdotterblumen (hier in der Gegend *molly-blobs* genannt), aber sonst nicht viel, also schlugen wir unmarkierte Wege ein, an Gräben und hohen Hecken entlang, auf der Suche nach einem anderen Blickwinkel, und sei es auch nur auf den Wind. Es gibt ein botanisches Maß namens ›Isophane‹, eine Verbindungslinie zwischen Standorten, an denen sich der mittlere Blühbeginn einer Pflanzenart am gleichen Tag ereignet. So verknüpft die Schlüsselblumen-Isophane für den einundzwanzigsten März vielleicht die Klippen von Pembrokeshire mit Feldwegen im nördlichen Devon und Wildgärten im Zentrum von Norwich (nicht jedoch, zumindest an jenem Tag, mit dem Waveney Valley). Isophanen verzeichnen den Weg des Frühlings durch das Land, auf dem er sprunghaft nach Norden und Osten strudelt wie der Saum einer hereinströmenden Flut. Theoretisch schreitet er in gemächlichem Spaziertempo voran, und in Anbetracht unserer flotten Westwärtsbewegung hätten wir bei acht Stundenkilometern mit voller Wucht auf ihn treffen müssen. Doch weder Landschaft noch Pflanzen sind so akkurat und vorhersehbar, und das örtliche Relief – ein sonniger Hang oder ein Frostloch – schafft sich seine eigenen Regeln. Ohnehin macht eine andere Art von Relief diese kleinen lokalen Anpassungen bedeutungslos, um nicht zu sagen inexistent.

Die eingehegte Enten- und Geflügelfarm gleich hinter dem Fenn versperrte uns den Weg. Es war ein Gelände von schätzungsweise achthundert Metern im Quadrat, ein mit Hochsicherheitszäunen und Wachhunden bewehrter Gulag. Plastikfetzen umwehten die fensterlosen Zuchtställe und wickelten sich um die jungen, spindeldürren Zierbäumchen, die gepflanzt worden waren, um sie zu kaschieren. An diesem Ort – ein erschreckender Gedanke – wurde eines der Hauptnahrungsmittel des Landes produziert. Es ist erstaunlich, wie die Gefängnisarchitektur sich über Länder- und Speziesgrenzen hinweg gleicht. Und verwunderlich, dass sie in einer Demokratie des einundzwanzigsten Jahrhunderts geduldet wird.

Hinter der Legebatterie erstickte die industrielle Landwirtschaft alles in ihrem eisernen Griff. Wir durchquerten die im neunzehnten Jahrhundert zur Allmende gehörenden Fenns von Hinderclay und Blo' Norton, nun nur noch schmale Schilfstreifen und Reste von Tümpeln. Die meisten Ufersäume und Mäander der sie speisenden Little Ouse waren begradigt worden. Die Wasserentnahme durch den Versorgungsbetrieb und einheimische Bauern hatte den Grundwasserspiegel drastisch gesenkt, und auf dem ausgetrockneten Torf breiteten sich Adlerfarn und Birke aus. Ein Stück weiter boten sich deprimierende Szenen des Verfalls: ausgediente Mähdrescher, Heuballen, aus denen Grün spross, Berge von alten Reifen und Schrott und ein penetranter Gestank nach Fungizid und Hühnerdreck – *Cold Comfort Farm* trifft auf Gemeinsame Agrarpolitik.

Doch die Badlands nahmen ein Ende. Am äußersten Rand von Breckland gelangten wir auf sandigere Böden. Am nördlichen Flussufer, im Fleckchen Gasthorpe, lag eine große Schafweide, die eine Vorstellung davon bot, wie die ganze Gegend zu Beginn des neunzehnten Jahrhunderts ausgesehen haben muss. Kiebitze warfen sich im Sturzflug durch die Luft, und die ersten Zitronenfalter und Tagpfauenaugen taumelten umher. Auf der Wiese sprangen spielende Hasen, trommelten mit den Pfoten aufeinander ein und überschlugen sich. Drei spielten eine Art Hütchenspiel. Das vorderste Tier der Hoppeljagd wirbelte wiederholt im Kreis herum, sodass es anschließend – so hatte es jedenfalls den Anschein – an die zweite Stelle rückte und so weiter. Mir fiel ein wunderbarer Vers aus einem mittelenglischen Gedicht über den Hasen ein, den »Pfadklopfer, Leichtfuß, Stillhocker, der auf Umwegen nach Hause läuft«.

Und mit einem Mal hörten wir, so unmöglich es schien, den flötenden Ruf der Brachvögel, von irgendwo weit hinter den Schafen, fern im blassen

Grasland. Binnen weniger hundert Meter hatte sich die Steppe von East Anglia in die Yorkshire Dales verwandelt oder in eine Salzmarsch oder vielleicht einfach in sich selbst, so wie sie seit jeher sein sollte. Sie war keine Allmende mehr, aber noch immer durchzogen von uralten Isophanen, Linien, die besondere Augenblicke der Freude im Leben der Natur und des Menschen miteinander verbanden.

4 · NAMEN

Was ihr hier seht, ist der Bolzen. Er hat die Aufgabe,
Den Verschluss zu öffnen, wie ihr seht. Wir können ihn
Schnell vor und zurück schieben: Das nennen wir
Die Entladung. Und rasch vorwärts und zurück
Überfallen und befummeln frühe Bienen die Blumen:
Sie nennen es den Frühling entladen.

HENRY REED, *Die Namen der Dinge* [86]

So also sieht hier der Frühling aus. Eine steife Brise aus Südwest, man kann kaum aufrecht gehen. Lässt sich für einen kurzen Moment die Sonne blicken, drücken sich die Meerschweinchen gegen ihr Käfiggitter, trotzen dem Wind ein paar Minuten Sonnenwärme ab. Es fällt mir schwer, ihnen nicht die Freiheit zu schenken. Die Katzen haben erneut mein Zimmer bezogen – der einzig warme Flecken im Haus. Als Blanco, unser Freigeist, wie ein Meteor durch die Katzenklappe schießt, schaue ich aus dem Fenster: Ein großer Fuchsrüde will ebenfalls herein, sein Pelz ist gesträubt, als sei er derjenige, der sich gerade zu Tode erschrocken hat.

Der Kriegspfusch geht weiter, und das ganze Land, vom Wetter und von möglicher Terrorgefahr gleichermaßen in Schockstarre versetzt, duckt sich im Belagerungsmodus. Im Supermarkt ist die Abgabe von Trinkwasser gedeckelt, im Baumarkt der Malerkrepp ausverkauft, als habe er sich unversehens in eine Art Amulett verwandelt, das unaussprechliche Übel abwehren kann. Wer's glaubt ... Ein Freund – ein Archäologe, der gerade in Schottland ein mittelalterliches Krankenhaus ausgräbt (Schauplatz eines anderen, länger zurückliegenden Völkerkriegs) – erzählt von Milzbrand-Sporen, die er dort fand. Noch immer sind sie aktiv, auch jetzt noch, nach sechshundert Jahren. Und in jedem Dorf exakt ein Haus mit dem Union Jack im Garten.

Die Pflanzen aber sind beharrlich wie eh und je. Der ›Schwarzdornwinter‹ beginnt in der zweiten Aprilwoche; noch bevor die Blüten der wilden

Pflaume verweht sind, überzuckert er die Hecken wie mit Rauhreif. Es blüht und gedeiht auf mir ganz neue Weise. Unten im Fenn sprießen winzige, mir gänzlich unbekannte Vorboten: Erste feine Seggenspitzen – rotbraune Blattspeere, noch ungezeichnet vom Chlorophyll – zieren den Torf. Vorwitzige Himmelsschlüssel überall: an Straßenrändern, in Kirchhöfen, auf ungemähten Hausrasen. Auf einem umgestürzten Baumstamm stehen sie gleich neben blauleuchtendem Gundermann, eine überragende Farbmischung. Es ist etwas geschehen, etwas hat der Schlüsselblume die Rückkehr ermöglicht, eine subtile Veränderung in Klima- oder Bodenbedingungen. Auch Zugezogene finden sich. Als erste größere Blume zeigt sich der Orientalische Beinwell am Wegesrand, ein Neubürger aus der Türkei, der sich bei uns erst seit zweihundert Jahren ausbreitet. Seine linnenweißen Blütenkelche stimmen ebenso heiter wie die Schneeglöckchen, auch sie noch in Blüte – drei Monate, nachdem ich die ersten sah.

Um die Winterzieher aber sorge ich mich. Weder Fitis noch Mönchsgrasmücke habe ich bisher vernommen. Sonst ertönt Anfang April schon ein eifriger Chor. Nicht eine Schwalbe deutet den Wechsel der Jahreszeiten an, und wieder ergreift mich Unruhe angesichts der bedrohlich sich ausbreitenden Wüsten, der vernichteten Marschen im Mittleren Osten, die so viele von Norfolks Sommergästen passieren müssen. Und doch machen wir alles für sie bereit. Die Scheunentore lassen wir offen stehen, die Fenster beim Mehlschwalbennistplatz geschlossen. Knapp eine Handbreit neben dem vorjährigen Lehmnest befestigt Kate das Porträt einer jungen Schwalbe. Wir warten. Und am Tag, da der Kuckuck hätte eintreffen sollen, stürzt der Westen Saddam Hussein.

*

Im ewigen Nieselregen eine neue Gewohnheit: der Abendspaziergang. Womöglich aus einem Anflug von Selbstkasteiung geboren, aus dem Wunsch heraus, mich dem grauenhaft sterilen Ackerland East Anglias zu stellen, oder auch aus der trotzigen Absicht, aus diesem so endlos scheinenden Fehlstart das Schlimmste zu machen, indem ich mich allem noch nicht Sichtbaren verschließe. Die Dunkelheit reduziert die Dinge auf ihre Grundstrukturen, enthüllt ihr nacktes Wesen, wie Schnee es tut. Sämtlicher Zierat des Tages, alles Beiwerk des sprunghaft sprießenden Frühlings liegt im Schatten. Was bleibt, sind die Zwänge der geologischen und meteorologischen Gegebenheiten sowie – in dieser auf nichts Rücksicht nehmenden Agrarlandschaft – die Konturen der Macht. Das Halbdunkel löst den Wegrand auf, die Reste zweitausendjähriger Wallhecken und Gräben erscheinen wie Marginalien am Feldrain. Die wenigen, der Fasanen wegen erhaltenen Waldstücke unterscheiden sich im Umriss nicht von den Geflügelbetrieben, die auf ein anderes Ex-Federwild Asiens spezialisiert sind – nur dass aus diesen niedrigen Treibhäusern der schwache Schein der Rund-um-die-Uhr-Beleuchtung sickert, die die Hühner zwecks Mastoptimierung wachhält.

Bisweilen erhasche ich einen Blick auf andere dämmerungsaktive Wesen: ein paar verfrühte Nachtfalter, eine verspätete Waldschnepfe, Zwergfledermaus und Großes Langohr als flatternde Schatten in dem kurzen Zeitfenster zwischen »zu hell zum Fliegen« (sie) und »zu dunkel zum Sehen« (ich). Auf dem Mellis Common bemerkte ich eines Abends eine Zwergschnepfe, die sich ganz verhuscht neben einen Maulwurfshügel duckte. Ich hielt sie für eine Lerche, bis sie still in die Dämmerung entschwirrte, fort zu ihrem arktischen Nistplatz. Welch spannende und doch so kurze Begegnung.

Doch so viel von dem, was selbst noch in meiner Kindheit die Aprildämmerung ausmachte, scheint inzwischen verloren. Die Kriebelmückenschwärme sind kleiner, die flötenden Amseln weniger geworden. Am meisten schmerzt das Fehlen der Schleiereulen. Es jage eine in den westlichen Ausläufern des Tals, sagt man mir, doch habe ich in diesen sechs Monaten, in zwanzig Meilen Umkreis, nicht eine einzige gesehen. Noch vor fünfzig Jahren gehörten sie zu jedem Dorf in England, bleich wachten sie über die Viehweiden. Als ich ein Junge war, nistete ein Schleiereulenpaar in einer Scheune keine dreihundert Meter von meinem Zuhause. Das Jagdrevier der beiden Vögel war fast deckungsgleich mit dem Revier unserer Bande: über die Ziegelhaufen hinweg – mehr war vom Herrenhaus nicht geblieben – an der efeuberankten Mauer entlang, die die Sozialbauten abgrenzte, quer über die steile Wiese, unseren Schlittenhang, dann hinunter durch den Gehölzsaum unserer Gärten. Der Anblick dieser Eulen, wie sie mit langsamem Flügelschlag vor den Pappeln dahingleiten – Abendlicht auf mattgoldenen Schwingen vor hellgrünem Laub – zählt zu den wenigen Erinnerungen aus Kindertagen, die ich mit vollkommener Klarheit abrufen kann. Heute ist die Perleule für mich weniger ein Objekt in der Landschaft denn ein lebendiges Wesen, das mich anschaut. Unverwandt blickt sie mir ins Gesicht: Sieh mich an, dies ist *mein* Reich, hier gehöre ich hin. Und *du?* – Kein Wunder, dass die Schleiereule als Schutzgeist galt, als Grenzgänger zwischen Mensch und wilder Natur.

Der Leumund der Eule war schon immer zwiespältig. Die lateinische Gattungsbezeichnung des Waldkauzes lautet *Strix,* ein Wort auch für Hexe, und die Kirche soll im Mittelalter Eulen der Zauberei bezichtigt und verbrannt haben. Der Schleiereule hingegen – sie gehört einer anderen Familie an – wurde auf dem Land auch weiße Magie zugeschrieben; sie galt als Symbol für Glück und Beständigkeit, und Bauern nagelten tote Exemplare an ihre Scheunentore, um böse Geister fernzuhalten. Im achtzehnten Jahrhundert nisteten Schleiereulen in Selborne unter dem Dachüberstand der Dorfkirche; Gilbert Whites Bericht schildert, wie sie ihre Jagdausflüge an die Architektur anpassten: »Da beide Füße nötig sind, um unter die Dachpfannen zu gelangen, lassen sie sich regelmäßig zunächst auf dem First des Chorhauses nieder und übernehmen die Maus mit dem Schnabel; mit den nun freien Krallen können sie sich an der Traufpfette halten, um unter den Dachvorsprung zu schlüpfen«[87]. Ein Freund aus Wiltshire berichtete White von einer »gewaltigen hohlen Kopfesche, seit Jahrhunderten der Wohnsitz von Eulen«. Er habe darin eine verfestigte Masse entdeckt, eine »Anhäufung von Mäuseknochen (und vielleicht auch Knochen von Vögeln und Fledermäusen), die sich seit ewigen Zeiten aus den hochgewürgten Gewöllen der zahllosen Bewohnergenerationen angesammelt hatten«[88].

Fünfundsiebzig Jahre später beschrieb John Clare in seinem Exil in der Nervenheilanstalt das ganz selbstverständliche nachbarschaftliche Verhältnis zur Dorfeule:

Auf weizenfarbnen Schwingen
Weißbehaubt über der Stirn ungeheuer
Huscht die Eule mit jähem Dringen
Durchs dreieckige Loch der Scheuer[89]
John Clare, *Evening*, 14. Februar 1847

Selbst in den ersten Jahren des zwanzigsten Jahrhunderts schwebte die Schleiereule noch im Grenzbereich zwischen dem Normalen und dem Geheimnisvollen. In einem damaligen Protokoll des Naturfreundevereins von Norfolk findet sich der Bericht einer außergewöhnlichen Sichtung, sie fand im Monat Februar gar nicht weit von diesem Tal statt. Dem Beobachter schien ein »Lichtschein« von dem Eulenpaar auszugehen. Ein feiner Nebel hing in der Luft, und die Eulen irrlichterten über einer Sumpfwiese. Eine der beiden »tauchte aus einem etwa 200 Meter entfernten Dickicht auf, flog über der Wiese auf und ab, kam mir bisweilen auf 50 Meter nah ... Sie warf einen wahrhaftigen Lichtschein auf die Zweige der Bäume, an denen sie vorüberglitt.« Wahrscheinlich hatten die Eulen mit ihrem Gefieder phosphoreszierenden Zunder aufgenommen, als sie in einem von Hallimasch befallenen Baum schliefen. Und doch war ihr Anblick so gespenstisch, dass dieser Naturfreund zur Überzeugung gelangte, die Eulen selbst hätten geleuchtet.

Schleiereulen siedeln nicht nur in geografischen, sondern auch in kulturellen Randzonen, in herrenlosem Raum. Ungepflegte, niemandem zugeordnete Ecken gelten in East Anglia als *muddle* – ›Wust‹; das *un-muddling* der Landschaft nach dem Krieg, eine auf Ordnung und Effizienz abzielende konzertierte Aktion, bedeutete für die Schleiereule einen tiefgreifenden Einschnitt. Fast sämtliche Grünwege und Straßenränder wurden kahlgeschoren und mit Chemikalien durchtränkt. Äcker, wo sich einst Weiden erstreckten, Silos anstelle von Schobern. Selbst mit den Scheuern – dem Erdboden gleichgemacht oder zu feschen Wohnhäusern konvertiert – hatte es ein Ende, und mit vielen Eulen ebenso, wenn sie entlang gewohnter Pfade jagten, die plötzlich zu Hauptverkehrsadern geworden waren. In den 1990ern war Großbritanniens Schleiereulenpopulation auf weniger als fünftausend Brutpaare geschrumpft, rund ein Drittel von dem, was man noch ein halbes Jahrhundert zuvor zählte.

Etwa zur selben Zeit erfolgte eine verblüffende Neuauflage jener Ausgrabung der 1770er Jahre, von der Gilbert White berichtet hatte. Weniger als eine Meile von Whites Wohnort entfernt wurde ein alter, seit 1913 abgedeckter Schornstein geöffnet. Es fanden sich darin drei Sack perfekt erhaltene, ausgedörrte Schleiereulengewölle. Sie offenbarten eine immense Nahrungsvielfalt. Achthundert Beutetiere ließen sich zählen, man identifizierte vierzehn Säugetierarten, darunter Wasserspitzmaus, Fransenfledermaus, Wiesel und Haselmaus, dazu Teile von Fröschen, Schwalben, Goldammern sowie eine Vielzahl von Insekten. Heutige Schleiereulengewölle sind nicht annähernd so reichhaltig. Diese wie Fossilien an ihrer Originallagerstätte bewahrten Relikte gestatteten einen Einblick in die Artenvielfalt ländlicher Regionen vor dem Ersten Weltkrieg.

Was ist nun zum Rückgang der »Kircheneule« zu sagen – in Norfolk heißt sie Billy Wise, in Yorkshire Jenny Howler, in Sussex Moggy –, betrauert sie denn niemand von der wachsenden Zahl jener, die sie nie in Freiheit sahen? Kaum ein Vogel ist von solch dramatischer Schönheit, kaum einer bringt uns die Feinheiten des Vogelflugs so nah oder blickt uns so durchdringend und unverwandt an. Doch die Bedeutung dieser Eule geht weit darüber hinaus. Für den Ökologen ist das Befinden des Spitzenräubers ein direkter Indikator für den Zustand des Ökosystems. Darüber hinaus ist die Schleiereule ein kultureller Indikator. Die Bedeutung ihres quasi-rituellen Feldabschreitens teilt sich uns auf einer unbewussten Ebene mit – als ein Sakrament, eine Segnung des »guten Landes«, der Grenze zwischen Licht und Dunkel, der rechten Ordnung der Dinge. Während unsere gefiederten Sommergäste für Erneuerung stehen, steht die Schleiereule für Beständigkeit, dafür, dass auf die Dinge Verlass ist, und ihr Verschwinden entzieht uns ein Stück weit den Boden.

*

Doch dann, klammheimlich, flatterten die Winterzieher zurück ins Tal, ein neckender, unsteter Strom, ein leises Tuscheln – »Hört mal! Wir sind wieder da!« –, erst im einen Dorf, dann im nächsten, dann immer wieder neu mit veränderter Klangfarbe.

15.April: Turmfalken und Sperber präsentieren Schauflüge hoch über der Wiese. Ich überrasche zwei Turmfalken in der Scheune, unter ihnen ein Häuflein Gewölle aus Wühlmauspelz. Später am Tag, im sechs Meilen entfernten Dickleburgh, hocken drei Schwalben auf einem Draht.

16.April: Nach zunächst leichtem Frost ein herrlicher, sehr warmer Tag. Die Vogelkirsche blüht, und bei einem Hof eine halbe Meile die Straße hinauf sehe ich eine einzelne Schwalbe. Auch die Katzen verspüren das Steigen der Säfte. Auf meinem Bett, es ist gerade erst hell, streckt sich Blackie theatralisch vor Lily hin, eine Aufforderung zum Putzen. Lily ist ihr gefällig, kämmt ihr mit den Zähnen Gesicht und Hals – wennschon, dennschon. Auf der anderen Betthälfte schaut Blanco hochinteressiert zu, den Kopf vorgereckt in jener angespannten Haltung, die normalerweise Eifersucht verrät, oder Gereiztheit. Gleich wird er sich auf sie stürzen. Doch nein, langsam tappt er auf Blackie und Lily zu, bis er nur noch eine Handbreit entfernt ist. Ohne den starren Blick abzuwenden, beugt und streckt er die Hinterbeine, so, wie Katzen sonst mit knetenden Vorderpfoten ihr Wohlbehagen zum Ausdruck bringen. Ein halbersticktes Maunzen begleitet seinen Orgasmus, dann tappt er auf seine Seite zurück, schleckt sich den Schniedel und schläft ein. Draußen, irgendwo jenseits der Heide, ruft der erste Kuckuck.

17. April: Immer noch schönes, warmes Wetter. Ich schleiche mich auf das Gelände des Herrenhauses, um über dem See nach Mehl- und Rauchschwalben Ausschau zu halten. Noch keine da. Vier Zwergmöwen aber, auf Durchreise vom Mittelmeer zur Ostsee, lassen sich vom Wind über das Wasser treiben; das Spiegelbild ihrer schwarzen Flügelunterseiten zittert über die gekräuselte Oberfläche. Später gehe ich hinunter zum kleinen Fenn bei Roydon. Es ist eine erstaunliche Oase, sechzehn Hektar Moorflächen und Bruch in Sicht- und Hörweite der Hauptstraße nach Diss. Es gibt einiges zu sehen: Das Schilf treibt erste feste Spieße, die Wiesenraute zeigt fein zerteiltes Laub, und hinten zwischen den Erlen stehen die dicken Blattbüschel der Gelben Sumpfschwertlilie. Ich versuche, nicht so angestrengt zu starren, nicht so ängstlich zu horchen, mich einfach der Schwemme an Eindrücken hinzugeben. Es ist, als habe jemand das Fenn zum Trocknen herausgehängt. Dürr stehen die Seggen vom Vorjahr da, als sei der Sommer bereits vorüber, nicht erst im Kommen. Plötzlich ein Baumläufer am Fuß einer Weide, ruckartig arbeitet er sich den Stamm empor, steckt den Pfriemenschnabel in jede Ritze, dann im Sturzflug herab zum Fuße des Nachbarbaums – er »verwebt den Wald«[90], wie Paul Evans es beschrieb. Es knospt allenthalben. Hier entdecke ich Pflanzen am heimischen Standort, die ich bisher nur als Versprengsel in Wallhecken kannte. Wilder Hopfen schießt aus feuchtem Lehm empor, oft meterweit von jeglicher Stütze, rankt sich um Schwertlilienblätter,

Grasbülten, ja, um sich selbst. In stehenden Tümpeln und spiegelnden Pfützen wachsen heimische Rote Johannisbeeren. Violett schimmert ihr junges Laub, als habe es jemand mit Wein betupft, und die gelbgrünen fünfzähligen Blüten, zu ersten Troddeln zusammengefasst, muten an wie winziges mittelalterliches Schnitzwerk. Doch es finden sich auch tristere Pflanzen – Nesseln, Bittersüßer Nachtschatten, spargelähnliche Schachtelhalm-Schösslinge. Seine große Veränderlichkeit macht aus dem Fenn eine Wiege der Ruderalvegetation, jener Pflanzen, die auf gestörtem Boden gedeihen; die Arten, die sich auf diesen verschlammten Böden entwickelten, finden im Matsch der Bauernhöfe und dem fetten Lehm der Gemüsegärten ideale Bedingungen vor.

Ich mache mich tiefer ins Fenn hinein. Über mir, irgendwo, ein Gesangsfetzen wie zaghaftes Drosselflöten. Ein Vogel schwingt sich in den Erlenwipfel hinauf. Eine Singdrossel ist es nicht. Ich erkenne einen dunklen Augenstreif, und der Feldstecher zeigt mir eine Rotdrossel. Eine zweite gesellt sich hinzu, und beide sitzen stocksteif da, schauen gen Süden. Dann wendet sich der neue Vogel langsam dem Sänger zu. Seine Flanken leuchten in warmem Rotbraun, derselbe Ton wie die Knospen der Erle. Zieht es die beiden nach Skandinavien zurück, oder lässt die perfekte Kombination aus Licht und Wärme, das baldige Ausschlagen der Bäume sie innehalten? Was braucht es, damit ein Zugvogel seine Festprogrammierung ignoriert, den Drang in die Ferne? Empfindet er, hin- und hergerissen zwischen zwei einander widersprechenden Instinkten – sich niederzulassen, fortzuziehen –, eine Art Qual der Wahl? Rotdrosseln haben tatsächlich schon in England genistet, in Kent, und weilten in Suffolk bis weit in den Sommer hinein. In den Chilterns sah ich einmal eine abflugbereite Rotdrossel und einen just eingetroffenen Rotschwanz, sie saßen in ein und derselben Hecke, es war fast dasselbe Datum wie heute. Rotschwanz, Rotdrossel, rot knospender Baum, Rote Johannisbeere: So viele Botschaften einer Farbe. Doch dann flogen die Rotdrosseln auf, Stille legte sich übers Frühlingsfenn, und meine Gedanken schweiften mulmig zu Rachel Carsons prophetischem Buch *Der stumme Frühling*[91].

18.April: Morgens um neun blitzt es vor meinem Fenster auf – weißer Rumpf, kurzes beintrockenes Zwitschern. Eine einsame Mehlschwalbe saust herauf zu einem der Vorjahresnester, klammert sich kurz an die Halbschale und jagt wieder von dannen, genauso plötzlich, wie sie erschien.

Und in diesem Moment, und zwar nicht aus winterwolkenverhangenem, sondern aus völlig heiterem Himmel, überfiel mich erneut mein alter Habitus. Ich versank in einen Zustand der Angst, mehrere Tage trieb ich bodenlos dahin. Ich verfiel nicht in Panik, war nicht außer Gefecht, aber doch so aufgewühlt, dass ich mich völlig nach innen kehrte. Erst machte ich mir Sorgen um die Zugvögel, dann darum, dass ich mir Sorgen machte, und ich verwünschte mich dafür, dass ich mir selbst die Freude an dem verdarb, was sich in meinem ersten Frühjahr in East Anglia tat. Während ringsherum der Frühling kein Halten mehr kannte, mit Primeln in allen Gräben, gewaltigen Krähenansammlungen und entzückenden pelzigen Wollschwebern, blieb ich blicklos fixiert auf ein paar wenige dünne Lebensfäden, die sich wie feine Kapillaren von Afrika zu uns heraufwinden sollten.

Hat sich ein Angstzustand erst einmal eingestellt, entlässt er einen nur schwer aus den Fängen. Es ist, als sei die Verbindung zur Außenwelt gekappt – ein seltsam unwirkliches, entkoppeltes Gefühl. Die äußeren Eindrücke sind zwar dieselben wie immer, doch die Aufmerksamkeit richtet sich ausschließlich nach innen. Oft wird dies wie eine gläserne Trennwand beschrieben, eine Glasscheibe zwischen dem Menschen und der Welt. Doch die Wirkung kann auch der einer Lupe gleichen. Die übliche unreflektierte Wahrnehmung wird dann verzerrt, mitunter auch gespenstisch geschärft. Einmal war ich während eines tiefgreifenden Angstzustands draußen unterwegs, da konnte ich noch auf eine Viertelmeile die Umrisse einzelner Vögel ausmachen. Es erschien mir wie eine Wundergabe. Begleitet war sie von demselben Gefühl der Fremdheit, das mich als Kind überkam, sobald ich darüber nachdachte, wie gering doch die Wahrscheinlichkeit gewesen war, dass ein ganz bestimmter Mensch – nämlich ich – zur Welt kam.

Diesmal jedoch ahnte ich, was meine Angst ausgelöst hatte, und schon das reichte aus, sie zu vertreiben. Es boten sich diverse rationale Erklärungen. So spielten etwa die Mehlschwalben eine Rolle, die in den Chilterns verlässlich die Nester an meinem Zuhause bezogen hatten. Dazu gesellten sich konkretere Sorgen. Ich konnte das Gedicht von Ted Hughes zitieren (»Sie sind wieder da, die Welt funktioniert also noch«[92]) und über die bedrohlich zwischen den Zeilen lauernden Implikationen für den Fall, dass die Mauersegler einmal fortblieben, grübeln. Ich wusste, dass Zugvögel, die

Kriegsgebiete und zunehmend instabile Klimazonen durchqueren, sich zu den Kanarienvögeln unserer Zeit gemausert haben: Auch sie verweben die Welt. Ich wusste aber auch, dass meine Sorgen eigentlich mich selbst zum Kern hatten. Die Zugvögel korrigierten meine innere Uhr, sie versicherten mich meines Platzes in Raum und Zeit. Sie waren meine Version des weihnachtlichen *Tableau vivant*.

Und auf der ganz profanen Ebene vermisste ich meinen Wald, meine Buchen und meine Hasenglöckchen, die Pflanzen, die mich in den Chilterns begleiteten. Hier, in dem jungen Sekundärwald und dem Erlen-Weiden-Bruch am Rande des Fenns, kommen sie nicht vor. Stattdessen haben wir hier am Fuße der Wallhecken die Hybride zwischen dem Englischen und dem Spanischen Hasenglöckchen, eine beliebte, seit Ewigkeiten verwilderte Cottagegarten-Pflanze. Wie viele andere Kreuzungen ist sie wüchsiger als beide Elternteile und ziemlich ›wohlauf‹. Auch am Rande meines alten Waldstücks hatte sie an einigen Stellen gesiedelt, sich unaufdringlich mit der heimischen Art gekreuzt und einen Schwarm von Hybriden hervorgebracht, die nach und nach einen Teil der hasenglöckchenfreien Flächen kolonisierten. Ich mochte sie ausgesprochen gern, besonders einen seltsamen Abkömmling mit kleinwüchsigen grünen Blüten. Ästhetisch können es die Hybriden mit der englischen Spezies nicht wirklich aufnehmen. Sie sind heller, weniger graziös, weniger subtil – mehr Laura Ashley denn Jugendstil. Aber ich mag die kleinen Büschel und Akzente und hellen Lichter, die sie in das azurne Gleichmaß einer Hasenglöckchenlasur tupfen. Außerdem gibt es hier, in diesem nördlichen Teil East Anglias, so früh im Jahr ansonsten nicht viel heiteres Blau.

In diesem Frühling aber werden etliche Jeremiaden gegen die Spanier gerichtet. Die Jünger stabiler Ökosysteme und des ›Arterhalts‹ haben eine Geschichte in die Welt gesetzt: Die Zuwanderer würden unsere Englischen Hasenglöckchen ›durch Einkreuzung austilgen‹ – eine Argumentation, die auch den Bewohnern städtischer Ballungsräume bekannt sein dürfte. Was genau dies bei Pflanzen bedeuten soll und ob etwas tatsächlich auf derart exotische Weise ausgerottet werden kann, bleibt völlig unklar. Unsere beiden Eichenarten zum Beispiel, die Stieleiche und die Traubeneiche, kreuzen sich seit zehntausend Jahren munter, ohne dass es den leisesten Hinweis gäbe, dass die eine der »Reinrassigkeit« der anderen gefährlich würde. (Und wie könnten wir überhaupt etwas darüber herausfinden, außer in den Tiefen eines Genlabors?) Der Natur jedenfalls ist die Reinerhaltung der Arten ziemlich schnuppe, seit Anbeginn der Zeit experimentiert sie mit neuen Kombinationen und lässt immer wieder neue Bastarde auf die Welt los.

Doch es gibt gute Gründe, auf solche Organismen ein wachsames Auge zu haben, die – nicht selten mit unserer Hilfe – die langwierige Erprobung durch die Evolution übersprungen und die natürlichen Grenzen ihres Lebensraumes überwunden haben, um an Orten zur Ausbreitung zu gelangen, wo sie nie hingehörten. Die wärmeren Regionen der Welt wimmeln von Kosmopoliten, die weniger anpassungsfähige einheimische Spezies überrannt haben. Und doch ist es Unsinn, der durch und durch pragmatischen, reaktionsschnellen Natur mit sturer Ideologie begegnen zu wollen. Auf jeden ›zugewanderten Rowdy‹ (wie ein Naturschützer es zu formulieren beliebte) kommt ein harmloser Opportunist, der eine Leerstelle besetzt, eine neue Insel besiedelt oder eine Übergangsphase nutzt. Dafür sollten wir dankbar sein. Im Aufruhr des menschengemachten Klimawandels, der empfindliche heimische Arten wie das Hasenglöckchen unter dem Stress steigender Temperaturen und unzuverlässiger Jahreszeiten leiden lässt, werden neue, anpassungsfähigere Arten das Vakuum füllen, das der Natur ein Horror ist.

Vielleicht ist ja sogar dieser laue April vom Menschen herbeigeführt. An einem überirdisch schönen Morgen hörte ich den Sprecher eines Naturschutzverbandes im Frühstücksfernsehen erläutern, welche »Bedrohung« die spanischen Eindringlinge doch seien. Es war ein Tag, an dem man am liebsten auf Knien für jeden neuen Grashalm gedankt hätte. Er aber stand dort in seinem Schutzgebiet unweit von London und erklärte, er werde jeden Fremdling, den er sehe, »mit dem Fuß zertreten«.

Zu meinen Zugvogelsorgen gesellte sich eine Prise Unmut, und mit einer Verwünschung gegen das gesamte Verwaltervolk stampfte ich von dannen, ab zum Wayland Wood[93], um den legendären Wald-Gelbstern *Gagea lutea* auf meiner Liste beobachteter Arten abzuhaken. Weigerten sich die Frühlingswunder, zu mir zu kommen, so schnaubte ich, so würde ich sie eben selbst aufsuchen. Dass dies nicht sehr hilfreich war, musste mir eigentlich klar sein, denn schon ein Vierteljahrhundert zuvor hatte ich die Pflanze am selben Ort vergebens gesucht. Sowieso ging es mir gar nicht so sehr ums Anschauen – ich wollte sie aufspüren, als kleines Zeichen, dass auf die Dinge noch Verlass war, sowie – und dies dürfte den eigentlichen Kern der Sache treffen – zum Beweis, dass meine beispiellose Begabung als botanischer Wünschelrutengänger nicht gelitten hatte.

Wayland Wood, eine halbe Stunde Autofahrt nördlich des Tals gelegen, ist ein ursprünglicher Naturwald – einer der wenigen, die es in Norfolk noch gibt. Der Name leitet sich vom altnordischen *Wanelund* her: heiliger Hain. Schon lange vor der Eroberung durch die Normannen befand sich hier ein Versammlungsort, womöglich eine heidnische Kultstätte. Außerdem ist mit einem nahe gelegenen mittelalterlichen Herrenhaus eine alte Überlieferung verbunden, die Geschichte der *Babes in the Wood,* eine Legende von grausamer Kindsvernachlässigung. Noch heute soll das Weinen der zum Sterben ausgesetzten Kinder im *Wailing Wood,* dem ›Klagewald‹, zu hören sein.

Auch mit dem Wald-Gelbstern verbinden sich für mich melancholische Anklänge. Zu meiner ersten Suche an diesem Ort hatte ich mich unter anderem durch den anrührenden Bericht der einzigen Sichtung in meiner Heimatgrafschaft Hertfordshire verlocken lassen. Auch dort stand ein ›Kind im Walde‹ im Mittelpunkt, eine Schülerin der weiterführenden Schule in Ware nämlich, die – so weiß die Florenliste der Grafschaft zu beklagen – die Pflanze »in Broxbourne Woods fand, sich jedoch nicht an den exakten Standort erinnern konnte«.

Nun, ein Vierteljahrhundert später, stand ich ebenso ahnungslos da. Noch immer hatte ich die Pflanze nicht zu Gesicht bekommen, sie war mir lediglich aus Buchillustrationen bekannt, wo sie einem winzigen, ziemlich unscheinbaren Scharbockskraut glich. Mir fehlte jegliche Intuition für die Spezies, ich wusste weder, welches Frühlingswetter die bekanntermaßen blühfaule Pflanze aus ihrer Lethargie wecken würde, noch welche konkrete Waldsituation sie bevorzugte. Ich war ein Trüffelhund ohne Nase. Also unterteilte ich den Wald in Abschnitte und rasterte ihn und seine geheimnisvollen Bodendenkmale systematisch ab. Ich spähte in seine geheimsten Verstecke, suchte im Stangenholz der Lichtungen, an den Wegrändern, im gesprenkelten Licht unter höheren Bäumen. Ganz raffiniert versuchte ich es entlang von

Pfaden, deren Zugang mit Strauchschnitt versperrt war – vielleicht sollte das ja die Verfolger der *Gagea* abhalten. Aber mir war klar, dass ich im Dunkeln tappte. Ich fand rein gar nichts. Ich war ortsfremd und spinnert, und es geschah mir nur recht.

Als ich aufgab und endlich nur noch dahinschlenderte, war der Wald urplötzlich bezaubernd, übersät von weit geöffneten Scharbockskrautblüten und frühen purpurroten Orchideen. Dazu himmlisch rosig überhauchte Buschwindröschen, die am Fuße der Bäume winzige Miniaturen von geradezu japanischer Schlichtheit bildeten: blasse, wie aus Papier gestanzte Blütenblätter, Moospolster auf nackter Erde, dahinter ein dunkler Stamm. Und über all dem erblühte gerade etwas, was mir tatsächlich weit mehr bedeutete als die *Gagea:* die weißen, nach Mehl und Marzipan duftenden Blütenzweige der Traubenkirsche. Augenblicklich fühlte ich mich in die Yorkshire Dales zurückversetzt, in den Juni des Jahres 1985, wo ich mich, nach langen Dreharbeiten in Hundewetter, völlig überwältigt von der zusammengeschweißten Filmcrew verabschiedete. Nach dem frostigen Frühjahr stand die Traubenkirsche in später Blüte und zugleich durch die Raupen der Gespinstmotte gänzlich entblättert da. Wie ein großer Zuckerhut lag in der Ferne Ingleborough Hill, und darüber hing eine Gewitterwolke, der wir nur um Minuten entkommen waren. Wann immer ich heute Traubenkirschen sehe, denke ich an jenen Tag zurück, an die Raupengespinste und daran, wie wir am Ende dem Wetter doch noch ein Schnippchen schlugen.

Bei meinem ersten Besuch des Wayland Wood war ich zufällig auf den letzten dort freischaffenden Holzschläger getroffen. Er hatte am Hauptweg Strauchwerk gekappt, besaß das Schlagrecht für ein, zwei Hektar. Er fertigte Haselgeflecht, und aus den Eschenstangen machte er Besenstiele. Die Ruten der Traubenkirsche, so versicherte er mir, waren perfekte Asternstecken. Seit hier ein Schutzgebiet geplant wurde, bereitete ihm seine Zukunft Sorgen, doch er hatte bemerkt, dass sich im Wald eine positive Entwicklung zeigte. Er wies auf die frühen purpurnen Orchideen auf dem Weg, ›Kuckucksblumen‹ nannte er sie. Den Gelbstern hatte auch er nie zu Gesicht bekommen.

*

Während unseres sommerlichen Cevennen-Idylls spielten wir ständig mit Namen und träumten uns in die Vergangenheit zurück. So oft waren wir dort gewesen, dass kleine, an Zeit und Ort gebundene Rituale entstanden waren. Auf dem Rückweg von der Morgentoilette begleitete uns der klirrende Ruf des Girlitz, unser *chanson de la toilette.* Mit dem Wespenfrühstück – Marmelade auf Untertassen – hielten wir die Störenfriede von unseren Croissants fern. Nachmittags folgte Brustschwimmen in der Dourbie, halb untergetaucht, den Kopf auf steifem Hals schwanengleich emporgereckt. Die Flussbewohner schenkten uns ebenso wenig Beachtung wie den gelegentlich vorübertreibenden Styroporstücken. Felsenschwalben schöpften direkt vor uns Wasser. Junge Vipernattern schlängelten sich an uns vorbei und schnappten deltaflügelige Fliegen von der Oberfläche. Über uns zog derweil eine Schmetterlingsprozession daher – Weiße Waldportiers, ein jeder so groß wie ein Fitis. Hitzefaul plauderten wir über Schmetterlinge. Irgendwann klang das Aufgebot an Arten wie die Besetzung eines griechischen Dramas: Kleopatra-Falter, Satyrinae, *Minois dryas.* Sonnentrunken fantasierten wir uns eine eigene Gauklertruppe zusammen: der Waschechte Bläuling, der Falsche Admiral, der Silbergraue Nachtschwärmer (auch ›Grauer Panther‹ genannt) und der Große Weiße Burling, *Eugenea terreblanchea.* Das war echter in die Jahre gekommener Alternativhumor – allerdings waren wir, die wir diese klassischen Pointen ersonnen, eben auch lauter in die Jahre gekommene Wortklauber auf Sommerurlaub. Abends döste ich im Freien und lauschte dabei auf das einlullende Knarren der Hängematten, in denen die Kinder meiner Freunde schliefen. Sie standen an der Schwelle zum Erwachsenwerden, distanzierten sich von diesem Ort bereits mit eigenen ironischen Anwandlungen. Einen Morgen verbrachten sie mit dem Anlegen eines *Un*-Naturpfads; dazu hängten sie Knoblauchgirlanden in die Bäume und verteilten Paradiesvogelkot aus gestreifter Zahnpasta.

Wahrhaft unumstößlich aber war die Tradition des abendlichen Pflanzensalons. Da saßen wir um den Tisch und diskutierten unsere Blätter- und Blütenbüschel, die Bestimmungsbücher daneben, wobei nie eine Gelegenheit zum Abschweifen ungenutzt blieb. Besonders faszinierten uns die Orchideen (die wir aber nie pflückten). Viele wirkten wie manierierte Porzellangebilde oder wie Kolonien schlüpfender Insekten. Auch den Botanikern, die sie einst benannt hatten, war die äußere Ähnlichkeit mit Echsen, Bienen, Käfern, Schmetterlingen, Spinnen, ja, sogar Pyramiden aufgefallen. In der Gattung *Orchis,* mit der wir uns am besten auskannten, hatten sie vor allem winzige Homunkuli gesehen, jede Einzelblüte ein Kopf oder Helm mit Armen und baumelnden Beinen. Je nach Größe des Helms, Geschmeidigkeit der Glieder, Tailleneinzug und Eleganz der drapierten Lappen waren es Männer, Soldaten, Frauengestalten oder – bei einer besonders langgliedrigen Blüte – Affen. Doch wir konnten sie kaum auseinanderdividieren. Die Hügel wimmelten von unbestimmbaren Männlein und Hermaphroditen. Entwicklungsgeschichtlich sind die Orchideen eine der jüngsten Pflanzengruppen, noch ungewiss in ihrer Identität und entsprechend promisk bei der Wahl ihrer Partner.

Bisweilen aßen wir auswärts im *Le Papillon* in Saint-Jean-du-Bruel, auch dies ein botanisches Abenteuer. Dort gab es wilden Spargel, im Vorjahr gesammelte Wiesenegerlinge und nach wildem Thymian duftenden Honig lokaler Provenienz. In einem Frühjahr hatte sich ein deutscher Fotograf in dem zugehörigen Hotel eingerichtet; er hatte auf der Theke zwei voluminöse Bände mit Orchideenfotos für die Gäste hinterlassen. Ihm war es gelungen, zwischen Saint-Jean und den *Causses* den größten Teil der westeuropäischen Spezies ausfindig zu machen; seine Fotos machten seinem feinen Gespür für die Landschaft alle Ehre. Am reizvollsten aber war, wie er die Variabilität der einzelnen Arten sondiert hatte. Seine Alben feierten die eigenwilligen lokalen Ausprägungen – auf den Kopf gestellte Pyramiden, flügellose Bienen, weiße Venusschuhe. Das hier waren die *orchidées du pays,* ebenso rassig und eigen wie der hiesige Landwein. Erleichtert erkannten wir, dass diese Formwandler nicht nur uns in ihren Bann geschlagen hatten. Und doch nagte an uns ein geradezu atavistischer Drang, sie zu benennen, festzunageln, zu bestimmen. Eine Varietät besonders, eine seltene, geradezu mythische Kreuzung zwischen *Orchis italica,* in etlichen Sprachen landläufig als ›Nackter Mann‹ bezeichnet, und dem Affen-Knabenkraut, ließ uns nicht los. Scherzhaft nannten wir sie die Missing-Link-Orchidee, doch damit waren wir bestimmt nicht die ersten.

Hin und wieder fragte ich mich schon, was diese Wortspielereien sollten. Dann sagte ich mir jedes Mal, dass wir damit auf unsere eigene, identitätsstiftende Weise auf die restlichen Bewohner der Cevennen reagierten. In diesen Wochen im Freien, in Gesellschaft dösender Biber und aufdringlicher Alpendohlen, tauten wir auf, es gelang uns, unsere Hemmungen abzulegen oder auch zu akzeptieren. Auch wenn wir den hiesigen Bewohnern beim Pirschen, Herumstöbern, Genießen in nichts nachstanden, machten wir gewiss keine Anstalten, zu verwildern. Unsere Gedankenspielereien und albernen Possen waren unsere Art, uns zu vergnügen, uns an einer kollektiven Sonnenanbetung zu beteiligen, die paradoxerweise älter und tiefer verwurzelt ist als die Sprache.

*

Auch heute, wenn ich ganz allein vor mich hin botanisiere, will ich noch immer alles benennen. Es scheint ein durch und durch menschlicher Impuls zu sein, der erste Schritt aufeinander zu: »Wie heißt du?« Doch unten im Fenn ist es jedes Mal ein Kampf. Ich schiele nach Pflanzen in unpassierbarem Röhricht, beäuge Gewächse, die noch nicht blühen, und Seggen, die dies zwar tun, mir aber mit ihren komplizierten inwendigen Details ebenso schleierhaft bleiben wie Rubiks Zauberwürfel. Der Großteil meiner Bücher ist noch immer in Nordlondon eingelagert. Nach zwei Vegetationsperioden ohne Felderfahrung bin ich aus der Übung und frustriert, dass ich nichts auseinanderhalten kann.

Also wozu das Ganze?, meldet sich eine ungekannte, entspannte innere Stimme zu Wort. Warum genießt du nicht einfach das sprießende neue Leben (und auch *dein* neues Leben, Herrgottnochmal) – die feinen Farbnuancen, das Wechselspiel des gelbbemoosten Bodens, die filigranen Seggen, die fest dastehenden Grasbülten, das kraftstrotzende Wachsen und Gedeihen? Nun ja, das ginge schon, denke ich, aber es dabei zu belassen ist nicht leicht. Dass ich wissen will, um wen es sich da handelt, ist nicht nur intellektueller Reflex, sondern so ticke ich nun einmal. Vielleicht ein Überbleibsel jenes jugendlichen Drangs, der andere zum Briefmarkensammeln treibt? Dennoch – ein Gespräch über Pflanzen ist ohne Namen unmöglich, und dieser Namensgebung kommt nach meiner festen Überzeugung eine große kulturelle Bedeutung zu (von der wissenschaftlichen ganz zu schweigen). Als John Fowles vor einigen Jahren mit dem Zen-Buddhismus liebäugelte, stellte er die These auf, der Name einer Pflanze stehe »wie eine schmutzige Glasscheibe zwischen ihr und uns«[94]. Ich konnte das nie nachempfinden, obgleich mir klar ist, worauf er abzielte. Für mich ist der Name, den man einer Pflanze (oder auch jeglichem anderen Lebewesen) gibt, eine respektvolle Geste, eine Anerkennung ihrer Einzigartigkeit, ein Herausheben aus dem undifferenzierten Grün – und zugleich ebenso natürlich wie ein erklärender Fingerzeig. Der Name selbst, ob wissenschaftlich oder umgangssprachlich, ob Fantasie- oder Kosewort, ist dabei völlig zweitrangig, solange er sich nur kommunizieren lässt.

Die Historikerin Maria Benjamin bezeichnete die Naturkunde einmal als »ideologisch aufgeladene Haushaltsführung« und ihr ständiges Benennen und Einordnen als »Systematisieren der Vielfalt der Natur nach einer strikten Hierarchie«.[95] Und natürlich legten die Namen, die Adam in seiner ersten ordnenden Handlung im Paradies den Tieren gab, die entscheidende Grundlage für den Umgang des modernen Menschen mit der Natur, für das Untertanmachen und Bezwingen, für die Objektifizierung. Diese wiederum entsprang aus der, wenn man so will, Hierarchisierung durch Namen, Ausdruck der ihr zugrundeliegenden Kultur und Naturanschauung. Das Benennen an sich jedoch ist nicht besitzergreifender als die Höhlenmalerei.

Ich habe nach ortstypischen Namen für die Pflanzen im Wayland Wood gesucht, für den Wald-Gelbstern und die Traubenkirsche; mich interessierte, ob sie wohl zum Ausdruck brächten, welches Bild man sich in East Anglia von diesen Pflanzen machte, was man von ihnen hielt. In Lincolnshire wurde die Traubenkirsche *mazzard* oder auch *mazer,* häufiger aber schlicht ›Wildkirsche‹ genannt; in Yorkshire *hagberry* bzw. *hackberry,* hergeleitet vom Altnordischen *hegge* bzw. *hagge* – schlagen, kappen. Vielleicht war dies ein versteckter Hinweis auf die Bitterkeit, die ›Schärfe‹ der Kirsche, oder es bezog sich darauf, dass von dem Gehölz Stocktriebe geerntet wurden, oder darauf, dass es dort besonders gut gedieh, wo höhere Bäume geschlagen worden waren. Vielleicht auch auf alle drei Möglichkeiten, bedenkt man, wie ungern Sprache sich festlegt. In East Anglia aber wurden Regionalnamen nie notiert. Vielleicht fiel die Traubenkirsche einfach unter jenen praktischen Oberbegriff ›Gebüsch‹ oder ›Stangenholz‹ – Steckenlieferanten. Derartige

Zuordnungen und Hierarchien sind in einfachen bäuerlichen Kulturen gang und gäbe und auch bei uns noch nicht ausgestorben. Verschiedene Spezies werden nach Nutzen, Genießbarkeit, scheinbarer Affinität zum einen oder anderen Geschlecht, Jahreszeit, Schärfe oder Bitterkeit oder auch Verhalten einander zugeordnet. Am stärksten verbreitet ist die Gruppierung nach Größe. Der Botaniker betont völlig zu Recht, dass sowohl Gräser als auch Bäume zur umfassenden Klasse der Blütenpflanzen gehören. Und doch sieht der Laie auf der ganzen Welt in ihnen unterschiedliche Pflanzengruppen, die sich nicht nur durch ihre Größe voneinander unterscheiden, sondern auch dadurch, dass sie unterschiedlichen Schichten in der Landschaft angehören – der Kraut-, Strauch- oder Baumschicht.

Selbst Wissenschaftler verwenden gelegentlich funktionale, pragmatische Klassifizierungen. Parfümeure ordnen Arten ohne jede biologische Verwandtschaft einer Gruppe zu, wenn ihnen dieselben Duftstoffe zu eigen sind. Ökologen beziehen sich regelmäßig auf sogenannte Zeigerpflanzen (Pflanzen, die für ein bestimmtes Ökosystem charakteristisch sind) und kartieren für Boden, Klima, Zeit oder Ort charakteristische Vegetationen. Auch wir haben oft eigene, weniger strenge Versionen solcher Zeigertaxonomien – Pflanzengesellschaften, die für uns eine besondere Zeit im Jahr oder einen Lieblingsplatz charakterisieren. Die übliche Zuordnung und Benennung von Arten anhand ihrer Morphologie und Stammesgeschichte ist praktisch und sorgt dafür, dass jede Spezies einen eindeutigen Namen erhält, der – zumindest theoretisch – überall verständlich ist. Und doch ist dies in keiner Weise zutreffender oder ›natürlicher‹ als das volkstümliche Zusammenwürfeln. Die Traubenkirsche beispielsweise steht in ihrem tatsächlichen Dasein in keinerlei Beziehung zu ihrer nahen Verwandten, der Vogelkirsche, stattdessen aber zu Kalkuntergrund und Gespinstmotten und der Trauer-Bachstelze – eine Lebensgemeinschaft im Lebensraum Steilwand & Böschung des Hochlands. Anders ausgedrückt: ein Ökosystem.

John Clare, der niemals einem wilden Lebewesen auch nur mit Worten zu nahe getreten wäre, war äußerst umsichtig bei den Formulierungen, mit denen er diese identifizierte. Sein Verleger hinterfragte einmal eine Dialektbezeichnung, die Clare für die Schaumzikade verwendet hatte. »*Woodseers*«, antwortete Clare spitz,

»sind Insekten die Sie bestimmt sehr gut kennen ob dies nun der korrekte Name ist weiß ich nicht so jedenfalls nennen wir sie & wissen Sie das genügt uns vollauf – sie sitzen in kleinen weißen Speichelflecken an der Unterseite von Blättern & Blüten. Woher sie kommen weiß ich nicht aber bei feuchter Witterung sieht man sie immer reichlich – & die Hirten sehen an ihnen das Wetter voraus wie am Wetterkraut. Schaut der Kopf des Insekts nach oben so soll es schönes Wetter geben schaut er nach unten so stehe im Gegenteil Nässe bevor.«[96]

Woodseer bedeutet ›Waldprophet‹, und Clare setzt hier diesen Namen nicht nur zum »Kulturkreis« des Insekts in Bezug, sondern darüber hinaus zur größeren Gemeinschaft aller vom Wetter abhängigen Geschöpfe. Genau wie die wissenschaftlichen Benennungen, die verwandtschaftliche Verbandelungen aufzeigen und zugleich Arten voneinander abgrenzen, weisen auch die Volksnamen Ähnlichkeiten und Bezüge innerhalb eines gröberen Unterscheidungsrasters auf.

Doch der Preis (wenn man so will) für das Beharren auf Querverbindungen ist die Mehrdeutigkeit, wie auch Clare letztendlich feststellen musste. Die ›weißen Speichelflecken‹ der Schaumzikade wurden (und werden) landläufig ›Kuckucksspeichel‹ genannt. Diese Schaumnester, die sich im Frühjahr zahlreich am Wiesenschaumkraut (*Cardamine pratensis*) finden, sind eine mögliche Erklärung für die weit verbreitete volkstümliche Bezeichnung dieser Wiesenpflanze als ›Kuckucksblume‹, ein Name, der sich in East Anglia und weiten Teilen Englands findet. Der englische Norden geht hier mit ›Kuckucksspeichel‹ noch einen Schritt weiter. Geoffrey Grigson fand über fünfundzwanzig britische Pflanzenarten mit dem Wort ›Kuckuck‹ im Namen, darunter den Aronstab (*cuckoo pint* für *cuckoo's pintle* – ›Kuckuckszapfen‹ oder ›-penis‹), die Kornblume, die in Schottland *cuckoohood,* ›Kuckuckshaube‹, heißt, und die Klette, die in Westengland als *cuckold buttons,* ›Kuckucksknöpfe‹, bezeichnet wird.[97] Die Namen nehmen vor allem darauf Bezug, dass die Pflanzen zeitgleich mit der Rückkehr des Kuckucks blühen, spielen jedoch zugleich mit Doppeldeutigkeiten rund um das fröhliche Treiben auf den Frühlingswiesen, wo beim Ruf des Kuckucks die Röcke der Damen gelupft wurden.

John Clare allerdings war derselben Auffassung wie mein Holzschläger im Wayland Wood – auch für ihn war die wahre Kuckucksblume unbestreitbar eine Orchidee:

> *dies sind meine Kuckucksblumen & die im Lenz zur Zeit der blauen Hasenglocken blüht ist die »großlippige Kuckucksknospe« die ich schon oft erwähnte   ihre Blüten sind purpurn & innen heller gesprenkelt & ihre Blätter kohlschwarz gefleckt wie beim Arum sie kommen & gehen mit dem Kuckuck & sind für mich die einzigen Kuckucksblumen in England   die Shakespeare-Kommentatoren mögen sagen was sie wollen nicht einmal Shakespeare selbst hat für mich in dieser Angelegenheit Autorität   das gemeine Volk wo immer ich war nennt sie allein bei diesem Namen & das Volk ist immer der beste Wortschatz in solchen Dingen.*[98]

Clares Kuckucksblumen umfassen ein halbes Dutzend Orchideen, die er teils durch Namenszusätze, teils durch Beschreibungen voneinander unterscheidet. Was sie jedoch ebenfalls voneinander absetzt, sind ihre Standorte. Die Orchideen auf dem Anger sind nicht dieselben wie die Orchideen am Weg. William Hazlitt führt in seinem Essay *On the Love of the Country* an: »unser Interesse an der menschlichen Natur ist ausschließend, es bleibt auf das Individuum beschränkt; unser Interesse an der äußeren Natur hingegen ist umfassend und von einem Objekt auf alle übrigen derselben Klasse übertragbar«[99]. Dies will ich insofern bestätigen, als die Sympathie für Primeln, Kuckucke und so fort ganz allgemein verbreitet ist. Ebenso allgemein verbreitet ist eine Sympathie für Pflanzen in Verbindung mit ihrem Fundort. Pflanzen gehören zu dem, was einen Ort prägt, ihn unterscheidet, eine undefinierte Fläche in eine Stätte, ein Revier, einen festen Ort verwandelt. Clare bezeichnete die Wiesenblumen einmal als »grüne Angedenken«[100], ein Blick, der ebenfalls – vielleicht ein wenig zu optimistisch – in Ronald Blythes Umschreibung »eine bleibende Landschaft«[101] anklingt. Clares Orchideen waren Individuen – einem Ort zugehörig, in ihrem Umfeld verankert und wie jedes Einzelwesen auf eine Weise verletzlich, wie es die »Klasse« nicht unbedingt ist. In seiner Auflistung zwölf »englischer *Orchis*«[102] beschreibt er drei »Kuckucksblumen«. Seine *Orchis latifolia* (Breitblättriges Knabenkraut, heute botanisch *Dactylorhiza latifolia*) »steht in einer Senke auf Mr. Clarks Close bei Royce Wood – war vor der Einhegung überreich anzutreffen auf einer Flur namens Parkers Moor bei Peasfield-hedge & auf Deadmoor bei Sneef green & auf Rotten moor direkt bei Moorclose aber diese Stätten sind jetzt alle Ackerland«[103].

*

Ende April, der Garten ist voller Primeln, die Vögel singen. Eine Kaninchenfamilie hat direkt unterm Birnbaum einen Bau gegraben, von der paradiesischen Umgebung in ebenso anrührender wie törichter Sicherheit gewiegt. Blackie hat das Jungvolk seit Tagen im Blick; schon wieder sitzt sie am Wohnzimmerfenster und beäugt es. Sie treiben keine philosophischen Fragestellungen der Zugehörigkeit zur oder Getrenntheit von der Natur um. Das Fenster, das die angepeilte Beute rahmt, ist weder Anlass für Irritation noch für Entfremdung. Weder versucht sie, durch das Glas zu springen, noch stapft sie frustriert davon. Die Mittlerrolle der Trennscheibe ist ihr völlig klar. So nimmt sie schlicht den Nachwuchs ins Visier, macht einen Schritt in Richtung Tür, kommt noch einmal zurückgeschlichen – ein letzter Blick –, springt dann durch die Katzenklappe, saust um drei Hausecken und erledigt das nächste Jungtier.

Hoch über dieser ebenso raffinierten wie gnadenlosen Jagd rutschen drei Buntspechte in komplizierten Bewegungen am Birnbaum auf und ab, zwei von ihnen Männchen, wenn ich den roten Nacken richtig deute. Den Büchern zufolge sollen die Männchen sich böse raufen, das Rot der Unterschwanzdecken wird oft fälschlich für Blut gehalten. Hier aber läuft das Treiben und Werben in formvollendeter Höflichkeit ab, ein dreidimensionaler Squaredance: Vorwärtsschritt, Seit, Seit, Partnerschwenk, nicht zu eng!

Am Rand der Rasenfläche produzieren sich auch die Fasanenhähne, sie spreizen und putzen sich und schlagen so übertrieben mit ihren herrlichen Schwingen, dass sie fast hintenüber kippen. Die Hennen dagegen scheinen ständig nur zusammenzuglucken – ich frage mich, wann sie wohl zum Nisten kommen. Andererseits werden die meisten sowieso bald hinüber sein. Von all den Exzessen und Opfern des Frühlings ist einzig das Schicksal der

Fasanen wahrhaft tragisch. Diese Vögel wurden gezielt aus einem fernen Lebensraum eingeführt, sie werden in Gefangenschaft aufgezogen und viel zu früh ausgesetzt, ihr alleiniger Zweck besteht darin, gejagt zu werden, und für gewöhnlich enden sie unterm Auto. Zerquetschte, zerfetzte Kadaver bedecken die Landstraßen im Tal – eine Schädelstätte der Fasanen. Auf dem Asphalt habe ich abgetrennte Köpfe gefunden, starren Blicks wie ominöse Voodoo-Zeichen, und im Wiesenkerbel am Weg vorm Haus schlug ein einsamer Flügel gespenstisch im Wind. Die zerzausten Daunen schienen noch immer warm. Dies ist es wohl auch, was mich davon abhält, das Fallwild für die Küche mitzunehmen: Nicht die Tatsache, dass es tot ist, sondern dass es – so sinnlos gemordet – noch immer so lebendig wirkt.

Der Fasan wurde mehrfach aus Asien nach Britannien eingeführt. Die Römer brachten eine schwarzhalsige Rasse ins Land, den Transkaukasischen Fasan (*Phasianus colchicus colchicus*). Doch autoritär, wie sie nun einmal waren, hielten sie ihn in Gehegen. Dieser Fasan scheint nicht verwildert zu sein. Tausend Jahre später brachten die Normannen erneut Fasanen ins Land, diesmal die uns geläufige Rasse mit dem weißen Halsring (*P. c. torquatus*). Der aus lichten Gehölzsituationen stammende, anpassungsfähige Ringfasan wurde in unseren Wäldern und Parklandschaften rasch heimisch. Gelegentlich wurden diese Vögel mit Netzen gefangen oder vom Schlafbaum geknüppelt; grundsätzlich ging man mit ihnen nicht anders um als mit regulärem Federwild. Seit vor zweihundert Jahren jedoch die organisierte Jagd begann, betrachtet man sie – wie einst bei den Römern – als etwas, das ständig verfügbar zu sein hat. So schlüpfen sie im Brutkasten, wachsen im Gehege auf, werden überfüttert, bis sie kaum mehr flugfähig sind, und schließlich freigelassen – in einem Revier, das ihnen, anders als den jungen Wildvögeln, mitsamt seinen Gefahren völlig neu ist. (Aufkleber auf dem Wagen eines Jägers »Ich bremse für Federwild«.) Jeden Sommer wird eine schier unglaubliche Anzahl freigesetzt: zwanzig Millionen in ganz England, davon in East Anglia im Schnitt fünftausend pro Landgut. Im Spätsommer und Herbst sind sie hier die weitaus häufigste Vogelart.

Nur gut die Hälfte der Vögel wird zur Strecke gebracht, doch selbst das ist mehr, als irgendwer essen will, selbst auf dem Land, wo man sie meist verschmäht. Die überzähligen Kadaver werden verbrannt, vergraben oder schlicht zuhauf in den Wald geworfen, oft nur wenige Meter von den Gehegen, aus denen man sie entließ. (Fütterung und Beisetzung hinterlassen in der Krautschicht der Fasanenschonungen deutliche Spuren in Gestalt üppiger Unkrautfluren, grundsätzlich ein Kennzeichen menschlicher Verschwendungssucht.) Beim Versuch, sich in dem Lebensraum zurechtzufinden, in den sie unfreiwillig gestoßen wurden, wandern die übrigen Vögel planlos auf den Straßen umher. Da es der Natur dieser Hühnervögel entspricht, bei Gefahr eher davonzulaufen denn aufzufliegen, verwundert es nicht, dass sie bei der Begegnung mit einem Kraftfahrzeug nicht besser davonkommen als bei der Treibjagd.

Die Tragödie dieser heimat- und orientierungslosen Kreatur liegt in der Unausweichlichkeit ihres Schicksals. Zusammenstöße zwischen wilden Tieren und zivilisatorischen Begleiterscheinungen sind leider unvermeidbar. Aber einen halbzahmen Vogel dem Risiko absichtlich auszusetzen, schmeckt nach vorsätzlicher Fahrlässigkeit und einer schändlichen Auslegung der Hüterrolle.

*

Die Zugvögel wollten sich noch immer nicht zeigen. Die Schwalben von vor ein paar Wochen hatten die Höfe wieder verlassen. Das sprudelnde Gezwitscher der Mönchsgrasmücke, angeblich im Fenn zahlreich vertreten, hatte ich noch nicht vernommen, und wenn ich darüber nachdachte, auch nicht den Zilpzalp, den zeitigsten Frühlingsboten. Hatten auch sie die Orientierung verloren, hatten Stürme über dem Mittelmeer sie von den gewohnen Routen abgetrieben? Mein Albtraum, diese uralte Wechselbeziehung mit dem Süden könnte tatsächlich abreißen, wollte sich nicht verflüchtigen. Und wie immer in einer solchen Situation schwirrte ich umher, suchte nach Rückversicherung. Ich fuhr zur Küste von Suffolk – eine einzige Nachtigall hörte ich. Ich nervte Freunde und Bekannte – anscheinend bekamen sie alle mehr zu hören und zu sehen als ich. Bei den Zugvogel-Hotlines bestätigte man mir, eine blockierende Wetterlage über dem Festland bremse den Vogelzug, doch kämen die Vögel durch. Und ich begann mich zu fragen, ob die ›Blockade‹ vielleicht in mir selbst lag. Schon seit zehn Jahren ließ mein Hörvermögen nach, ich musste die Möglichkeit erwägen, dass mir das Tirilieren im oberen Frequenzbereich schlicht entging, genau wie das Kreischen der Mauersegler. Es war eine unschöne Vorstellung, vom Einzigen abgeschnitten zu sein, das mir *kein* Gefühl der Abgeschnittenheit bescherte. Gilbert White litt in seinen mittleren Jahren phasenweise an Taubheit, ihm entgingen »all die netten Neuigkeiten und kleinen Hinweise, welche die ländlichen Geräusche vermitteln«[104]. Im Schlusssatz eines Briefes zitierte er John Milton mit den Worten: »Und ganz ist ein Weg zur Erkenntniß mir verschlossen.«[105]

Ende April fuhren Polly und ich wieder hinaus in die Broads, um unsere Freunde Mary und Mark Cocker zu besuchen. Mark hat eine beneidenswerte Beobachtungsgabe, sein Blick ist so scharf, wie seine Feder spitz ist – ein gemeinsamer Spaziergang würde die Sache klären. Eine buntgemischte Schar: drei Erwachsene, Marks achtjährige Tochter Miriam sowie Nachbarsjunge Kevin, der unbedingt mitwollte. Wir spazieren am Chet entlang, an binsengesäumten Gräben und Weidengesträuch. Ein paar Schritt zur Seite blitzt immer wieder das Wasser auf. Mark entdeckt Uferschwalben, während mein Blick am Boden klebt. Er registriert das scharfe Schlagen eines Seidensängers, das auch ich gut kenne und von dem ich mir sicher war, dass ich es wahrnehmen würde. Es ist, als zaubere er Vögel aus einem nicht vorhandenen Hut. Dann erspäht er hoch über dem flachen See, auf den wir zuschlendern, Mauersegler – das tut weh. So hatte es nicht sein sollen, so hatte ich meine ersten Vögel des Jahres nicht entdecken wollen, meine ersten richtigen Mauersegler seit meiner Erkrankung – auf sie hingewiesen werden, während ich wegschaue. Ich fühle mich erniedrigt und gekränkt, als habe jemand anderer ein Geschenk ausgepackt, das für mich gedacht war. Die Vögel waren da, ich habe sie schlicht nicht bemerkt. War mein Gehör noch schlechter, als ich dachte? War ich noch immer auf die Wand fixiert, die ich so lange angestarrt hatte?

Ich beobachte Mark. Er hält sich aufrecht, den Blick prüfend in die Ferne gerichtet, ohne dabei Miris Hand loszulassen oder seine Unterhaltung mit ihr zu unterbrechen. Er meldet Seeschwalben, eine Rohrweihe, weitere Schwalben, die ich schlicht nicht bemerke. Also beobachte ich mich selbst. Mein Geist schweift ständig ab. Mein Blick ist nach unten gerichtet, auf einen wichtigen Punkt etwa anderthalb Meter voraus, ein idiotischer Kompromiss zwischen nervösem Auf-die-Füße-Starren und Vorwärtsstreben. Die klassische Botanisierhaltung, zugleich aber auch die geduckte Haltung der Depression. Verpasst der Hobbyornithologe einen seltenen Vogel, so spricht er von *dipping,* ›Abtauchen‹ – eine eigentümlich zutreffende Metapher für mein derzeitiges Verhalten.

Kevin quasselt unterdessen ununterbrochen über Computerspiele, die Hände in die Seiten gestützt. Er schleudert Steine ins Wasser, lässt meinen Feldstecher fallen, reißt händeweise Ried aus, fällt um ein Haar ins Wasser. Kevin hat ADHS. Miri schüttelt nur den Kopf und erzählt von ihrer großen Schwester Rachel, die in der Schule bei *Wind in den Weiden* auf der Bühne stehen wird. Sie spielt ein Wiesel, und so, wie Miri es erzählt, klingt der Kampf um Krötenhall wie ein Theaterstück des Forst-Agitprop: Unterdrückte Kreaturen stürmen den Sitz der Privilegierten. Ich glaube, ich leide selbst an einem Aufmerksamkeitsdefizit. Ich projiziere meine eigene Schwäche auf die Natur, eine bizarre physiologische Variante der anthropomorph belebten Natur (jener Tendenz der Romantiker, Naturereignisse mit menschlichen Gefühlen auszustatten). Die Zugvögel mögen spät dran sein und gering an der Zahl, ich selbst aber bin der, der den Zug verpasst – nicht einmal meine Stichworte höre ich.

Frustration gepaart mit Verlustgefühl – wie viele Lenze blieben mir noch? – brachte mich dazu, mich tatsächlich einmal mit Technik auseinanderzusetzen. An meiner Aufmerksamkeit konnte ich arbeiten, beim Hören aber brauchte ich Hilfe, ein Ausweg aus meinem ganz persönlichen stummen Frühling war nötig. Mein Hörakustiker erklärte, mein Hörgerät sei schon das Spitzenmodell. Das Hörrohr, das Gilbert White hinterlassen hatte, fand ich dann doch eine Spur zu auffällig fürs Fenn. David Cobham betätigte sich als Querdenker und schlug vor, zu einer Detektei zu gehen, doch dort erklärte man mir, die tragbaren Geräte aus dem Film, die ferne Geräusche einfangen, seien frei erfunden. Es lag also an mir und ein paar einschlägigen Elektronikläden. Letztendlich lief es auf ein hochwertiges Richtmikrofon hinaus, das ich mit einem digitalen Diktafon und passenden Kopfhörern kombinierte. Ich taufte das Ganze auf ›Auric‹.[106] Der erste Ausflug damit war eine Offenbarung: Die Vögel, die ich zwischen Bagdad und den Alpen niedergestreckt wähnte – vergast, verhungert, vom Sturmwind verweht –, sangen nur wenige

Meter von mir aus voller Kehle. Erstmals seit meinen Dreißigern nahm ich die kleinen Vorschlagnoten im Gesang des Rohrsängers wieder wahr, das Zickern der Grasmücke und das feine, triumphierende Schnickschnack des Zilpzalps.

Dieses künstliche Wiedererlangen meiner Jugendsinne hatte allerdings seinen Preis: Gleichermaßen verstärkt drangen das Dröhnen ferner Flugzeugmotoren und das Rauschen des Autoverkehrs an mein Ohr. Ein fairer Tausch, fand ich, denn dies ist nun einmal die Welt, in die unsere Zugvögel zurückkehren. Jedenfalls hatten sie es zurückgeschafft – in dieses Land und auch wieder in meinen Kopf.

*

Ein paar Tage später machten wir uns auf in einen besonders wilden, nassen Abschnitt des Distrikts Broadland – ich mit Auric in meiner Krippenspielumhängetasche und Polly, so hoffte ich dringlichst, mit der verlässlichen Erinnerung an die im Laufe ihres Lebens erwanderten Wege durch die Broads im Kopf. Das Drum und Dran der Natur- und Kulturinterpretation ignorierten wir, die Tore zu den Unterständen, die fünffarbig markierten Wanderwege, die Tafeln, die einem erklären, wonach Ausschau zu halten und was dabei zu empfinden sei, die Bauten, die mit den vorsorglich installierten Zäunen und stolperfreien Wegen der neuen Sicherheitskultur zu einer ominösen Botschaft zu verschmelzen scheinen: »Von persönlichen Erlebnissen wird abgeraten. Verletzungen sind nicht auszuschließen. Leben ist Gefahr. Zutritt verboten.«

Nur eine einzige Stichstraße führte in das fast sechs Quadratmeilen große Areal mit Marschen und spiegelnden Wasserflächen; wir folgten alten Moorwegen, Dämmen und Flussufern. Überall sahen wir Rohrweihen – im Tiefflug über den Riedflächen, im Aufwind der Thermik. Die silbergraurostbraun-schwarz gezeichneten Flügelunterseiten der männlichen Vögel blinkten auf wie Flaggensignale. Manchmal sahen wir ein halbes Dutzend gleichzeitig am Himmel. 1971 existierte in ganz Britannien nur noch ein einziges brütendes Paar; inzwischen zählt allein Norfolk über 150 Individuen (die Männchen sind polygam). Mit ihrem stechenden Blick aus überwölbten

Augen, der auf- und abschweifte, zu uns hinüberblitzte – wie beneide ich sie darum –, muteten sie an wie Goldsucher an der Grenze zu neuen Territorien.

Als die Sonne sich senkte, schossen drei Bekassinen aus der Marsch empor. Gemeinsam stiegen sie etwa dreißig Meter hoch auf, um dann auseinanderzustieben wie Feuerwerkskometen. Einem der Vögel folgte ich mit dem Feldstecher. Heftig schlug er mit gefächerten Flügeln, himmelte am Rand der Sonnenscheibe entlang, um sich dann abrupt und mit weit gespreizten Schwanzfedern herabzustürzen wie ein niedersausendes Schwert. Sein Sturzflug dauerte nur zwei oder drei Sekunden, doch dank Auric vernahm ich erstmals seit zwanzig Jahren das Surren seiner festen äußeren Steuerfedern im Wind. Es klang wie das Schnurren eines einschlagenden Pfeils. Bekassinen geben auch Laut, leise pfeifend protestieren sie, wenn man sie aufstört, ihr Frühlingslied jedoch ist dieses Wummern, eine aus Luft und Federn komponierte Röhrichtrhapsodie.

Die sinkende Sonne war gewaltig, sie färbte die Marsch herbstlich rotbraun. Sämtliche Schatten lagen in unserem Rücken. Eine leichte Verdunkelung am Rande meines Gesichtsfelds, dazu (ganz sicher bin ich mir nicht) ein Tuscheln an der Grenze des Hörbaren lenkten meinen Blick nach oben. Drei Kraniche zogen im Tiefflug über unsere Köpfe hinweg. Einen Augenblick lang verdeckten die zweieinhalb Meter spannenden Flügel die Sonne. Die gewölbte Silhouette – Kopf, Hals und langgestreckte Beine tiefer getragen als der Körper – erinnerte an die Gestalt von Meerestieren oder großen Booten. So ruderten sie in den Sonnenuntergang. Von uns völlig unbekümmert, wichen sie keinen Gradstrich von ihrem Kurs. Seit einem Vierteljahrhundert sind sie nun in dieser Marsch, ihr Bleiberecht haben sie erwirkt. Zweihundert Meter vor uns setzten sie auf, zwei von ihnen außer Sicht hinter dem Ried. Der dritte aber tanzte, wenn auch nur kurz. Abwechselnd lupfte er die Füße und duckte den Kopf, um gleich darauf, wie mir schien, einzuschlafen.

Einen vollständigen Kranichtanz zu sehen war mir bisher nicht vergönnt; vielleicht steht es mir noch nicht zu, Zeuge dieses Rituals der Marschen zu werden. Es zieht sich als faszinierendes, mitreißendes Motiv durch die ganze Geschichte. Als Theseus von der Insel Kreta in seine Heimat zurückkehrte, tanzte er mit den befreiten Jungen und Mädchen den Kranichtanz, einen

»Kreistanz im Kranichschritt«[107]. In China gab es fünfhundert Jahre vor Christus einen »Tanz der weißen Kraniche« mit einer rituellen Schrittfolge, die der griechischen so ähnlich ist, dass sich der Verdacht aufdrängt, die beiden Tänze seien verwandt. John Clare beschreibt ein »Kranichspiel« als Teil des Erntedankfests – die Erinnerung an die Vögel aus der Zeit, da sie in ganz Ostengland verbreitet waren, muss dem Volk also noch sehr präsent gewesen sein: »Ein Mann hält einen langen Stock, an dessen Ende ein zweiter zu einem abwärts weisenden L gebunden ist, das den langen Hals und Schnabel des Kranichs darstellt. Mitsamt dem Stock ist er von einem großen Tuch verhüllt. Er treibt damit großen Schabernack, versetzt die ganze Gesellschaft in die Flucht, sondert die Mädchen ab und pickt die alten Männer auf die Glatze.«[108] (Es ist bekannt, dass beim Kranich das Nachahmen in beide Richtungen funktioniert – der Anblick eines Menschen, der sich derart aufführt, bringt den Vogel oft dazu, es ihm gleichzutun.)

Der berühmte Ornithologe und Volkskundler Edward Armstrong war überzeugt, dass menschliches und tierisches Ritual gleichen Ursprungs sind:

> *Physiologische und emotionale Bedürfnisse, Geselligkeit, der Drang, sich einem rhythmischen Empfinden hinzugeben, und die inhärente Neigung alles Lebendigen, sich in Verhaltensmustern auszudrücken, haben zu ähnlichen Verhaltensweisen bei Vögeln, Vierbeinern und Menschen geführt; wenn also bei der Beschreibung von Vogeltänzen zu Begriffen wie ›Quadrille‹, ›Menuett‹, ›Walzer‹, ›Pirouette‹ und ›paarweiser Aufstellung‹ gegriffen wird, sollte man darin keine unzulässige Vermenschlichung sehen, sondern eine Anerkennung der Ähnlichkeiten zwischen Vogel- und Menschentanz* […] *eine Verallgemeinerung jedenfalls ist zulässig: Beim Tanz kommt das Individuum aus seiner Isolierung heraus, um jene Harmonie zwischen sich und der Außenwelt herzustellen, ohne die es weder gesunden noch glücklich werden kann.*[109]

Als Armstrong die einfachen, universellen Tanzformen (Tanz auf der Stelle, Kreistanz, Reihentanz, Tanz mit Platztausch, Einzeltanz, Paartanz, Formationstanz, Gruppentanz usw.) tabellarisch ordnete, stellte er fest, dass die kunstvollen Kranichfestivitäten fast sämtliche Kategorien abdeckten. Doch seine ganzheitliche Betrachtung des Rituals gilt heute als überholt, und ich habe noch keine umfassende, detaillierte Beschreibung des Kranichtanzes gefunden, die mir erzählt, was mir bisher entging. Im neunzehnten Jahrhundert, als der Schreikranich in Amerika noch häufig war, beschrieb die im Hinterland von Florida lebende Romanautorin Marjorie Kinnan Rawlings das abendliche Zeremoniell der Vögel auf ganz bezaubernde Weise:

> *Die Kraniche tanzten einen richtigen Kotillon, so wie man ihn in Volusia tanzte. Zwei von ihnen standen hoch aufgerichtet abseits und vollführten eine merkwürdige Musik, die halb wie Gesang und halb wie Geschrei klang. Unregelmäßig wie der Tanz selbst war auch der Rhythmus. Die übrigen Vögel bildeten einen Kreis, in dessen Mitte einige Kraniche gegeneinander tanzten. Die Musiker spielten auf. Die Tänzer breiteten die Flügel und hoben erst den einen, dann den anderen Ständer. Tief duckten sie die Köpfe in die schneeweißen Brustfedern, reckten die Hälse und zogen sie wieder ein. Sie bewegen sich lautlos, in einer seltsamen Mischung von Unbeholfenheit und Anmut. Sie waren mit großem Ernst bei der Sache. Die Fittiche hoben und senkten sich wie ausgestreckte Arme. Auch der äußere Kreis begann sich zu drehen. Die Mittelgruppe geriet allmählich in ekstatische Erregung.*
>
> *Plötzlich hörte die Bewegung auf.* [...] *Aber nun traten die beiden Musikanten in den Kreis, und zwei andere Vögel nahmen ihre Stelle ein. Nach kurzer Pause begann der Tanz von neuem. Die Vögel spiegelten sich im klaren Wasser eines Teiches. Sechzehn schattenhafte Gestalten wiederholten dort jede Bewegung.*[110]

Ich werde auch weiterhin davon träumen, den Tanz der Broadland-Kraniche zu sehen – diese geselligste Vergnügung der Tierwelt, mit dem ausschließlichen Zweck der Freude. Ich glaube nicht, dass es sich erzwingen lässt. Es wird dann geschehen, wenn ich am wenigsten damit rechne, abseits meiner gewohnten Pfade. Ein Geschenk der Natur.

*

Die Mauersegler mochten die Broads erreicht haben, aber in unserem Pfarrsprengel waren sie noch nicht eingetroffen, erst recht nicht auf dem Dachboden über meinem Zimmer. Am 1. Mai, dem Tag, da ich früher den Kragen meines Blazers nicht losgelassen hatte, um sie herbeizuhexen, ging ich erneut zum See im Park. Nichts zu entdecken ... Doch dann kippte ich, einem alten Reflex folgend, den Feldstecher gen Himmel, und da waren sie, ein siedender Mahlstrom, fürs nackte Auge just zu hoch, und fischten Insektenplankton direkt unter den Wolken. Es juchzte nicht nur romantisch in mir, sondern wohl auch aus mir heraus: »Sie sind da! Die Mauersegler sind zurück!« Sie hatten das Wettersystem durchbrochen – sofern es sie überhaupt aufgehalten hatte, sofern sie nicht schlicht ihrer eigenen Ruhe nachgegeben hatten. In einem wunderbaren Mauerseglergedicht unserer Tage entlässt Anne Stevenson die Vögel aus unseren Erwartungen und symbolischen Zuschreibungen:

... und so nicht Parabeln,
Sondern Pfeile zur Rettung der Welt: beschwingte
Schwingen, nicht gestraft, nicht ekstatisch, schlicht

Schlafende über Meeresweiten im wirbelnden Atem der Welt.
Die Gnade zu sagen, ihr Himmel sei ein anderer.
So zu sagen, das Wunder finde nicht statt,
Und dann: das Wunder zu sehen.[111]

So sind sie, die Mauersegler, das ist ihre Gabe.

Auf einmal legte sich Stille über das Land. Der Wind drehte auf West und wurde lau. Eine Turteltaube gurrte im Fenn. Eines Morgens stand ich am Küchenfenster, da entdeckte ich einen Kuckuck im Tiefflug über der hinteren Wiese – rasche, leichte Flügelschläge, den langen Schwanz schmal zusammengelegt. Kein Wunder, dass man früher glaubte, diese Vögel verwandelten sich zum Winter in Falken. Und um halb zehn kehrten die Mehlschwalben zurück, zwei Paare diesmal, und begannen, auf die vorjährigen Nestschalen aufzubauen. Mein halbes Leben lang habe ich diesen Moment jedes Jahr beobachtet, erlebte diese frohe Aussicht auf hektische Sommergäste, auf Possen, Gesellschaft, neue Erkenntnisse und – zu oft dieser Tage – Enttäuschung.

Ich richte mich draußen ein, schaue zu wie früher, wenn sie an meinem alten Zuhause ihre Nester bauten. Bloß nicht zu nah – in diesen ersten Stunden und Tagen sind sie hochnervös, womöglich wieder auf und davon, bevor sie richtig angekommen sind. Ich hocke mich auf den Rasen, und sie sausen vorbei, geschmeidig, schwerelos, Mini-Delfine der Lüfte. Bisweilen ist ihr Aufschwung zum Dachüberstand falsch kalkuliert, dann muss der Anflug von Neuem beginnen – zurück über die Scheunen, unter der Telefonleitung hindurch, mit zweifachem Flügelschlag zur endgültigen Landung. Ihre Ausflüge dauern kaum eine Minute: Ich werde neugierig, wo sie den Lehm finden. Ich schleiche um die Scheunen jenseits der Hecke, folge ihrer Flugrichtung und sehe, wie sie in den Pfützen des Zuckerrübenackers keine fünfzig Meter vom Haus plantschen und graben. Das lehmige Wasser ist kleistrig wie Melasse – ich bin gespannt, wie die Nester in ein paar Tagen aussehen, wenn die Sonne sie ausgebacken hat.

Schon sind die Näpfe zur Hälfte fertig, und die Paare gehen zur Arbeitsteilung über. Ein Vogel deponiert Lehm auf dem Rand, der andere arbeitet von innen, verstreicht und verstopft das Material mit raschem Hämmern. Mitunter wechselt die Technik, dann pressen sie langsamer und mit offenem Schnabel die Lehmkugeln fest. Ein Bogen bereitet Schwierigkeiten, am Dach ist ein Stück der Nestschale weggebrochen, das bauen sie jetzt vom Nestboden auf, flicken es an, anstatt von der Wand nach außen zu arbeiten, wie es bei einem ganz neuen Nest geschähe. Um elf unterbrechen sie ihre Arbeit, die frischen Lagen sollen wohl erst einmal trocknen und aushärten. Wie gelingt ihnen dieses Improvisieren, mit diesem seltsamen Baustoff und einem architektonischen Zustand, mit dem sie gewiss noch keine Erfahrung sammeln konnten? Instinkt allein kann sie unmöglich mit Patentlösungen für die vielen unvorhersehbaren Herausforderungen des Nestbaus ausgestattet haben. Diese Vögel *denken,* permanent entwickeln sie neue Lösungen. Der Instinkt mag ihnen so etwas wie ein Vokabular, ein grundlegendes Regelwerk für ihr Vorgehen mitgeben, doch für die ständig neuen Details müssen die teils erst neun Monate alten Vögel Innovation und Kreativität beweisen, so wie manch andere Kreatur.

Ich habe noch immer das Tagebuch, das meine Schwester und ich in den Siebzigern einen Schwalbensommer lang in den Chilterns führten, ein akribisches Logbuch ihres Verhaltens, das, so hatte ich gehofft, ein klares Bild von der Lebensweise und Entscheidungsfindung dieser Vögel zeichnen würde. Über weite Strecken ist es diagrammatisch, Blätter voll mit Piktogrammen der An- und Abflugrichtungen der Vögel am Nest, ihrer Verweildauer, der Dauer ihres Fortbleibens. Ich hatte gehofft, aus den unzähligen wirbelnden Pfeilen einen Rhythmus zu lesen, aber es gibt keinen. Nichts als eine Ahnung entschiedener, intelligenter Intuition. Manchmal, bei schlechtem Wetter, blieben sie quälend lange fort, ich sorgte mich heftig um die Nestlinge, sah Unterkühlung und Hungertod drohen. Eines Nachmittags machte ich mich mit dem Fahrrad auf, zu schauen, wo die Elternvögel auf Nahrungssuche gingen. Vage stellte ich mir einen gemeinsamen Futterplatz vor, wo Vögel aus der ganzen Gegend sich tummelten. Doch selbst nach stundenlanger Suche hatte ich nichts Derartiges entdeckt. Stattdessen Vögel, die in kleinen Gruppen jagten, wo immer sie Schutz vor dem Wind fanden. Einen sah ich tief in einem Schleusenschacht hin und her sausen, eine andere Gruppe umkreiste und überflog eine Lindenkrone in so geringem Abstand, dass ihre Flügel das Blattwerk streiften und Insekten aufscheuchten.

Dieses Logbuch enthielt auch Notizen über eine letzte Brut, im Oktober großgezogen, mit Raureif auf dem Nest; über Angriffe eines Baumfalken, die mich – in einem echten Loyalitätskonflikt befangen – auf die Straße trieben, wo ich die Vertreter beider Spezies anschrie, sie sollten sich voneinander fernhalten; und über die sommerliche Attacke eines Buntspechts, der den Einflugspalt mit Schnabelhieben traktierte und sämtliche Nestlinge hinauswarf. (Die Eltern verbrachten den Großteil der Nacht im zerstörten Nest mit lautstarken Debatten, nur um sich am folgenden Tag vehement an die Reparatur zu machen und den Einschlupf so eng zu vermauern, dass selbst sie kaum hindurchkamen.)

Folgendes schrieb ich am Tag, da die Jungen flügge wurden, auf und davon flatterten:

Seit zwei Tagen schon sind die Jungen unruhig, sie recken und ducken sich und regen die Flügel, strecken die Köpfe heraus. Die vorderen verschwinden regelmäßig nach hinten, dann sind die anderen dran und kraxeln zum Eingang. Manchmal müssen sie schier aufeinander stehen. Wie sie sich aus ihrer Höhle emporrecken, erinnern sie mich an junge Otter. Sie müssen so gut wie flügge sein.

Heute hängt die größte Jungschwalbe bis zur Brust aus dem Nest. Sie trägt schon fast vollständig das adulte Gefieder. An die Stelle des borstigen Schopfs ist eine glatte, rußschwarze Haube getreten, dazu eine seidige weiße Brust. Wie immer schaut sie sich aufmerksam um – besieht den eigenen Schatten über sich, die Spinnen, die unterm Nest Fäden ziehen, Fußgänger und Autos, besonders aber die vorbeigaukelnden Kohlweißlinge. Folgt ihnen mit dem Blick, bis sie den Kopf um fast 180 Grad gedreht hat. Und plötzlich ist sie wieder Küken und sperrt reflexartig den Schnabel auf. Sie träumt von Futter.

Nun beginnen die Eltern, die Brut zu locken – fliegen heran, als wollten sie sie füttern, und sausen wieder davon. Krallen sich nah beim Nest an der Mauer fest und wiegen den Kopf wie Schlangenbeschwörer in Richtung der Jungen. Gerade scheint eines herausflitzen zu wollen, da sieht es einen knallgelben Monteurswagen von British Telecom, und alle ducken sich wieder ins Nest.

Gegen Mittag zeigt sich der größte Jungvogel wieder am Schlupfloch, reckt mit einem triumphierenden kuriosen Tschirr! *den Hals und schnellt heraus wie ein Sektkorken. Der nächste folgt ein paar Minuten später, und schon bald fliegen die beiden mit derselben Anmut wie die Eltern, sausen zum Nestloch herauf und wieder herab und locken die verbleibenden Nesthocker.*

*

Diese Phase lag für die Mehlschwalben bei meiner neuen Bleibe noch Wochen in der Zukunft. Noch bevor die Jungen überhaupt geschlüpft waren, entspann sich ein interessantes kleines Drama, zu dessen Ausstattung Schwalben und Mauersegler sowie das Holz von Gilbert Whites Eibe gehörte, das mit mir nach Norfolk gewandert war; sein Ausgang brachte mir einige Einsichten in die Geschichten, die die Natur für uns bereithält. Doch zunächst muss ich ein wenig die Hintergründe dieser erstaunlichen Querverbindungen erläutern.

Gilbert Whites unvergängliches naturkundliches Werk *The Natural History of Selborne* (1789) enthält vier schöne aufschlussreiche Traktate über die ›hirondelles‹, die ›Schwalbenvögel‹, wie er sie bezeichnete. (Ich übernehme dieses obskure Wort, weil es anders als das heute gültige Hirundinidae neben den Schwalben auch die Segler umfasste – die Spier-, Turm-, Mauerschwalben, wie die Mauersegler auch genannt werden –, und somit all die sommerlichen Luftgestalten, die der Volksmund bis heute gern zusammenwirft.) Diese Traktate gelten allgemein als Genese der ›objektiven‹ Naturbeschreibung und waren einer der Gründe, warum White mich zu faszinieren begann; dies mündete schließlich darin, dass ich seine Biografie schrieb.[112] Zu jener Zeit quartierte ich mich häufig in Selborne ein, einem Dorf, dessen Erscheinungsbild unter anderem durch die altehrwürdige Eibe im Kirchhof von St. Mary geprägt war, deren *Mana* schon für White wissenschaftlich nicht erklärbar schien.

Und so kam es, dass ich mich hoffnungslos mit diesem Baum verstrickte, wobei nicht mehr klar ist, wer hier die ersten Fäden spann. Die Eibe von Selborne war ein Wahrzeichen des Dorfes, allerdings trafen die gängigen Klischees wie ›ehrfurchtgebietend‹ oder ›kathedralengleich‹, die alten Bäumen so gern angehängt werden, in keiner Weise zu. Sie war noch nicht einmal sonderlich groß, sah man von ihrem gewaltigen Stammumfang ab, und stand ganz bescheiden im Südwesten der Kirche. Hieronymus Grimms Radierung für die erste Ausgabe von Whites Geschichtsband zeigt einen deutlich stammbetonten Wuchs, denn man hatte sie drastisch auf Höhe der umstehenden Cottages geköpft.

Diese Eibe war hochbetagt: breit und wuchtig, mehr Falstaff denn Buddha, wollte man einen menschlichen Vergleich heranziehen, knarzig und knorrig und ausgesprochen verzottelt. Von Nahem beeindruckte sie mit ihrem von Riefen und Halbpfeilern geprägten Stamm. Ein Großteil des Kernholzes war weggerottet, im Innern glänzte sie seidig-perlmutten in Lila, Grün und Grau. Eine Baumbank umgab ihren Stamm.

White hatte recht ausführlich über den Baum geschrieben – seltsamerweise nicht in seiner *Naturgeschichte,* sondern in dem zugehörigen *Antiquities of Selborne* – ›Die Altertümer von Selborne‹ –, als sei der Baum eher zu den unbelebten Dingen zu rechnen denn zu den belebten. Vom ehrwürdigen

Alter der Eibe wusste er, und so notierte er, der Baum sei wahrscheinlich »ein Zeitgenosse des Kirchenbaus«[113]. Eiben gebe es womöglich deshalb so häufig auf Kirchhöfen, damit sie »den besonders ehrenwerten Gemeindegliedern« Schatten spendeten; oder als Windschutz; oder um Holz für Langbögen zu liefern; am wahrscheinlichsten aber habe man sie »aufgrund ihrer düsteren Anmutung als Symbol der Vergänglichkeit angepflanzt«[114].

Mit ziemlicher Sicherheit irrte er in sämtlichen Punkten; heute geht man davon aus, dass die Eiben kein *Memento mori* waren, sondern das genaue Gegenteil – Symbol der *Un*sterblichkeit, unter anderem dank ihres immergrünen Laubs. Vor allem aber wird allmählich klar, dass diese Eiben auf eine immense Lebenszeit zurückblicken und ihr Vorhandensein auf den Kirchhöfen mit christlicher Tradition herzlich wenig zu tun haben dürfte. Historische Dokumente, Jahresringanalysen und landschaftliche Zeugnisse lassen es inzwischen als gesichert erscheinen, dass etliche Kirchhofeiben nicht ›Zeitgenossen‹ ihres Kirchenbaus sind, sondern wesentlich älter – oft sind sie länger am Ort verwurzelt als das Christentum selbst. Höchstwahrscheinlich dienten sie bereits als Kristallisationskerne für frühe, womöglich heidnische Kultstätten, an deren statt später christliche Gotteshäuser entstanden. Die Eibe von Selborne zählte mit Sicherheit mindestens 1500 Jahre, sie strahlte förmlich Ehrwürdigkeit aus. Im Laufe der Jahrhunderte pilgerte ein Autor nach dem anderen nach Selborne, um sein Maßband um den Stamm zu legen – teils, um Gilbert White Ehre zu erweisen, teils wohl auch, um ein eigenes Scherflein zur Geschichte des Baumes beizutragen. W. H. Hudson stattete dem Baum einen Besuch ab und ebenso William Cobbett während einer seiner Landerkundungen (im Dauerbrenner *Rural Rides*[115] von 1830 festgehalten); Cobbett stellte fest, dass der Stammumfang seit White um zwanzig Zentimeter zugenommen hatte.

Anfang 1990 wurde der Baum durch einen gewaltigen Sturm entwurzelt. In südwestlicher Richtung lag er hingestreckt, der amtierende Pfarrer beschrieb den Anblick beeindruckt so: »Eine stürmische See aus verdrehten Ästen und dunklem Nadelkleid hatte den Kirchhof geflutet, hier und dort stach ein weißer Grabstein heraus wie ein sinkendes Schiff.« Unter der Flut befanden sich die sterblichen Überreste von dreißig Begrabenen, darunter die des Trompeters von Selborne, der Anfang des neunzehnten Jahrhunderts zum Protest gegen den Kirchenzehnten geblasen hatte. Die Eibe von Selborne begann, ihre tausendjährigen Erinnerungen preiszugeben.

Doch nach all der Zerstörung, die der Hurrikan von 1987 drei Jahre zuvor über das Land gebracht hatte, mochten die Anwohner den Fall von Hampshires berühmtestem Baum nicht hinnehmen: Sie machten sich an seine Rettung. Eine ortsansässige Agrarfachschule schickte ein Team, die schweren Kronenäste wurden abgesägt und der Baum mit einer Winde aufgerichtet. Die Kinder aus der Dorfschule umringten den auferstandenen Stamm und beteten unter Anleitung des Pfarrers für sein Überleben. Und ein Wunder geschah: Eine unterirdische Wasserleitung, von der ganzen Geschäftigkeit nicht ungerührt, barst, und badete die Baumwurzeln sechsunddreißig Stunden lang in Stadtwasser. Dies mag, eine Ironie des Schicksals, der Tropfen gewesen sein, der das Fass zum Überlaufen brachte – die Eibe ertrank an Ort und Stelle. Ein paar Monate noch mühte sie sich mit ein paar dünnen Zweiglein, dann war sie tot.

Zuvor aber kamen Hunderte, um sich von der Sterbenden zu verabschieden und von dem abgesägten Holz ein Andenken mitzunehmen. Schnitzer machten rasanten Umsatz – die Bürger von Selborne, die unter der ausladenden Krone gepicknickt, geflirtet und Heiratsanträge erhalten hatten, erwarben Schüsseln und Gartenpilze aus eben den Ästen, in deren Schatten sie gesessen hatten und in deren Holz – ob sie dies spürten? – womöglich Moleküle ihrer eigenen Atemluft eingebaut waren. Die Kirche ließ eine Laute aus dem Holz fertigen, und ich nahm zwei unbearbeitete Astabschnitte mit. Man möchte meinen, damit wäre es gut gewesen.

Doch die Eibe weigerte sich, zu verschwinden. In einer rührenden Zeremonie pflanzten die jüngsten gemeinsam mit den betagtesten Dörflern nur zehn Meter von der Baumruine einen bewurzelten Ableger. Meine beiden Astabschnitte wiederum bestanden nach dem runden Dutzend an Jahren, die sie in meiner Garage unter alten Büchern und Gartengerät verbracht hatten, darauf, mit mir nach Norfolk zu ziehen. Einen Abschnitt schenkte ich David und Liza – vielleicht wollten sie ja eine Schleiereule daraus schnitzen lassen, die liebten sie doch so. Sie aber trugen das Holz zu Mathew Warwick, einem Holzkünstler, der es zu einer Schale verarbeitete, in die er aus dem Eibenholz geschnittene Miniaturen von Whites Vögeln einlegte.

Also karrte auch ich an einem Wochenende das mir verbliebene Stück zu Mathews Studio und versuchte, ihm meine vage Vorstellung von Mehl- und Rauchschwalben oder aber einer mit großen Augen aus der Maserung hervorstarrenden Schleiereule zu vermitteln. Geduldig erklärte er mir, warum dies nicht möglich sei. Eibe sei ein kernrissiges Holz, durchsetzt von unkalkulierbaren Sprüngen und Spalten, das sich nur unter großen Schwierigkeiten drechseln lasse. Man könne nicht mit einer fixen Vorstellung daherkommen und erwarten, dass sich die Eibe dem einfach so füge. Dann aber sprudelte er vor Ideen; er schlug vor, den Astabschnitt wie eine Auster zu knacken, um sich das rissige, schrundige Innenleben zunutze zu machen und im Inneren des Holzes Whites Vögel einzuarbeiten. Das Habitat würde die Vogelarten vorgeben, ihre Nischen aufzeigen. Das hohle Holz werde zu ihrem Unterschlupf. Gerade so verbrachten nach Whites Vorstellung manche dieser Vögel den Winter: auf dem Gemeindeanger von Selborne, in langem Dämmerschlaf dicht gekuschelt unter Baumwurzeln. Oder vielleicht sogar dort, wo es die alte Legende besagte, auch wenn er sich nie offen zu dieser Überzeugung bekannte: am Grunde des Dorfweihers. (Samuel Johnson erfand ein köstliches Wort für die unter Wasser zusammengeschmiegten Vögel: »Etliche von ihnen *conglobulieren,* indem sie immer schneller umeinander kreisen und sich endlich alle gemeinsam ins Wasser stürzen«[116].) Für Mathew stand fest, dass White genau dies glaubte; er sah es als mächtigen Heimatmythos. Für mich hingegen schien Whites Bereitschaft, einen Winterschlaf der Vögel in Betracht zu ziehen (was bei ihm so weit ging, dass er Dachböden und Heideflächen der Umgebung nach schlafenden Vögeln absuchte), weniger in seiner Aufgeschlossenheit für alternative Theorien begründet zu sein denn in seiner Sentimentalität. Der Fortzug seiner Lieblingsvögel – unverkennbares Zeichen, dass der Sommer zur Neige ging – schmerzte ihn zutiefst, und so beherbergte er in einem Winkel seines Herzens die verständliche Hoffnung, dass einige den Winter in seinem Pfarrsprengel verbrachten. Mathews Annahme aber, dass dieser Glaube als Allegorie zu verstehen sei, ob bewusst oder unbewusst, verblüffte mich. Seit zwei Jahrzehnten pflegte ich eine enge literarische Freundschaft mit White, und nie war ich auf den Gedanken gekommen, den Text auf derartige überlegte Metaphern abzuklopfen. Gewiss, das Buch selbst war eine Heimatallegorie, ein Einblick in eine vielschichtige lebendige Gemeinschaft, eine »Konferenz des Lebens«[117]. Doch Whites Denken wird derart von fest verankerter humanistischer Rationalität dominiert (und stand damit in solch willkommenem Kontrast zu allem, was in der Naturkunde zuvor gekommen war und nach ihm kommen sollte), dass man völlig umschalten muss, will man ihn sich als erfinderischen Romancier vorstellen.

Also brachte ich den Band wieder hervor und las erneut die vier vorzüglichen Traktate, die White 1774–75 der Royal Society vorgelegt hatte. Noch immer bietet dieses Buch fesselnden, bezaubernden Lesestoff. Whites ›minutiöse‹ Beobachtungen sind untadelig; als formal wissenschaftlich kann man die Traktate allerdings nicht bezeichnen. Sie sind ungeordnet, anekdotenhaft, emotional. Fragestellungen werden aufgeworfen, aber nur selten konsequent verfolgt. Systematische Analyse und Argumentation sind seine Sache nicht. Nicht die Subjekt-Objekt-Problematik und die Frage nach Ursache und Wirkung, die die konventionelle Wissenschaft beschäftigt halten, waren Whites Absicht, sondern etwas Anderes, womöglich Unbewusstes trieb ihn an.

Betrachtet man die Lebensumstände und die anzunehmende Befindlichkeit des Verfassers der Traktate, so gewinnen diese eine ganz neue Tiefe und Klangbreite: Vor uns haben wir einen Junggesellen in mittleren Jahren, den es in ein Dorf in der englischen Einöde verschlagen hat und der sich nach intellektuellem Austausch und eleganter Unterhaltung sehnt. Während er über Heimat und Migration und Familienverantwortung schreibt, steht ihm nicht nur die Situation des Vogels vor Augen, sondern auch seine eigene und die aller von Natur aus geselligen Lebewesen. Das Mehlschwalben-Traktat erzählt von gutem Auskommen, von Arbeit und Spaß in Balance. Im Mittelpunkt steht der Vogel als fleißiger, vergnügter Baumeister und Bürger. Den halben Raum widmet White diesen »unermüdlichen Werkmeistern«, die »an den langen Tagen schon vor vier Uhr früh bei der Arbeit sind [… und] dadurch, dass sie nur morgens bauen und den restlichen Tag der Futtersuche und dem Spiel vorbehalten, dem Nest genügend Zeit zum Trocknen und Erharten geben«[118]. Die Beschreibung der Rauchschwalben erzählt von dem Familienleben, das der Rektor nie hatte. Er spricht davon, wie die Elternvögel die Brut »in großer Emsigkeit« aufziehen, wie die Vogelmutter die Jungen mit »nie ermüdendem Eifer und Zuneigung« gegen Raubvögel verteidigt und später im Fluge füttert: »Auf ein bestimmtes Signal hin fliegen sich Muttervogel und Jungvogel in aufsteigendem Winkel entgegen, bis sie aufeinandertreffen; das Junge gibt dabei ununterbrochen gewisse rasche Töne der Dankbarkeit und des Wohlgefallens von sich«. Die Uferschwalbe ist ein weniger bekannter »Schwalbenvogel«, eine »*fera natura* [...] nie im Dorf zu sehen [...] jederlei Häuslichkeit von sich weisend«[119] – eine verstohlene Kreatur, die tiefe Röhren in den Steilhang »stemmt« (White verfällt nicht von ungefähr in wissenschaftlichen Jargon), ihre Jungen im Dunkeln aufzieht, sich schweigsam und ungesellig zeigt. Whites Beschreibung verweist auf die Andersartigkeit und das Geheimnisvolle der Natur.

Dem Mauersegler aber fühlt White sich innerlich verbunden. Er preist seine fröhliche Geselligkeit und das fast ausschließlich in den Lüften verbrachte Leben: »Wer immer diese Vögel an einem sonnigen Maimorgen beobachtet, wie sie in großer Höhe im Kreis segeln, wird dann und wann bemerken, wie einer auf dem Rücken eines anderen landet, woraufhin beide mit einem gellenden Schrei viele Klafter tief herabsinken. Dies lese ich als den Kreuzungspunkt [für Wortwitz war sich White nie zu schade], an dem der Zeugungsakt sich vollzieht.«[120] Es ist eine Geschichte von Wildheit und Freiheit, von der Gelegenheit, die Flügel auszubreiten, die White nie hatte – alleinstehend, ohne ähnlich gesinnte Nachbarn, mit Reiseübelkeit geschlagen. Am Ende seines Mauersegler-Traktats betrachtet White zwei Nestlinge:

> *hilflos wie ein neugeborener Säugling* [...] *Staunen machte uns der Gedanke, dass diese armseligen Geschöpfe in kaum mehr als zwei Wochen in der Lage wären, mit bald kometenhafter Geschwindigkeit durch die Lüfte zu jagen; und dass sie auf ihrer Wanderung womöglich gewaltige Kontinente, Ozeane, den Äquator überqueren müssen. So rasch bringt die Natur kleine Vögel zur Perfektion; wie langsam und langwierig dagegen ist das Heranwachsen von Menschen und großen Vierbeinern!*[121]

Die Vorstellung, manche dieser Vögel könnten den Winter »conglobuliert« in englischen Dörfern verbringen, ist natürlich wissenschaftlicher Nonsens, und es steht zu bezweifeln, dass White es tatsächlich im Wortsinne »glaubte«. Doch als Mythos, als wahrhaftige Beschreibung seiner Empfindung diesen

Vögeln gegenüber, ist es ebenso real wie die Tatsache, dass Mauersegler im Fliegen schlummern, hoch oben, wo wir sie nicht mehr sehen.

Einige Wochen darauf kam Mathew, um mir mitzuteilen, ihm sei unbehaglich beim Gedanken, das Eibenholz zu öffnen und etwas so »Endgültiges und Eindeutiges« wie ein hölzernes Hibernaculum zu schnitzen. Stattdessen werde er die Idee künstlerisch zum Ausdruck bringen. Im Übrigen nisteten bei ihm derzeit *sechs* Rauchschwalbenpaare in den Nebengebäuden. Sein Werk traf ein wie angekündigt, filigrane Zeichnungen und ein Scherenschnitt in Gestalt zweier Flügel. In einer Zeichnung stellte er sich die Vögel schlafend im Holz vor – Rauchschwalben, aus afrikanischem Ebenholz eingelegt, die von ihrer Wanderung nach Süden träumten. Eine andere machte das Eibenholz zum Mittelpunkt, stellte sich die Jahresringe aufgeblättert vor wie die Seiten eines Tagebuchs – so, wie der Baum »das Verstreichen der Zeit festhält«. »Vielleicht«, so schrieb Mathew, sei die Eibe »ein Fantasiespeicher«, enthalte »Informationen und eine Botschaft«. Er frage sich, wie groß das dem Holz innewohnende Assoziationspotenzial wohl sei und ob man den Astabschnitt an andere Personen weiterreichen könne, um auch sie deuten zu lassen, was sie darin sähen.

Was entnehmen wir nun diesem sich windenden Reigen von Baum und Vögeln und Künstlern, in dem ein Holzklotz sich als ziemlich kreativer Kritiker zu erweisen scheint? Mindestens dies: Eine Naturwissenschaft, die sich auf das Benennen von Teilstücken beschränkt und auf übermäßig vereinfachende Modelle von Ursache und Wirkung, ist einer Welt, in der Vergangenes, Gefühl, Spontaneität und ein wachsender und notwendiger Sinn für das große Ganze miteinander verflochten sind, weder angemessen noch als deren Beschreibung sonderlich hilfreich. Die Mehlschwalben, die ich auf dem Hof beim Nestbau beobachten konnte, bewiesen einen Erfindungsreichtum, der sich mit einem knappen Verweis auf instinktive Verhaltensmuster nicht abtun lässt. Whites Beschreibung dieser und anderer »Schwalbenvögel« zeigt die Tiere nicht nur im Kontext einer Lebensgemeinschaft verschiedener Arten (zu der er auch sich selbst zählte), sondern erkundet, wo zwischen ihren verschiedenen Lebenswelten Resonanzen bestehen.

Was das Eibenholz betrifft, durch das Mathew zu unserer beider Bereicherung zu seiner einfühlsamen Vorgehensweise gelangte, genügt es vielleicht zu sagen, es habe sich als guter Resonanzboden erwiesen, dessen unleugbare Lebenserfahrung die ihm zugespielten Ideen subtil gebrochen zum Beobachter reflektiert. Und doch klingt dies zu passiv. Ein Organismus, der über so lange Zeit hinweg Dinge in Bewegung gesetzt und allen Widrigkeiten zum Trotz überlebt hat, hat mehr verdient. Es wäre verführerisch, sich den Anhängern eines esoterischen Eibenkults anzuschließen – die Eibe als Baum des Lebens zu sehen, als eigene Wesenheit. Solcher Mystizismus ist nichts für mich, und ich denke auch, dies wäre nur wieder eine andere Variante der Subjekt-Objekt-Problematik, diesmal mit der Eibe in der Rolle des vereinzelten Individuums. Vielleicht besteht die Gabe der Eibe – wie die in Anne Stevensons Gedicht beschriebene Gabe der Mauersegler – darin, uns die Vorstellung vom »wirbelnden Atem der Welt« verständlich zu machen, damit wir erkennen, dass Geist etwas weit Umfassenderes ist als Bewusstsein und dass er die Grenzen des Individuums überschreiten kann. Er ist eine Eigenschaft allen Lebens: bidirektional in lebendem Gewebe verankerte Erfahrung. Er kann kulturell, kooperativ, vielleicht sogar kollektiv sein. Entsprechend unserem neugewonnenen Verständnis der All-Einigkeit alles Lebendigen könnten wir einmal versuchen, Geist nicht als vom Individuum besessen, sondern als etwas allen Individuen gemeinsam Eignendes zu betrachten, wie ein Feld, das anteilig beackert wird.

*

Seit zwei Monaten schon untermauert die solide Geschäftigkeit der Spechte die Höhenflüge der Mauersegler und Schwalben. Sie sind überall. Noch immer besuchen die Buntspechte den Birnbaum, ihre Nisthöhle muss ganz in der Nähe sein. Auch im Fenn geistern sie umher, schwelgen in morschen Erlen und Weiden. Auf dem Heidegrund hüpfen Grünspechte wie grünsamten gefiederte, feuerzüngelnde kleine Drachen über den Rasen, um sich sodann jauchzend und lachend in die Luft zu werfen. Beiden Arten – vielleicht nur jeweils einem Vertreter? – hat es ein Telefonmast gleich hinter dem Garten ganz besonders angetan. Die Vögel fliegen ihn mit Tempo an, so schnurstracks, wie es ihr Wellenflug gestattet, und klammern sich mit dem dumpfen Tappen eines sich abseilenden Bergsteigers an. Weder stochern noch fressen sie, nein, sie spielen Wachmann – schauen prüfend umher, lassen sich prüfend anschauen. Vielleicht gefällt ihnen der Pfahl als gut sichtbarer Ausguck über ihr Revier. Wo immer ich unterwegs bin, irgendein Specht ist immer in Sicht – lärmend, lästernd, sich aufschwingend.

Und zum dritten Mal in meinem Leben sind sie stillschweigend zur heiteren Liebesbotschaft geworden. Ich sehe einen Specht und lese in ihm eine Nachricht. Polly denkt an mich, und ich an sie.

Wie können so viele verschiedene Menschen zu unterschiedlicher Zeit spontan auf dieselbe Idee kommen? Spechte gelten seit alters her als Vorboten. Sie sagen den Regen vorher, hieß es, das Gedeihen der Saat, ja, selbst die Zukunft. In der französischen Gironde gibt es eine Sage vom Specht als Regenprophet: Als Gott die Erde erschaffen hatte, gebot er den Vögeln, mit ihren Schnäbeln Vertiefungen zu graben, wo die Seen und Meere entstehen sollten. Alle gehorchten, nur der Specht wollte sich nicht rühren. Da strafte ihn Gott: Da er nicht in der Erde picken wolle, müsse er von nun an bis in alle Ewigkeit an Bäumen picken. Und da er nicht mit den anderen die Vertiefungen für das Wasser graben wolle, bekomme er von nun an nur noch Regentropfen zu trinken. So ruft der arme Vogel nun ständig die Wolken um Regen an – »*plui, plui, plui*« – und reckt den Schnabel zum Himmel empor, sei es im Flug oder auf dem Boden hockend, um die Regentropfen aus der Luft zu fangen.[122]

Aus Griechenland und Osteuropa wiederum stammen Mythen, in denen der Grünspecht (wie auch der Schwarzspecht) als Fruchtbarkeitssymbol fungiert, und zwar gerade *weil* er auf der Suche nach Ameisen im Boden stochert. Was steckt hinter solchen Sagen? In beiden genannten Fällen ist Analogiezauber eine allgemein anerkannte Erklärung. Der Fruchtbarkeitsmythos hebt auf die Analogie zwischen der Nahrungssuche des Grünspechts und dem Pflügen ab, die Regenmacherlegende wiederum auf die Ähnlichkeit zwischen dem Trommeln des Buntspechts und Gewitterdonner. Analogiezauber werden gern auf die Formel »Gleiches mit Gleichem kurieren« (oder bewirken) reduziert, tatsächlich aber sind sie eine ziemlich umfassende (und anscheinend fast universell verbreitete) Methode zum Erkennen von Ordnung und Bezügen in der Natur. Die Grundidee ist die Analogie – eine ursprüngliche, wenn auch »unwissenschaftliche« Überzeugung, dass die verschiedenen Ebenen des Lebens nicht nur zueinander in Beziehung stehen, sondern sich gegenseitig abbilden, die eine als Metapher der anderen. Äußerliche Ähnlichkeit verweist auf innere Abläufe und zu erwartende Resonanzen. Form und Farbe von Pflanzen verraten ihre Wirkkraft. Ahmt der Mensch den Paarungstanz von Tieren nach, werden diese fruchtbarer – und vielleicht auch die Tänzer selbst. Der Specht donnert, der Himmel antwortet mit Donner.

Analogiezauber ist keine primitive Vorstufe echter Wissenschaft. Es handelt sich dabei um ein anderes Verständnis der Abläufe in der Welt und, so hoffen seine Anhänger, um eine Möglichkeit, auf diese Einfluss zu nehmen. Den Anfang machen Beobachtungen und Erfahrungen, doch anstatt nach Erklärungen zu suchen, indem man sie in immer kleinere, schärfer getrennte Teile oder ›Atome‹ zerlegt, betrachtet man sie in immer größerem Zusammenhang, bis sie sich in die Grundstruktur der Welt einzufügen scheinen. Claude Lévi-Strauss nannte dies die »Wissenschaft vom Konkreten«[123]. Gilbert Whites Sympathie für die Legende vom Winterschlaf entbehrt in gewissem Sinne nicht des Zauberhaften – eine hoffnungsfrohe Vermutung, die Vögel könnten in seiner Nähe bleiben, um ihn mit seinem Schicksal nicht alleinzulassen.

Wieder wandern meine Gedanken zu den Spechten und den eigenartigen Reaktionen, die sie im Menschen hervorrufen. Ich bin viel zu sehr im einundzwanzigsten Jahrhundert verankert, um die Idee, sie könnten Regen prophezeien oder herbeirufen, ernstzunehmen. Dennoch kann ich nicht anders als horchen und nach oben schauen. Ihr wieherndes Lachen, ihr hochgereckter Schnabel, der Bogenflug, das Trommeln, das rot-weiß-schwarz aufblitzende Gefieder – all dies nimmt uns ebenso gefangen, wie es die Aufmerksamkeit unserer Vorfahren gefangen nahm. Die Verhaltensmuster des Vogels triggern unsere Intuition. Heute sind unsere Interpretationen prosaischer, vielleicht sogar von leichtem Schulterzucken begleitet, aber dennoch vorhanden. Der Specht ist ein Wächter des Waldes. Er lässt uns aufmerken. Er ist ein Ausrufezeichen, der eine Part zweier hoffnungsvoll gekreuzter Finger. Und irgendwo blickt jemand anderes auf und steuert den Gegenpart bei.

5 · HANDARBEIT

Fein gearbeitetes Körbchen, wahrscheinlich zum Obstpflücken für eine Frau oder ein Kind. Derartige Körbe aus dünnen Weidenruten für den Hausgebrauch bezeichnete man als ›Feingeflecht‹.
Beschriftung eines Ausstellungsstücks im Heimatmuseum von Norfolk in Gressenhall

Und dann, Ende Mai, nach all den Fehlstarts und enttäuschenden Tagen, hatte der Sommer seine Premiere, als habe er nur auf den richtigen Moment gewartet. Und zwar kein Nullachtfünfzehn-Sommer, sondern eine ganze lange Saison glühender Farben und berauschender Düfte mit Tagen ›wie früher‹, die jeglicher Schwermut die Tür wies und sich ins kollektive Gedächtnis Ostenglands brannte. Rein zufällig war ich an jenem allerersten Sommertag bereits im Morgengrauen wach. Dunst hing über der Wiese hinterm Haus, ein zarter weißer Schleier, kaum zu unterscheiden von der feinen Klöppelspitze der letzten Wiesenkerbelblüten. Dann schob die aufsteigende Sonne den Vorhang nonchalant beiseite, befreite den neuen lebendigen Tag vom letzten Nebelstreif der Nacht. Und genau so, ließ sie uns wissen, werde es nun weitergehen.

Monatelang strahlte die Sonne am Himmel, und die Wiesenblumen gaben eine Vorstellung, wie man sie seit einer ganzen Generation nicht gesehen hatte. Ich konnte nicht genug davon bekommen. Nach zwei Sommern in Dunkelheit erging es mir wie einem Kind mit zu vielen Geburtstagsgeschenken. Ich taumelte von Vision zu Vision. Plötzlich sehnte ich mich nach dem Mittelmeer, ich wollte Bienenfresser sehen, türkis und zimtbraun vor einem klaren Himmel. Ich wollte eine Nachtigall schlagen hören, egal wo. Ich wollte in London griechisch essen, draußen, auf der Straße. Ich wollte nach Hause zurück, dringend, und unter Buchen spazieren. Ich wollte den ganzen Tag faul im Garten liegen. Ich wollte mein langersehntes Epiphanias-

Erlebnis auf dem Wasser, Segeln auf den Broads, in Pollys flinkem Laser. Ich wollte wissen, wie ich mich überhaupt für irgendetwas entscheiden konnte an Tagen, die vielleicht die Einzigen ihrer Art wären.

Wie wird man mit einem solchen Heißhunger fertig, mit einem derart lähmenden Überangebot? Ganz einfach: Man tut absolut nichts. Man lässt den Sommer einfach kommen. Ein solch gewaltiges Aufblühen, ein solcher Überschwang lässt nichts unberührt. Einer Legende zufolge beginnen zur Zeit der Weinblüte selbst gut gealterte Weine zu moussieren, als erinnerten sich letzte Spuren von Pflanzenzellen an die Zeit, da sie selbst heranreiften. Vielleicht sprudeln auch wir körperlich über und nicht nur im Geiste.

Rein zufällig wurde mir meine Entscheidung abgenommen. Kontemplative Muße in Rückenlage bescherte mir Mutter Natur mit ihrem Lieblingstrick: Sie reichte mir einen Joker. Wenige Tage bevor ich mit Polly zu einem Kurzurlaub nach Südspanien aufbrechen sollte, unterzog ich mich einer Zytoskopie, einer ebenso unangenehmen wie unwürdigen Prozedur, bei der eine Optik vorsichtig bis in die Blase vordringt und ein Moderator die Innenwelt klug kommentiert. Der Grund war banal, eine Reizblase, das Untersuchungsergebnis völlig undramatisch. Eben das, was man als ›Routineuntersuchung‹ bezeichnet. Aber sie ging schief. Wo man ein paar Biopsien herausgezwackt hatte, wollte die entzündete Blasenwand nicht aufhören zu bluten. Eine Stunde nach meiner Rückkehr vom Arzt pinkelte ich nur noch Blut. Eine weitere Stunde darauf waren es Gerinnsel, danach ging nichts mehr. Alles war blockiert. Allmählich begann mich ein diffuser, konstanter Schmerz zu erfüllen, der es mir unmöglich machte, mich auf irgendetwas Anderes zu konzentrieren. Ich konnte mich nicht rühren. Ich konnte nur noch völlig reglos auf der Toilette hocken und mich ergeben. Angesichts dessen, dass ich mich gerade mühsam an eine nasse Umgebung gewöhnte, war dies ziemlich schwarzer Humor. Mein Drainagesystem war hinüber. Kurz vor Einsetzen einer Bewusstseinstrübung gelang es mir, die Sanitäter zu rufen. Sie zeigten sich erwartungsgemäß heldenhaft. Geschickt manövrierten sie die Trage die gut dreihundertjährige, nahezu senkrechte Wendeltreppe hinab.

Lachgas und tiefes Durchatmen gaben mir mein Wangenrot zurück; so traf ich kichernd in der Notaufnahme ein, wo mich Morpheus beruhigend in die Arme schloss. Dann stellte ein Katheter die Verbindung zwischen meiner Blase und der Außenwelt wieder her, und ich verspürte wahre Erleichterung. Doch noch immer leckte ich. Der Katheterbeutel füllte sich unerbittlich mit pflaumenkompottfarbener Flüssigkeit. Ich würde noch ein Weilchen bleiben, der Urlaub war gestrichen. Ein einziges Mal hatte ich bisher im Krankenhaus gelegen, mit neunzehn, und so blickte ich dem Zwangsaufenthalt mit einem mulmigen Gefühl entgegen. Doch er sollte sich in ein Fenster auf ein anderes East Anglia verwandeln: den Inneren Sumpf.

Die Männerurologie war wie eine Szene von Brueghel. Unglückliche Männer in Krankenhaushemden krochen in Zeitlupe daher, die Urinflasche dabei wie eine Votivgabe. Diese aus Pappmaché hergestellten Flaschen erinnerten verblüffend an die Ledertaschen der mittelalterlichen Bauern. (Das Hirtentäschelkraut, rein zufällig einst das Heilkraut der Wahl bei Blasenproblemen und besonders bei Blut im Urin, ist übrigens genau danach benannt.) Die medizinische Versorgung war eindeutig bäurisch. Die philippinischen Krankenschwestern sprachen kaum Englisch, doch mit einer Melange von Körpersprache, Gestik, übertriebenen Seufzern und ein wenig Pidgin verständigten wir uns gut, und so ließen sich die meisten potenziell traumatischen Erlebnisse umschiffen. Polly, die Weltmeisterin im Improvisieren, brachte mir die unmöglichsten Leckerbissen als Ausgleich für die fade Krankenhauskost, einschließlich eines Joghurtbechers voll Gemüsecurry, was aus medizinischer Sicht vielleicht eher gewagt war. Die Betten ringsum füllten sich mit Männern, die innerlich ertranken. Einen hatte ein Nierenstein außer Gefecht gesetzt, während er war, wo er nicht hätte sein sollen; aschfahl im Gesicht hing er im Morgengrauen am Telefon und versuchte verzweifelt, sich ein Alibi zu basteln. Bei einem anderen verweigerte sich die Prostata der Biermenge, die er am Samstagabend auf seinem Kabinenkreuzer getankt hatte – sie hatte schlicht dichtgemacht: akuter Harnverhalt, genau wie bei mir. Halb im Delirium packte mich eine Vorstellung von der Harnblase als Schnittstelle zwischen privatem und öffentlichem Abwassersystem, ein kaum zu kontrollierender Abzugsgraben, der zu verlanden drohte: ein inneres Fenn mit eigener wuchernder Flora.

Und noch immer sickerte es aus mir heraus, inzwischen fragwürdig pflaumenweinfarben. Am vierten Tag hieß es, eindeutig Stau mit ungelösten

Gerinnseln. Das war zweifellos bereits gefährlich nah an einer Vertorfung. Ausspülen tat not. Also unterzog man mich einer Lavage – einer Wasserprobe, wie sie im Buche steht, im Vergleich dazu war die Zytoskopie ein sanftes Handauflegen. Anstelle des spitztülligen Injektionsgeräts, das wiederholt in meine Blase geschoben und entleert wurde (um dann wie mit einer Handpumpe alles wieder abzusaugen), hätte es genauso gut die ganze Hand des Krankenpflegers sein können, so erdrückend war das Gefühl der Grenzverletzung. Die romantisch von mir herbeigesehnte innigere Verbundenheit mit der Außenwelt verkehrte sich in eine schallende Ohrfeige. Die Schriftstellerin Joyce Carol Oates hatte einmal Ähnliches berichtet. Wann immer sie von einer Attacke ihres Herzrasens – als paroxysmale Tachykardie diagnostiziert – umgeworfen wurde, spürte sie die aggressive Gleichgültigkeit der Natur intensiv: »Wenn man sich auf dem Erdboden wiederfindet, kraftlos hingestreckt, den Kopf im Dreck, [...] hilflos, beweist die Erde plötzlich ihre ganze Präsenz. Hart, nachdrücklich, mehr als schlichte Oberfläche: eine urwüchsige Kraft – das einzige Wort dafür ist tatsächlich *Präsenz.* [...] Die Außenwelt dringt in die Innenwelt vor. Das Äußere will herein, und einzig die hauchdünne, zerreißbare Membran des Ichs verhindert dies.«[124] Dort auf dem Behandlungstisch im Nebenzimmer spürte ich die Außenwelt *tatsächlich* hereindringen, all meine hauchdünnen Schutzmembranen durchdringen.

Doch offenbar wirkte es. Zwei Hirtentäschel füllte ich mit goldklarer Flüssigkeit und wurde noch am selben Nachmittag entlassen. Dabei fühlte ich mich überwältigt und verletzt. Mein Körper schien unzuverlässig, mir unzugehörig – ein Gefühl von beklemmender Vertrautheit. Wieder lockte jener fest programmierte Ausweg, die sinn- und sinnenlose Weltflucht, und eines wusste ich: Jetzt lag es an mir.

Gott sei Dank war Polly so klug, schnurstracks mit mir in die Natur zu fahren, wo wir jener »harten, nachdrücklichen Präsenz« auf Augenhöhe begegnen konnten. Das Fenn bei Strumpshaw war unser Ziel, am westlichen Rand der Broads. Diesig und mild war der Nachmittag. Ich war schwach auf den Beinen, betete mir aber mein Mantra vor: Horch! Schau nach oben! Es war nicht leicht, aber diesmal aus einem sehr guten Grund, denn zu meinen Füßen blühte das Fenn auf – Kuckucks-Lichtnelke, Vergissmeinnicht, gelbe Sumpfschwertlilie, ein *gefülltes* Wiesenschaumkraut (das erste, das ich je in freier Natur sah). An einen dünnen Grashalm klammerte sich ein Aurorafalterweibchen, die fast durchscheinenden Flügel wolkengrau übertupft; ein Windstoß, und es schrumpfte zu einem Regentropfen. Auch ich lehnte mich in den Wind, doch aufrecht, um seine Kraft zu spüren. Wir schlenderten weiter. Ich machte Polly mit der Schärfe des Wiesenschaumkrauts bekannt, und sie improvisierte mir mit zwei Haferkeksen – die hat sie immer dabei – ein Bachminzensandwich. Im Weidengestrüpp am äußeren Saum des Fenns schmetterte plötzlich ein Seidensänger sein Lied. Ich hörte ihn ohne Aurics Hilfe, und Rohrsänger und Fitisse dazu. Aus dem Augenwinkel sah ich Rohrweihen, sie flogen Patrouille über dem Röhricht, glitten dahin über luftige Konturen, festgeschrieben in der komplexen Textur der Marsch. Es war, als blühe auch ich auf, als habe ich plötzlich wieder Kontakt zum Gefüge der Welt. Wir spazierten an kristallklaren Gräben entlang, die Ränder gesäumt von wilden Schwarzen Johannisbeeren, von Wiesenraute und den Zauberstäben des Wasserschierlings. Als wir uns Richtung Heimat wandten, entdeckten wir ganz hinten am Fenn ein einsames Cottage. Vom Haus bis zum Sumpfland erstreckte sich eine lange klassische Staudenrabatte, ein Traum von Rittersporn, Levkojen und Lupinen. Und am Rande dieser fabelhaften Gärtnerkunst, vom öffentlichen Pfad aus zu lesen, stand ein Schild, als sei es dem wilden Fenn entwachsen, Ausdruck einer großzügig durchlässigen Membran zur Wildnis: »Sollten Sie Schwalbenschwänze beobachten, so folgen Sie ihnen gern entlang der Rabatte.«

*

Allmählich fand ich Zugang zum Fenn. Zwar kehrte ich von meinen Märschen noch immer nass bis an die Knöchel zurück, noch immer fehlte mir der Blick dafür, wo anmooriger Boden in Schwingmoor überging. Doch ich begann mich zurechtzufinden, die subtile Sprache der Schichten und Texturen der Vegetation zu verstehen. Sie waren prächtig anzusehen, besonders im Weston Fen. Gern wird ein solches Schauspiel als Patchwork beschrieben, doch klingt das viel zu symmetrisch. Was hier ablief, war pflanzliches Drama, ein raffiniertes Konzept der Landnahme, ein großes, geschmeidiges Geben und Nehmen, und doch spielte jeder Darsteller seine Paraderolle.

Es beginnt auf den offenen Tümpeln mit den lichtergelben Blütenbojen des Wasserschlauchs, die sich auf ihren Stängeln einträchtig in der Brise wiegen. Sein Grün hält der Wasserschlauch gänzlich untergetaucht; es ist mit winzigen Blasen durchsetzt, die Kleinstlebewesen aus dem Wasser filtern und langsam verdauen. So liegt er am gesetzlosen Rand der Fenngesellschaft, ein winziger vegetabilischer Wal. Die seichteren Tümpel sind von Moosen gefasst, schwammartig, wasserhaltig, die – bevor sie sich in Torf verwandeln – selbst vorübergehend zur Fennoberfläche werden. Auf diesen triefenden Moosen wuchs einst der Sonnentau, auch er insektenfressend; er ist hier verschwunden oder einfach inzwischen zu selten, um noch entdeckt zu werden. Und einen dritten Insektenfresser gibt es im Weston Fen: das violett blühende Fettkraut. In England wird es auch ›Seesternpflanze‹ genannt, nach der Anmutung seiner klebrig-gelbgrünen Blätter, die als offene Rosette wie hingeklatscht auf dem Torf liegen. Das Fettkraut hält sich an etwas festeren Boden, wo Wasser aus Tümpeln und Quellen den kurzen Rasen mit Rinnsalen durchzieht. In seiner Gesellschaft findet man häufig den Sumpfbaldrian, dessen zartrosa Trugdolden den schweren Vanilleduft seines größeren Cousins nur andeuten. Und überall dazwischen, von den Tümpelrändern bis mitten hinein ins dichte Ried, kriecht die Bachminze und setzt auf Schritt und Tritt Duftwolken frei.

Die Hauptdarsteller jedoch sind die Orchideen, ein provokanter, gestaltwandlerischer Hybridschwarm, angesiedelt zwischen Fuchs' Knabenkraut und bis zu drei weiteren Knabenkräutern. Botanisch sind sie ebenso schwer zu bestimmen wie die *Orchis* der Cevennen – womöglich sollte man es gar nicht erst versuchen. Diese Sprenkel in Magenta und Rosa und Weiß, die breitmäuligen Köpfchen und elegant ausgezogenen Spitzen könnten eine einzige vielgestaltige Spezies repräsentieren oder auch tausend verschiedene. Es sieht aus, als flössen die Orchideenspezies, die die Botaniker in den Anfängen der Systematisierung auseinanderdividierten, nun wieder zusammen; vielleicht experimentieren sie auch gerade mit neuen spontanen Kreuzungen.

Eine andere Orchidee lässt keine Zweifel aufkommen, sie verschwimmt nicht vor lauter Bastardisierung oder Zurückhaltung. Im Juli öffnet die Sumpf-Stendelwurz ihre Blüten und verwandelt den hinteren Abschnitt des Weston Fen in eine Außenkolonie der Tropen. Für mich ist sie die mondänste unserer Orchideen, diejenige, die den fantastischen Luftgeschöpfen des Regenwalds am nächsten verwandt scheint. Als ich diese Art hier entdeckte, wollte ich angesichts der schieren Zahl meinen Augen nicht trauen. Ich hatte sie bis dahin nur ein einziges Mal gesehen, eine kleine, von Ried bedrängte Kolonie in einer feuchten Dünensenke im Norden Englands. Im Weston Fen aber gibt es Tausende dieser Pflanzen. Jeder Stängel trägt zehn bis zwanzig Blüten an kurzen Schwanenhälsen. Unter einer dreispitzigen gestärkten Haube ragt die reinweiße Blütenlippe hervor, seitlich gerüscht und gekräuselt wie das Einstecktuch eines Dandys. Wunderschöne Blüten, einfach so. Inmitten des Lotteraufzugs des Fenns präsentieren sie sich in Ausgehgarderobe. Ebenso auffällig ist das Maß, in dem sie diesen Lebensraum definieren. Sie zeigen Haltung, stehen anmutig da wie jemand, der seinen nackten Zeh ein oder zwei Daumenbreit über der Wasseroberfläche zögern lässt, fest angeklammert an ihre Bülte wie an eine Rettungsinsel.

All diese eher niedrigen Pflanzen gedeihen vor allem in jenen Bereichen des Fenns, die alljährlich geschnitten werden, wodurch auch die Konkurrenzvegetation zu Beginn des Sommers kurz ist. Die weniger gepflegten Areale – Teile der größeren Wasserflächen sowie die Dämme und ihre Seiten – sind das Monopol der höheren Pflanzen. Hier herrscht die Vertikale: Binsen, Ried, das Laub der Sumpfschwertlilien, die Stängel der Wiesenraute und der Wasserdost mit seinen in Rotwein getunkten Blütenbüscheln, und überall die Spirren des Mädesüß. Das Mädesüß ist die Schaumgeborene des Fenns, zur harschen Nuance der Bachminze setzen seine Aromen den Kontrapunkt – Honig und Marzipan in der Blüte, sauber hingegen, antiseptisch fast, der Geruch des Laubes (diesen Kontrast spiegelt der alte englische Volksname ›Brautwerbung und Ehestand‹). Seine Noten durchziehen und verweben das gesamte Fenn: die Leichtigkeit des Hochsommers, das Stechen klaren Wassers, der zarte Duft nach frischem Heu.

An offenen Stellen zwischen Ried und Seggenflecken ragt Bültengras auf. Dichter und hochstrebender geht es nicht in der Fenngesellschaft, ohne dass der Übergang zum Wald einsetzt. Das Bültengras ist der Baum unter den Seggen – aufgetürmte Wurzelmasse und abgestorbenes Laub heben die Pflanze gleichsam aus dem Sumpf empor, bis zu einem Meter hoch, mitunter sogar anderthalb. In einigen außergewöhnlich nassen, sich selbst überlassenen Abschnitten der Broads bilden diese Bülten eine neue, erhöhte Oberfläche, eine Basis für aufkeimende Erlen und Weiden. Werden diese Bäume dafür zu groß und schwer, so kippen sie um und nehmen die Bülten dabei mit. Wasser bedrängt die Überreste, und das ewige Pendeln zwischen Wald und Wasser beginnt von vorn. In den Niedermooren in unserem Tal würde dies wohl kaum gestattet, so sehr ist man dort darauf bedacht, den reinen Fennstatus zu erhalten. Und doch wäre dies nur ein flüchtiger Zustand, nur vorübergehend würden die biegsamen Garben der Stockausschläge des Urfenns wieder Einzug halten.

Der Habitus der fast ausschließlich gertenschlank emporstrebenden Fennvegetation – und zwar längst nicht nur der grasartigen Pflanzen – bleibt ein Rätsel. Wie kann es sein, dass diesen Boden, der so nahrhaft ist, dass er noch heute von Gartenfreunden stibitzt wird, kein lichthungriger Grobian in Beschlag nimmt, zum Beispiel ein penetranter, breitblättriger Riesen-Fennampfer? (Der Flussampfer, den es tatsächlich gibt, ist ein denkbar unaufdringliches Wesen von heikler Natur.) Die Fennvegetation ist wie gemacht für Multikulti. Der krude Darwinismus und die Theorie des ›egoistischen Gens‹ basieren auf der Annahme, dass Pflanzenlinien (und dementsprechend auch die zugehörigen Spezies) unablässig bestrebt sind, ihr Revier zu erweitern und ihre Nachbarn zu verdrängen, um die Erfolgsaussichten ihrer Nachkommenschaft zu maximieren. Doch was sich im wahren Leben abspielt, ist alles andere als ein simpler Wettlauf in Richtung Homogenität nach dem Prinzip ›Alles oder nichts‹. Das Fenn wird sich irgendwann ganz natürlich zu einem Wald entwickeln, es sei denn, dies würde durch Überstauung, Beweidung oder gezielten Rückschnitt verhindert, und eine Zeit lang bringt die Verschattung eine Verringerung der Artenvielfalt mit sich. Doch steht dem ein ebenso großes, immanentes Streben nach Mannigfaltigkeit, Anpassung, subtilen Symbiosen und Partnerschaften entgegen. Jede Gelegenheit, jede Lücke im Blätterdach nutzt die Pflanzengesellschaft gemeinsam mit dem von ihr abhängigen Leben zur Vermehrung und Diversifizierung – auf der Oberfläche ebenso wie in den darunterliegenden Erd- und Feuchtigkeitsschichten, und dasselbe gilt für die zeitliche Dimension. Sämtliche Ökosysteme entwickeln sich langfristig ganz natürlich hin zu einem größeren Pluralismus, mit steigender Komplexität und zunehmendem Geselligkeitsgrad. Im Fenn leben die Pflanzen derart bedrängt und beengt, dass hier mehr als passives Erdulden am Werk zu sein scheint, mehr als ein verzweifeltes Festhalten der Arten am jeweils eroberten Boden, bloß weil alle anderen Plätze belegt sind.

Ist dieses Baden in der Menge eine Art Optimalzustand, bei dem unterschiedliche Arten aus der Gemeinschaft Nutzen ziehen, etwa indem sie von den durch die Nachbarn bewirkten Bodenveränderungen profitieren oder von speziellen Chemikalien, die deren Wurzeln abgeben, um symbiotische Pilze einzubinden oder Fressfeinde fernzuhalten? Das Mädesüß beispielsweise enthält Acetylsalicylsäure (ASS), den weltweit nützlichsten Arzneistoff. Von *Spiraea ulmaria,* wie die Pflanze zu Beginn des zwanzigsten Jahrhunderts noch hieß, ist die Markenbezeichnung »Aspirin« abgeleitet. Der Wirkstoff kommt in einiger Menge in der Pflanze vor, genau wie in der Weidenrinde und in geringerem Maße in etlichen anderen Pflanzen, wo sie stressreduzierend wirkt. Gibt das Mädesüß möglicherweise ASS in den Fennboden ab, sodass andere Arten beiläufig profitieren, in einer Art natürlich entstandener Mischkultur? Und ist eine solche Symbiose der wahre Grund, warum neu eingebürgerte Exoten sich bisweilen respektlos raumgreifend aufführen – nicht etwa, weil die ›natürlichen Feinde‹ fehlten (was um alles in der Welt hält dann das wohlgesittete heimische Mädesüß in Schach?), sondern weil sie noch nicht in das seit Urzeiten gewachsene Netzwerk chemischer Wechselbeziehungen eingebunden sind?

Die Fenns lassen sich als Habitus beschreiben, um den von Bourdieu geprägten Begriff zu verwenden: als Spielfeld natürlicher Möglichkeiten. Sie bilden Knotenpunkte im Wassersystem des Tals, das sich von den Zuckerrübenflächen – den Lehmgruben der Mehlschwalben – über die Rinnen und Rinnsteine entlang der Straßen bis zu den Gräben und Bächlein mit ihren Riedsäumen und Weidenröschenständen erstreckt, sich unterirdisch mit den breiten Gräben, Teichen und Torfgruben entlang der Quellenbänder verbindet und endlich auch mit den Flüssen – ein gemeinsamer Leitkanal für alle und alles, von der Teichralle bis hin zur Mädesüßwurzel. Als ich in diesem Sommer durch die Fenns streife, fühle auch ich mich auf angenehmste Weise vom Wasser geformt, von der Strömung getragen. Für einen Moment bin ich Teil des Ganzen. Ich befördere an meinen Schuhen haftende Samen. Für jeden Blick auf einen Teich schaffe ich kurz Lücken im Blätterdach des Rieds.

Wann immer ich auf Torfmoos trete, erblüht um meine Schuhe zartes Nass, selbst in diesem Backofensommer, und mir ist, als presste ich auf diese Weise Feuchtigkeit auf Wassergeschöpfe, die viele Meter oder gar Meilen weiter landab im Trockenschlaf befangen sind. Auch der Wind trägt zur Gestaltung bei: bläst Ruchgras zu Büscheln, verwirrt es, flicht daraus Netze, die für Torfstaub und Samen einen temporären Liegeplatz schaffen. Trägt Düfte mit sich von Minze und Blütenstaub, dazu den verschmorten Pilzgeruch des Torfs. Direkt vor mir strampeln sich erste Fröschlein wie Schlammbeißer aus der Ursuppe. Libellen schießen auf Augenhöhe vorüber. Trickfilmartig bewegen sie sich, stehen erst hier in der Luft, dann da, ohne je sichtbar die Distanz zu durchqueren. Ob ihr Flügelschlag zu hören ist, kann ich nicht sagen, doch sind die Bewegungen derart abrupt, die jähen Wendungen, das Innehalten so fantastisch, dass trockenes Knistern in der Luft zu liegen scheint.

In solchen Sommermomenten scheint das Fenn mehr denn nur Lebensraum: Es ist eine Membran, eine pulsierende Schnittstelle des Lebens, ein summender Kommunikationskanal. Als Joyce Carol Oates hingestreckt dalag, erschien ihr die »Membran des Ichs«[125] zerreißbar und schützend zugleich, eine Trennwand zur »harten, nachdrücklichen«[126] Welt der Natur. Thoreau sah es ähnlich, doch war sein Blick auf die »Membran der Natur« gerichtet. Anders als Oates reagierte er auf deren Durchdringung ekstatisch. Nach seinem epischen Aufstieg in die Gipfelödnis von »Mount Ktaadn« erging es ihm wie einem demütig hingestreckten Pilger oder Flagellanten: »Von wegen Rätsel! Wir leben doch in der Natur – täglich mit Materie konfrontiert, im Kontakt mit ihr – Felsen, Bäume, Wind im Gesicht! Fester Boden! Die wahre Welt! Gesunder Menschenverstand! *Berühren! Fühlen!*«[127] Die Membran des Fenns ist deutlich entgegenkommender. Nicht sonderlich fragil, nicht abwehrend, gewiss nicht rätselhaft überwältigend, sondern angenehm zu berühren, offen und willkommenheißend. So uralt der Torf ist – das Leben am Wasserrand ist flink, es passt sich an, bewegt sich in der Gegenwart, weiß mitzugehen.

In den 1830er Jahren war John Clare von Helpston fortgezogen, einige Meilen nach Osten nach Northborough am Rand der Fenlands im nördlichen Cambridgeshire. Freunde und Gönner hatten ihm ein Haus zur Verfügung gestellt, eine wohlmeinende Unterstützung angesichts der wachsenden Familie und seiner angeschlagenen Gesundheit. Der Fortzug aus dem Heimatort aber hatte ihm möglicherweise den Rest gegeben, eine überwältigende, endgültige Entfremdung nach all den bereits erlittenen Verlusten. Man hatte ihn ins Unbekannte versetzt, »seine Kenntnis war ihm ausgegangen«[128], wie er es an einer Stelle beschreibt, und so inspirierte ihn Northborough zu seinem Exilgedicht *Ortswechsel:*

Hier ist jeder Baum mir unbekannt
Fremd sind sie mir alle in meiner Nähe
Auf keinen der Knabe die Schaukel band
Oder kletterte zum Raub der Krähe[129]

Nun war es nicht so, dass Northborough sich landschaftlich dramatisch von Helpston unterschied – nein, Clare waren seine Details und die diversen Bewohner schlicht *unbekannt.* Allmählich aber fand sich Tröstendes – ein Büschel Hirtentäschelkraut wie in seinem alten Garten, eine wilde Geißblattranke am Tor. Und die Sumpfschnepfe, eine alte Bekannte (»oft zu Besuch im Sommer«[130], hatte er rund sechs Jahre zuvor im Tagebuch notiert, nachdem er ein Nest auf der Allmende entdeckt hatte) und nun ebenso allein wie er in dem überfluteten Landstrich, eine neue Verbündete. Sein großes Fenn-Poem, ebenfalls in Northborough verfasst, trägt den Titel *An die Sumpfschnepfe.* Respektvoll und voller Zuneigung adressiert er darin den Vogel, dem das Gedicht gewidmet ist und aus dessen Perspektive auch das Bild des Fenns gezeichnet wird – wilde Natur, die den Morast hoch überragt:

Kauerst in Ecken
Geschützt unter den Truppen
Der Schwertlilienwälder die deine Winkel bedecken
Oder einem alten Weidenstubben

Blühend aufm Damm
Den kleine Inseln aufwallen
Gehügelt von schalen Wassern und Schlamm
Die deiner Natur gefallen —

Clares ausufernder Dialekt fängt die Sumpfnatur, die Fremdheit und Einsamkeit des gemeinsamen Exils wunderbar ein:

& wählst nicht
Den kleinen sumpfichten Graben,
Der die Moore durchzieht wo Wasser erzrot bricht
Aus den mit Moos umsäumten Lachen

Wie Clare sucht auch die Sumpfschnepfe Zuflucht vor »der Menschen argem Angesicht«, vor den »Freibeutern«, die ihr »heimlich Nest« zerstören und »verraten«. Als bedrängtes Mitgeschöpf war sie dem Heimatsuchenden Inspiration. »Deinsgleichen lehrt mich recht zu fühlen«, schließt Clare dankbar:

Der Himmel lächelt
Auf den kleinsten Flecken hinfort
Gibt allem was kreucht & fleucht & hechelt
Einen stillen freundlichen Ort[131]

*

Während das Fenn in der Sonne buk, brach an Land Festtagsstimmung aus. Die halbe Bevölkerung unseres Marktfleckens Diss begab sich in die Sommermauser und vergnügte sich am See. Die Mauersegler taten es ihnen gleich, vollführten Kapriolen über dem Wasser und brannten ein überbordendes Feuerwerk ab. In den heißesten Wochen konnte ich beobachten, wie sie gezielt zwischen Telefonleitungen Slalom flogen und in verzwirbelten Bahnen durch die engsten Gassen jagten. In den Dörfern mit großen Nistkolonien brachen regelrechte Mauerschwalbentumulte aus. Vergebens drängelten die aufgeregten Halbwüchsigen am Einschlupf zum elterlichen Nest, um sich sodann den Autoverkehr vorzunehmen und in wilder Jagd dicht über die Motorhauben zu schießen (dabei ging mir der Gedanke durch den Kopf, dass ich mein Lebtag noch keinen totgefahrenen Mauersegler gesehen hatte).

Schon ein kurzer Spaziergang weckte Feststimmung. Nichts zu spüren von der üblichen Sommertristesse, dem Gefühl, alles sei bereits aus und vorbei. Diesmal erweckte der Sommer den Eindruck, als wolle er ewig so weitermachen. Das Treiben auf dem Heidegrund hätte der »Tragik der Allmende« kaum unähnlicher sein können: Hier spielte die Komödie der Allmende. Clare hatte vom »überschwänglich bunten Gemeindeanger«[132] geschrieben, dies aber war mehr als Überschwang. Eine grelle Mischung von Purpur, Lila und Gelb ergoss sich über die Reste der knistertrockenen, karnickelgehechelten Rasen. Weidenröschenpink kollidierte grandios mit aufblühendem Heiderosa. Seit Urzeiten eingebürgerte Gartendeserteure – Seifenkraut von einem längst verschwundenen Wäscheplatz am Fluss, mediterrane Staudenwicken – blühten neben nacheiszeitlichen heimischen Pflanzen wie der Wiesenraute. Ein kleines Heckenrosendickicht öffnete seine Blütenknospen über abgenagten Stängeln und weckte in mir die Hoffnung auf die seltene Hybride mit der Großen Hundsrose, *Rosa ×paulii,* eine niedrig rankende, rätselhaft exotische Rose mit dandyhaften, länglich weißen Blütenblättern. Wie eine Bestätigung der geologischen Besonderheit und generellen Eigensinnigkeit dieses Standorts zeigte sich das Echte Mädesüß der Fenns Seite an Seite mit seinem nächsten Verwandten, dem Kleinen Mädesüß der trockenen Kalkrasen.

Es begann ein grandioser Karneval des Lebens. Bienenragwurz spross an Straßenrändern und auf Hausrasen. Auf dem drainierten Long Green bei Wortham, an einer Stelle nahe der Straße nach Spears Hill, kurz hinter dem Kriegerdenkmal, zeigte sich ein Hybridschwarm aus Steifblättrigem und Finger-Knabenkraut. »Überreich«, hätte Clare notiert. Allenthalben boten Freizeitgärtner auf alten Tischen ihren Überschuss an Gemüse und Blumen feil: hier ein Kohlkopf für 50 Pence; da drei Nelkensträußchen in einer Vase. Auf manchen Dorfwiesen stellten Fahrende Herden schöner Tinker-Ponys zur Schau, und ich begann zu begreifen, wozu sie sie hielten, trotz des offenbar fehlenden praktischen Nutzens. Ähnlich wie die Kamele der Araber waren sie teils Statussymbol, teils Geldanlage. Am begehrtesten waren die Exemplare mit großen schwarzen Schecken und einem langen blonden Schopf – diese waren entweder bare Münze wert oder als Tauschobjekt begehrt.

Dann waren die Insekten an der Reihe. Wirbelnde Hieroglyphen und lebende Graffiti sprenkelten unsere Wände, sodass wir uns fühlten, als lebten wir in einem Gemälde von Joan Miró. »Mirós Zeichen und Symbole schweben in dem so mehrdeutigen wie seichten Raum, den er mit Flecken erschafft«, schrieb einmal ein Kritiker – das schien mir an den meisten Abenden eine ziemlich zutreffende Beschreibung von Ians frisch gemalerten Zimmern. Als erstes kamen die fliegenden Ameisen – banal, aber zahlreich. Sie entströmten sämtlichen Ritzen zwischen Boden und Wand. Von den Chilterns war ich ein geordnetes Ausschwärmen gewohnt: gleichzeitig, großflächig, am selben Hochsommertag stiegen dort die schwarzen Rasenameisen auf. Die Hochzeitsflüge der geflügelten Männchen und Jungköniginnen, die sich wie schimmernde Rauchfahnen himmelwärts schraubten, waren so spektakulär, dass der ›Ameisenaufstieg‹ alljährlich als Festtag auf dem Familienkalender vermerkt war. Hier aber war jeden Tag Ameisenaufstieg – Zeichen eines Wohnverhältnisses, das, so scheint mir, seit der Errichtung des Hauses bestand.

Während die Temperaturen weiter stiegen, trafen Taubenschwänzchen vom Festland ein; die Frühstückszeit verbrachten sie im raschen Hin und Her zwischen Geißblatt und Müslischalen. An einem Abend vollführten vier der schemenhaft umherhuschenden Schwärmer die hypnotisierende »Lek«-Tarantella, bei der die Männchen gemeinsam um die Weibchen tanzen und schweben. Dabei steigen sie mit so eiligem Flügelvibrato auf und nieder, dass sie wie kleine Nebelbäusche anmuten. Es war ein fast vollwertiger Ersatz für die Irrlichter des Fenns, die nicht mehr sind. Nach Einbruch der Nacht gaben die Fenster den Rahmen für eine fein gezeichnete Wappenschau der Nachtfalter ab: Nachtschwalbenschwänze, kleine Stachelbeerspanner, Geistchen mit ausgestreckten Fiederarmen.

Es war das *dusking,* das abendliche Umherschwirren dieser Tierchen, das mir die Insektenwelt endlich wieder – in doppeltem Sinne – nahebrachte. Es war leicht, über sie zu lachen und sie in Fabeln einzuspinnen, sie zu witzigen Requisiten des Hitzewellenszenarios zu machen. Doch je länger ich sie beobachtete, desto weniger erinnerten sie mich an triviale Karikaturen. Die Verwirrung des angeblich so dummen Nachtfalters, der in der offenen Flamme verschmort, wird ebenso sehr vom geschlossenen Raum bewirkt wie vom Licht. Draußen umschwärmen die Falter die Laternen ruhig, fast meditativ. Genau wie komplexer organisierte Tiere spüren auch sie, wohin sie gehören. Die Grillen, die bei uns Einzug hielten, waren ebenso erpicht auf den

Hausgaststatus, wie es die diversen »Schwalbenvögel« waren. Gilbert White mochte die Grillen von allen Insekten am liebsten. Die erste fantasievolle Prosa, die sich in sein recht dröges Gartentagebuch schlich, war ein Loblied auf die Grillen auf der Wiese bei seinem Hause. Die Farbe des Weibchens sei »erdig«, das Männchen »von glänzendem Schwarz, mit einem goldenen Schulterstreif wie die Hummel«. Er wäre erfreut, so schrieb er, »sollten sie sich mehren, sie verbreiten so frohen Sommergesang«. Sie »hatten sich, ins Unbekannte versetzt, verstört gezeigt«, und er fand heraus, wie er sie sanfter aus ihren Röhren bugsieren konnte: »ein biegsamer Grashalm, mit dem man heimlich in die Höhle vordringt, folgt deren Windungen bis zum Grunde und befördert den Bewohner rasch ans Licht; so kann der menschliche Forscher seine Neugier befriedigen, ohne deren Objekt zu verletzen.«[133]

Unsere Grünen Heupferde trafen gleich nach den grünen Eichenwicklern ein; auf gewaltig hochgestellten Beinen staksten sie auf allem umher, einschließlich der Betten. Die Gemeine Strauchschrecke wiederum entdeckten wir im Nähkasten, wo sie kleine Magnete erkundete. Später am Abend hockte sie auf einem Dimmerschalter. Ich glaube, sie war eine Hippieschrecke, sie stand auf gute Schwingungen. Im Insektenführer las ich, nachts singe sie im Stakkato »psst-psst«. Irgendetwas ging da vor.

Die ungeplante Tuchfühlung mit der Insektenwelt begann bei mir Wirkung zu zeigen. In meiner Vorstellung hatten sie uns nicht überrannt, sondern das Haus bildete einen schützenden Kokon rund um eine komplexe Bewohnerschar. Dazu zählten natürlich auch die Katzen. Vor allem Blackie ließ sich von der allgemeinen Stimmung anstecken und erfand raffinierte neue Spiele. Besonders hatte es ihr ein Trick angetan, den ich schon zuvor bei Katzen beobachtet hatte – sie warf sich, wenn ich irgendwo entlangging, vor meine Füße, auf dass ich ihren empfindlichen Bauch kitzle, um sich dann freizustrampeln, vorauszulaufen und die ganze Sache ein paar Meter weiter zu wiederholen. Es war mehr als ein Einfordern von Streicheleinheiten; sie lockte mich ganz bewusst, freute sich über meine Reaktion, war neugierig, wie weit ich gehen würde. Wenn hier jemand auf einen Pawlowschen Reflex getrimmt wurde, dann nicht sie, sondern ich. Ausgewachsene Katzen, die im Spiel quasi wieder zu Kätzchen werden, sind faszinierend zu beobachten; ihr Verhalten lässt sich nicht als das Einüben von Fähigkeiten für die Jagd erklären. Häufig wird es als Luxus interpretiert, dem die Katzen nur frönen können, weil ihnen das Haustierdasein ›Freizeit‹ schenkt – bei Wildtieren gebe es so etwas nicht. Doch weit gefehlt, in der gesamten Natur sind Verhaltensweisen bezeugt, die deutlich auf Sinnesgenuss und Freude am Interagieren mit anderen Tieren (teils auch Angehörigen anderer Spezies) hinweisen.

Mit unübersehbarer, uneingeschränkter Begeisterung widmen sich Katzen den alltäglichsten Dingen, wieder und wieder, und befriedigen ihre berühmte Neugier, die weit über alles biologisch Sinnvolle hinausgeht. In den Chilterns hatte ich einen Kater namens Pip – so getauft, weil er zu Beginn seines Lebens eher einer segelohrigen Zwergfledermaus – *Pipistrellus* – denn einem Kätzchen glich. Beim Spielen gab er sich gern Experimenten hin, und seine Erkundungen überschritten häufig die Grenzen seiner Spezies (leider waren oft Libellen daran beteiligt). Einmal hatte Pip eine Begegnung mit einem Hirsch, die mein eigenes Aug'-in-Aug'-Erlebnis zu einer beiläufigen kleinen Geschichte reduzierte. Pip war sein Leben lang ein begeisterter Schnüffler. Jeden Morgen träumte er mit weit geöffneten Augen auf der Terrasse ins Leere, um dann seine morgendliche Lektüre aufzunehmen. Diese begann grundsätzlich mit demselben Rosenzweig, den er genauestens untersuchte, es fehlte nur noch die Brille auf seiner Nase: Er erschnupperte die Nachrichten der Nacht. Mit der Nase streifte er sorgsam am Zweig entlang, entzifferte seine eigene Duftmarke neben der von anderen: Katzen, Menschen, vielleicht Dachs und Fuchs, kleine Spuren an Vogelkot, womöglich den wachsenden Zweig selbst, einen Tag älter als beim letztmaligen Besuch. Eines Tages registrierte er den Geruch – und gewiss auch die Geräusche – eines Monkjacks. Ich hatte ihn schon ein paar Stunden vorher erspäht, wie er mit meditativer Gelassenheit in der Rabatte äste und dabei die längst überfälligen Strauchrosen zurückstutzte. Kaum hatte Pip den chinesischen Zwerghirsch entdeckt, robbte er auf dem Bauch bis zu ihm heran. Stocksteif standen sich beide gegenüber, rieben zögernd die Nasen aneinander, um noch im selben Moment, erschrocken vom eigenen Wagemut, zurückzusetzen. Erneut probierten sie es, und diesmal gestattete Pip dem Monkjack, ihm übers Gesicht zu schlecken. Irgendwie machte die Kunde vom hohen Besuch die Runde, und innerhalb von Minuten war der gesamte Katzentrupp der Nachbarschaft versammelt; eine nach der anderen schlichen sie an den Zuwanderer heran, um ihn zu bestaunen, Küsschen auszutauschen und ihn zu begrüßen. Der Monkjack blieb völlig ungerührt, unterbrach nur hin und wieder sein Rosenknabbern für ein kurzes Schlecken und Nicken. Erst als die Katzen ihm zu sehr auf die Pelle rückten, legte er einen gelegentlichen Pseudo-Kopfstoß oder einen Satz rückwärts ein – dieser schüchterte paradoxerweise am meisten ein. Zwei Tage blieb er im Garten, lagerte unter unserer Eibe. Während er Rosenblätterballen wiederkäute, hockten bis zu einem halben Dutzend Katzen in unterschiedlicher Entfernung, starrten ihn endlos fasziniert an und wirkten selbst bald genauso entspannt. Eine Zeit lang war es wie in einer Renaissance-Darstellung des Garten Eden vor dem Sündenfall.

So, wie Winterkälte die Sinnlichkeit der Welt betäubt, schien die Hitze sie herauszulocken. Ungewohnte Gerüche erfüllten das Tal, als sei es tausend Meilen nach Süden gewandert. Um die Hecken hing der flüchtige Duft von Wildrosen. Im Stechginster summte es wie in einem Kokoshain. Torfstaub hing wie Urweltnebel in der Luft, wie der Brodem, der mir im Oktober aus dem Gebälk entgegengewabert war. Und da die Natur bei derlei Dingen keinen Unterschied macht, mischte sich in der abendlichen Windstille der Gestank von Fungiziden, Wachstumshemmern und der Abluft der Bettfedernfabrik in Diss darunter.

Hinzu kamen Geräusche, neue wie lang nicht gehörte. Auf der Straße barsten Teerblasen mit sachtem Plopp, wie ein Luftkuss – als Kind hatte ich das zuletzt vernommen. Auf der Heide knusperte trockene Rentierflechte unter jedem Tritt. An einem drückend schwülen Juniabend machte ich mich mit Polly Richtung Westen auf, um die Ziegenmelker zu hören: Ihr Schnarren ist der Inbegriff des sommerheißen Zwielichts. Wir hatten es schon vergeblich an einem ihrer früheren Lieblingsplätze versucht. Das Heide- und Grasland von Knettishall Heath mit seinen eingestreuten Kiefern war uns als perfekter Standort erschienen. Dort störten wir eine Waldohreule aus dem Heidekraut auf, Ziegenmelker aber gab es nicht.

Einen Monat darauf machten wir uns daher nach Breckland auf, wo die Vögel interessanterweise der Heide den Rücken kehren, um sich in den gewaltigen Kahlschlägen im Forst niederzulassen. Da erwacht womöglich eine tief verwurzelte Erinnerung, denn in der Region Breckland wurden über lange Zeit wechselnde Lichtungen im Urwald durch Ackerbau genutzt. In Santon Downham – der Name rührt von einer Begebenheit im Jahr 1668 her, als ein Sandsturm den Ort halb verschüttete – picknickten wir am Fluss und beobachteten die Mauersegler über den Häusern der Waldarbeiter. Es war eine törichte Bummelei, denn wir vergaßen die Zeit. Der Ziegenmelker beginnt etwa eine Dreiviertelstunde nach Sonnenuntergang zu rufen; wenn wir die Vorstellung in Gänze genießen wollten, hatten wir noch rund zehn Minuten, um einen guten Platz zu finden. Etwa eine Meile tief fuhren wir in den Thetford Forest hinein und parkten bei der ersten vielversprechenden Lichtung, einer etwa acht Hektar großen Schlagflur, gesäumt von jungen Bäumchen und älteren Kiefern. Wir stolperten durch schulterhoch stehenden Adlerfarn – der würde sich gewiss bald lichten. Doch das tat er nicht. Eine Viertelstunde später schlugen wir uns noch immer durch den Farndschungel, konnten einander kaum sehen, geschweige denn den Rest der Welt. Doch zum Umkehren war es zu spät. Die allen Ziegenmelkerfreunden vertraute feierliche Mittsommerzwielicht-Ouvertüre hatte bereits eingesetzt.

Während der Tag langsam verlöscht, spielen kurze Lichterscheinungen, Phosphene genannt, unserem noch nicht adaptierten Auge Streiche. Linkerhand betritt der Waldschnepferich die Bühne, in plumpem, schwerfälligem Flug umrundet er seine Kontrollfläche. Es ist sein Balzflug, der ›Schnepfenstrich‹. Dabei gibt er ein Quorren von sich, einen echsenhaft kehligen Laut, den man kaum als Kommunikation einstufen möchte. Ein paar hundert Meter weiter bellt ein Reh. Heiß und stickig ist es im Farndickicht, und die Nachtfalter scheinen es auf unser Haar abgesehen zu haben. Dann schleicht es sich ein, das Geräusch, wie das Anlassgeräusch eines fernen Motors, kaum zu hören und doch unverwechselbar. Es schwillt an, ein permanentes vibrierendes Knarren. Der Ziegenmelker sitzt wenigstens hundert Meter entfernt, doch sein Schnarren erfüllt den ganzen Raum, ein betäubender, alles übertönender Klang, der zwischen den Tonhöhen wechselt, während der Vogel den Kopf nach rechts und links wendet und dabei ein- und ausatmet. Wir nähern uns dem Baum, von dem der Gesang ertönt, und abrupt herrscht Schweigen. Eine urplötzliche, verstörende Stille, als habe jemand den Stecker gezogen. Dann streicht der Vogel mit aufgestellten Flügeln ab und zieht im langen Wellenflug über das Farnkraut hinweg. Ein zweiter Vogel folgt, wir sehen die weißen Abzeichen an Flügeln und Schwanz des Männchens. Irgendwo zwischen den jungen Kiefern verschwinden die beiden. Erneutes Warten. Fast finster ist es nun. Weit nach Norden hin stimmt eine zweite Nachtschwalbe an, ein dünnes Stakkato-Gerassel, man möchte meinen, es spiele sich nur in unseren Köpfen ab. Unvermittelt hebt der erste Vogel wieder an, nur wenige Bäume von uns entfernt. Ein betäubendes Schnarren, ein archaisches Geräusch. Es schwillt an und hallt in der schwülen Luft zwischen den Bäumen in einem zwei, drei Minuten währenden Strom. Wozu dient es? Beim Lied der Nachtigall – raffiniert, improvisiert, unbestreitbar ›musikalisch‹ – glaubt man gern, dass der Vogel am eigenen Auftritt Gefallen findet. Das urweltliche Grollen der Ziegenmelker aber mutet unwirklich an, uralt, wie das Rumpeln eines Mechanismus, der seine organische Form noch nicht gefunden hat, aber schon jetzt gewaltig übertrieben und herrlich überladen wirkt. »Ich bin hier, wo seid ihr?«, ruft dieser Vogel in arttypischer Identitätsbekundung. Selbst wir mit unseren unzureichenden Ohren hören ihn noch eine halbe Meile entfernt. Was sagt er außerdem? »Bleib, wo du bist«, zu einem anderen Ziegenmelker im Norden? »Ich halte Wache«, zu seinem Weibchen? Dass er heute Abend unternehmungslustig, hungrig, auf Habacht sei? Vielleicht sollte man gar nicht nach konkreten Aussagen suchen. Selbst Wissenschaftler schließen sich allmählich der Ansicht an, dass Vogelgesang manchmal womöglich reiner Gefühlsausdruck sei, ein Zeichen übersprudelnder Lebensfreude, ohne weitere Bedeutung. In welchem Fall er wirklich mehr Musik wäre denn Sprache.

Und es ist individuelle Lautäußerung ebenso wie Kommunikation mit einer Gemeinschaft. Geübte Zuhörer sagen, sie könnten verschiedene Individuen an ihrem Schnarren unterscheiden. Sind auch andere Tiere dazu in der Lage? Wie nimmt wohl das Reh mit seinem ausgezeichneten Gehör diese Klangkaskade wahr? Die Waldschnepfe, die selbst kaum einen Ton von sich gibt? Werden schlafende Singvögel geweckt? Ist sie Teil einer Gesamtkomposition, anhand derer alle hiesigen Tiere sich eine Karte ihres persönlichen Reviers erstellen? Lewis Thomas schrieb einst über die »große kanonische Komposition« der Welt:

> *Die von anderen Instrumentalisten – Grillen zum Beispiel oder Regenwürmern – gespielten einzelnen Parts mögen an sich nicht den Klang von Musik haben, aber wir hören sie nicht im Kontext. Wenn wir sie alle auf einmal voll orchestriert in ihrem gewaltigen Ensemble hören könnten, würden wir uns vielleicht des Kontrapunkts bewußt werden, der Ausgewogenheiten von Tönen und Timbre und Harmonik und des Wohlklangs.* [...] *Hätten wir ein besseres Hörvermögen* [...] *wären wir vielleicht hingerissen von dieser Klangkombination.*[134]

*

Ich kam schließlich noch in den Genuss meines Segeltörns auf den Broads, in einem sogenannten White Boat, einem schönen klassischen Kielboot. Ich brauche wohl nicht zu erwähnen, dass nicht alles nach Plan lief. Wir hatten uns ausgerechnet den einen Sommertag ausgesucht, an dem eine steife Brise ging. Es brauchte geschlagene zwei Stunden, bis Polly und ihre Schwester Clare das Boot vom Liegeplatz fortbrachten, denn der Wind warf es immer wieder zurück. Ich selbst hatte vom Segeln nicht die geringste Ahnung, hielt also den Mund und blieb aus dem Weg; dabei musste ich an das denken, was G. Christopher Davies einst über Damen und Boote schrieb. Davies hatte Ende des neunzehnten Jahrhunderts fast im Alleingang dafür gesorgt, dass die Broads sich zu einem beliebten Ausflugsziel mauserten;[135] der Erfolg war so gewaltig, dass er sich genötigt sah, spätere Ausgaben seines *Handbuchs der Flüsse und Seen von Norfolk und Suffolk* um Verhaltensregeln für die von ihm angelockten Touristenströme zu ergänzen. »Meine Damen«, bat er inniglich, »bringen Sie bitte nicht armeweise Blumen-, Beeren- und Gräsersträuße an Bord, um diese dann verwelkt liegen zu lassen, auf dass der arme Skipper sie forträume. Spielen Sie nicht bei jeder passenden und unpassenden Gelegenheit auf dem Klavier (das Lied des Rohrsängers liegt viel süßer über den Broads), und rücken Sie nicht vor acht Uhr morgens aus, wenn andere Yachten in der Nähe sind.«[136] Hätte er doch nur Polly und Clare sehen können, wie sie ihren Guerillakampf gegen schrammende, schlagende Leinen und den Wind führten. Endlich schafften wir es hinaus und schossen vor dem Wind daher, als liege unser Kiel eine Handbreit über dem Wasser. Ich durfte die Ruderpinne übernehmen und schaffte es, fünf Minuten lang zu steuern, ohne dass wir kenterten oder ich mich zum Idioten machte. Ich mühte mich, Segel und Pinne möglichst leicht zu halten, die Balance zwischen Segelstellung und Andruck auf das Ruderblatt zu spüren. Dabei wünschte ich mir ein drittes Auge, um neben dem Wasser und dem Wimpel an der Mastspitze, der uns sagt, wie der Wind steht, zugleich das Treiben über dem Ried beobachten zu können. Dort schwelte ein Schilfbrand, und Rohrweihen suchten am Rande der Rauchwolke systematisch nach Flüchtigen. Einer der Greifvögel war in derselben Richtung unterwegs wie wir, und von plötzlichem wildem Selbstvertrauen gepackt versuchte ich, das Segel an seinem Flügel-V auszurichten, das die Weihe so wundersam gegen den Wind vorantrieb, genau wie das Segel uns. Dann vollzog sie eine 90-Grad-Punktwende. Ein Versuch, es ihr gleichzutun, hätte uns unweigerlich zum Kentern gebracht. Ich kenne meine Grenzen, auch wenn sie sich derzeit verschieben. In meinem Kopf formte sich ein Satz vom Tiefgang einer Glückskeksweisheit, und doch schien er etwas von dem festzuhalten, was ich während der letzten zwölf Monate gelernt hatte: »Gegen den Wind kommt man nur auf Umwegen voran.«

Ich merke, wie sehr sich meine eigene Wahrnehmung verändert hat. Vor zwei Jahren noch dröhnte mir ein russisch-orthodoxer Bass im Ohr. Jetzt höre ich das Schnurren der Nachtschwalben und das muntere Schimpfen der Rohrspatzen. Die Sturmflut an Eindrücken, die die Hitzewelle herbeispült – im Zwielicht aufflackernde Fledermäuse, der Geruch zundertrockenen Grases, der Samtschimmer der Bienen-Ragwurz –, hat mein Nachtsehvermögen ebenso wie meinen Geruchssinn geschärft. Und – ganz entscheidend – meine Aufmerksamkeit. Wie funktioniert die Wahrnehmung der anderen Lebewesen in unserem System? Ist sie selektiv und zweckgerichtet, ignoriert sie alles Übrige als irrelevantes ›Weißes Rauschen‹? Registriert der Hopfen-Wurzelbohrer den Geruch sonnengebackenen Torfs in gleichem Maße wie den seiner Futterpflanzen? Bemerkt eine Hummel je die Bienen-Ragwurz, vollzieht sie den Akt, für den deren Blüte theoretisch gebildet ist? Wie ordnen die kreischenden Mauersegler das Klingeln von Handys ein und das Aufheulen der Motorräder, über die sie am Tage hinwegfliegen?

Häufig ergeben sich Interaktionen zwischen verschiedenen Arten beiläufig und völlig willkürlich. Gegen Ende des Sommers bummelte ich am Herrenhaus-See entlang, da schwebte ein jungfräulich weißer Seidenreiher ein. Sein Flugbild ähnelte mehr dem einer Schleiereule denn dem eines Reihers. Ich bezweifle, dass die Standvögel je so etwas gesehen hatten. Alles stürzte auf ihn los, von den Teichrallen bis zu den Graugänsen, eine kreischende, hackende Bürgerwehr, die den Reiher quer übers Wasser und einen Baum hinauf trieb. Doch als ich am nächsten Tag zurückkehrte, hatte sich alles beruhigt. Ich entdeckte den Reiher wie ein im Wind treibendes Tuch inmitten eines Schwarms von schätzungsweise fünfhundert Kiebitzen auf einem ihrer Wer-will-macht-mit-Rundflüge. Er kopierte jede Bewegung, schlug im Gleichtakt die Flügel, ahmte ihr Kippen und ihre Schwenks kurz vor der Landung nach. Ging es ihm um Sicherheit oder Gesellschaft oder aber um nichts als einen sonnigen Ausflug? Bisweilen will es scheinen, als gehe es der gesamten Besetzung auf der Bühne des Lebens, uns eingeschlossen, nur ums Spiel.

1974, ein Jahr vor dem Ende des Vietnamkriegs, verfasste der amerikanische Literaturwissenschaftler und Verhaltensforscher Joseph W. Meeker ein Buch namens *The Comedy of Survival,* in dem er – zeituntypisch – literarische Analyse mit einem genauen Blick auf tierische Verhaltensweisen verband. Der Autor bricht darin eine Lanze für einen sogenannten »komödiantischen Ansatz« bei der Weltbetrachtung und als Lebensstrategie. Er betont, dass eine Komödie nicht zwingend zum Lachen sei, jedoch in krassem Gegensatz zur Tragödie stehe, die sich auf abstrakte Moralgesetze, Machtkämpfe und unabwendbares Unheil konzentriere. Meeker zufolge geht es in der Natur im Großen und Ganzen zu wie in einer Komödie, alles drehe sich um Standfestigkeit, Überleben, Aussöhnung. Sogar die Evolution

> *schreitet voran wie eine prinzipienlose, opportunistische Komödie, ihr Ziel offenbar die Verbreitung und der dauerhafte Erhalt von möglichst vielen Lebensformen. Erfolgreich sind dabei nicht jene, die Feinde oder Konkurrenz besonders effizient vernichten, sondern jene, die auch unter schwierigsten, gefahrvollen Umständen überleben und sich*

vermehren. Für alle Beteiligten, auch den Menschen, gelten dabei dieselben Grundregeln wie für die literarische Komödie: Alle Lebewesen müssen sich auf jede erdenkliche Weise an ihre Lebenssituation anpassen, Alles-oder-Nichts-Situationen tunlichst meiden, in lebensbedrohlicher Lage nach Auswegen suchen, maximalen Artenreichtum nicht nur hinnehmen, sondern begrüßen, sie müssen sich an geburts- und umweltbedingte zufällige Einschränkungen anpassen und schließlich die Kooperation dem Wettbewerb vorziehen, sich in unvermeidbaren Konkurrenzsituationen jedoch als überlegen erweisen [...] *Die Komödie ist eine Lebensstrategie nach der Weisheit der Natur; besser können wir unseren Platz zwischen allen anderen Tieren, die nach diesem komödiantischen Ansatz leben, nicht behaupten.*[137]

Seinen ultimativen Ausdruck findet Meekers komödiantischer Ansatz im Spiel, jenem bei höher organisierten Lebewesen nahezu universell vorhandenen Phänomen (dazu zählt auch das, was der Mensch als Kunst bezeichnet), das in seiner fröhlichen Sinnbefreitheit dem Wesen dessen, worum es im Leben geht, sehr nahezukommen scheint. Spiel ist das Gegenteil von *Management by Objectives* (›Führung durch Zielvereinbarungen‹), dem derzeitigen Credo, das jegliche Spontaneität, Fantasie und Überraschung rigoros aus dem kreativen Prozess aussiebt. Ein Spielethos mit Regeln wäre ein Widerspruch in sich. Meeker schlägt jedoch einen »Spielerischen Rechtekatalog« für die gesamte Schöpfung vor, der Kursänderungen, Verhandlungen und täglicher Revision natürlichen Raum gibt:

Alle Spieler sind gleich oder können gleichgemacht werden
Grenzen sind dazu da, überschritten zu werden
Neues ist unterhaltsamer als Wiederholtes
Regeln sind jederzeit neu verhandelbar
Risiko beim Spiel lohnt sich
Schönheit und Eleganz zeichnen das beste Spiel aus
Zweck jedes Spiels ist das Spiel, sonst nichts.[138]

6 · DER JOKER

»In der Wildheit liegt die Rettung der Welt.«[139]
HENRY DAVID THOREAU

»Wild thing, you make my heart sing.«
THE TROGGS, 1965

Der erste Regen fiel Anfang September, leicht und von kurzer Dauer, aber er brachte Veränderung. Nach einer uns nicht ersichtlichen Agenda entschieden sich die Mehl- und Rauchschwalben gegen eine letzte Brut und für eine massenhafte Abreise; beinahe über Nacht zogen sie davon. Die Fahrenden mitsamt ihren Pferden taten es ihnen gleich, und so wirkte die Allmende vorübergehend leer. Der nun nicht mehr beweidete Fair Green überraschte mit einem seltsamen Aufblühen, das sich nur schwer als natürlich erklären ließ. Um einen großen Hexenring aus Gras waren die Wiesenblumen wie in einem Schaubeet arrangiert: ein Innenkreis aus reinweißer Schafgarbe, umgeben von einer Zuckerwattekorona aus rosa Schafgarbe und gelbem Echtem Labkraut in später Blüte.

Noch vor hundertfünfzig Jahren war der Fair Green Ausrichtungsort für einen der prächtigsten Jahrmärkte in East Anglia, mit tausend Schafen, »ganzen Ponyherden«, Ringkämpfern, »mechanischen Figurenspielen«, grünen Heringen und Zuckerstangen und Strömen von Alkohol. Das Volk schlug derart über die Stränge, dass der Innenminister im Jahr 1872 der Veranstaltung ein Ende machte.

Der Nachfahr im Geiste (zum Glück nicht im Fehlbetragen) ist dieser Tage das Greenpeace-Herbstfest, der Höhepunkt auf dem alternativen Jahreskalender des Waveney Valley. Wir machten uns gemeinsam dahin auf, und da es zufällig auf den Tag nach dem großen Exodus der Zugvögel fiel, hatte es die Anmutung eines Erntedankfests. Eine Reggae-Band aus East Anglia spielte, und ausgesprochen passable Flamencotänzer zeigten ihr

Können. Den Strom für die Bühne lieferte ein unermüdlich von Freiwilligen in Gang gehaltener Pedaldynamo (fast so beeindruckend wie die gewaltige Sechserbatterie beim Green Gathering). Die Jugend der Patchworktruppe bot Schmuck aus eigener und Hemden aus taiwanesischer Fertigung feil; manche hatten, wie es aussah, ihren kompletten Besitz im Gras ausgebreitet: ausrangierte Handtuchhalter, rostige Gartengeräte, lumpige Kleider, alte Ausgaben von *Ecologist* und *Asian Babes* in fröhlichem Reigen. Der Antiquitätenmarkt der Gegenkultur. Am Küchenzelt holten wir uns Thai-Curry, und bei einer oberlehrerhaften Dame erstanden wir ein Körbchen rotwangiger kleiner Birnen der Sorte *Robin* aus deren Garten, eine echte Norfolk-Birne. Als ein sturzbetrunkener Mann beim Suffolk-Samba umkippte, durfte Polly ihre Fähigkeiten im Wiederbeleben beweisen. Ich wiederum legte mich mit ein paar Jungs an, die elektrische Insektengrills verhökerten – standhaft trat ich für die Rechte der Wespe ein, die in der Konferenz des Lebens mit dem Wal auf einer Stufe steht. »Komm mal klar!«, raunzten sie mich an. Es war alles herrlich verrückt, und während wir an unseren Birnen nagten und hustend dem irren Sirren des pedalgetriebenen Dynamos lauschten, fragte ich mich, warum das Leben nicht immer so sein konnte. Eitle Gedanken, aber nicht in Gänze: Ich spielte mit der Idee, im kommenden Jahr selbst einen Stand aufzumachen, um Restauflagen meiner Bücher gegen Couscous und Secondhand-Hemden loszuschlagen.

Bald schon hatte sich das Nieselwetter wieder verzogen, und ein zweiter Altweibersommer hielt Einzug. Hopfengirlanden schmückten die Hecken im Fenn. Unmengen an Wildobst reiften und wurden mit landestypischem Masochismus als Vorzeichen eines harten Winters gedeutet: Für diesen Sommer würden wir zahlen müssen. Weniger moribund war die Erklärung der reichen Ernte mit der Dürre des vergangenen Sommers, denn Bäume im Trockenstress stecken sämtliche Energie in die Produktion von Nachkommenschaft. (Wie meine liebe Freundin Sue Clifford einmal anmerkte, wäre es biologisch ebenso sinnvoll, wenn Pflanzen auf besonders geringe Stressfaktoren und perfekte Wachstumsbedingungen mit reicher Ernte reagierten.)

Ich begann wieder, alles zu naschen, was sich mir draußen bot. Schon im Frühjahr, als das Ried erste Triebe gezeigt hatte, hatte ich einen Anfang gemacht. Eine vage Erinnerung an ein amerikanisches Traktat über Wildnahrung ließ mich eine Triebspitze aufknibbeln, um an dem saftigen weißen Mark zu knabbern (ein Irrtum übrigens – in dem Traktat war es um den aus der Bruchstelle austretenden Saft gegangen). Es schmeckte überraschend frisch nach Zitronenzesten und zugleich zuckersüß, wie Wohlriechendes Ruchgras hoch zwei. Perfekt für das, was Edward Bunyard, der Obstgourmet der Dreißigerjahre, als »perambulierende Nahrungsaufnahme«[140] bezeichnete: Zu viel Fummelei, um zu verantwortungslosem Übersammeln zu verführen, aber herrlich als gelegentliche extravagante Nascherei. Schon bald steckte ich mir wieder in den Mund, was immer ich fand, wie vor dreißig Jahren. Ich probierte die zarten jungen Hopfentriebe, die das Fenn im Überfluss bietet – zunächst frisch (ein wenig borstig), dann im Omelett (nussig, aber faserig). Auf einer Brache bei einer Tankstelle stand Winterkresse, ich kaute ein paar Blätter. Sie hatten ihre beste Zeit hinter sich, waren zäh und bitter, also testete ich die gelben Blütenknospen – wie scharfe Brokkoliröschen! Von hier war es nur ein kleiner Schritt hin zu Rapsknospen, die ich vom Feldrand stibitzte (meiner Meinung nach ein vollkommen gerechtfertigter winziger Ausgleich für den üblen Geruch dieser Nutzpflanze), und weiter zu jedem sich bietenden ungiftigen Blütenstand, von Roter Taubnessel bis zum Beinwell. Im Hochsommer war der Sauerampfer auf den Wiesen nicht zu überbieten, besonders gegen Abend, wenn das Licht der tiefstehenden Sonne die orange glitzernden Blütenstände wie einen Schleier über der Wiese hervorhob. Wir verarbeiteten ihn zu einer ätherisch grünen Suppe mit Joghurt. Im Spätsommer, auf dem Rückweg von einem erfolglosen Ausflug zum Cranberrysammeln in den Moorniederungen von Cranberry Rough, erspähte ich in einer Hecke einen verwilderten Birnbaum. Er war gewaltig, zwölf Meter hoch und mit deutlich mehr als einem Meter Stammumfang. Ihm zu Füßen lagen, zu rotgelben Lachen versammelt, kleine *Robin*-Birnen, wie wir sie auf dem Herbstfest gekauft hatten. Zehn Pfund las ich vom Straßenrand auf – eine völlig unerwartete Ernte, die mir da quasi in den Schoß fiel.

In diesem spektakulären Herbst zeigte sich, dass wir eindeutig das Jahr der Pflaume hatten. Polly und ich entdeckten eine Wallhecke (vielleicht die ehemalige Grenze eines kleinbäuerlichen Obstgartens), in der praktisch jede wilde Pflaumenart vertreten war, die es gibt, von der dicken Kriechenpflaume bis hin zum Schlehdorn, darunter ein Strauch mit so prallen, reifen Früchten, dass die Ernte einem Melken gleichkam: Die Früchte ergossen sich wie ein Trankopfer in die Hand. Einige hatten sich beim Herabfallen auf die Stoppeln gespießt – extravagantes Obst am Stiel.

Unsere Kulturpflaumen gehen auf eine Kreuzung des gemeinen europäischen Schlehdorns mit der Kirschpflaume zurück, der Myrobalane oder ›Türkenpflaume‹ des Nahen Ostens. Alte englische Pflaumennamen wie ›Damascene‹, ›Damask‹ und ›Damson‹ zeugen noch heute davon. Die Namen der Pflaumensorten des siebzehnten Jahrhunderts klingen wie Früchte aus dem Hohelied Salomos: ›Große Damaszener-Pflaume‹, ›Geflammte Kaiserpflaume‹, ›Weiße Perdrigon‹, ›Hyazinthpflaume‹, ›Goldpflaume‹, ›Taubenherz‹. Vielleicht war unser Pflaumenbaum ja John Evelyns Lieblingssorte ›Dark Primordial‹ (die dunkle Urpflaume) – das würde mir gefallen. Am liebsten hätte ich eine der wie von Raureif überzogenen perfekten Eierfrüchte aus einem Eierbecher gelöffelt. Stattdessen trockneten wir sie zu Wildtrockenpflaumen und kochten dunkle Marmelade nach einem alten Rezept von Gisèle Tronche. Diese französische Konfitürenkünstlerin mischte Kriechenpflaumen mit anderem Wildobst und gab ihr Zaubergewürz Kreuzkümmel hinzu; das Ergebnis beschrieb sie selbst als »*humeur noir*« und seine Farbe als »gut, gesund, schwarzlaunig«. Genauso schmeckte die Marmelade, urwüchsig und temperamentvoll. Vielleicht hätte sie ja auch John Evelyn geschmeckt? Dieser Tagebuchschreiber und Royalist, der sich bereits im siebzehnten Jahrhundert für die Aufforstung von Breckland aussprach, begeisterte sich überraschend leidenschaftlich für Obst und Gemüse. In seinem schelmischen *Discourse of Sallets* (›Traktat vom Salat‹) zeigte er sich als missionarischer Vegetarier und Tierschützer, und in einer spektakulären Überarbeitung der Genesis erklärte er den Sündenfall nicht mit dem Pflücken der verbotenen Frucht, sondern mit dem *Nicht*pflücken von Früchten überhaupt: »Die Gärtneranweisung des Goldenen Zeitalters gereichte allen Menschen allerorten und jederzeit zum Wohl; ist der Mensch erst in diesen Zustand zurückversetzt, wird es sein wie am Anfang.«[141]

Auch beim Brotbacken gebärdete ich mich allmählich wie ein Wilder. Seit dem Frühjahr schon buk ich selbst, Pollys allwöchentliches Ritual hatte mich angesteckt. Ich liebte es, ihr beim Kneten zuzuschauen, diese Kraft, dieser Rhythmus, dieses Fingerspitzengefühl. Natürlich war es unwahrscheinlich sexy, doch außerdem faszinierte mich das handwerkliche Geschick. Ich wollte es selbst ausprobieren, schaute und hörte zu, steckte die Finger in den Teig, auf dass diese das rechte Gefühl für die Sache entwickelten. Außerdem las ich Eliza Acton. Man gieße das warme Wasser hinzu, schrieb sie 1857, und mische sacht etwas Mehl unter den Vorteig; so fahre man fort, immer von außen nach innen arbeitend, mit sanft tretelnder Bewegung wie eine zufriedene Katze, bis alles zu einem gleichmäßig warmen, nachgiebigen Teig zusammengeführt ist. Damit konnte ich etwas anfangen. Mit dieser Bewegung war ich vertraut, seit ich unter einem Katzennetz im Stubenwagen lag.

Allmählich entwickelte ich ein Gespür dafür und begann, die Angaben auf dem Hefetütchen zu ignorieren. Aus einer leicht hypochondrischen Anwandlung heraus versuchte ich mich an weizenfreiem Brot. Manches Experiment endete im Fiasko. Buchweizenmehl knetete sich selbst mit Hefe nur zu Matsch. Ohne Hefe wiederum erinnerte das Backergebnis im Geruch wie in der Konsistenz an uralten Pilz. Ich dilettierte mit Hirse und Mais, mit reinem Hafer, mit Mischungen aus allen dreien. Es entstanden Brote in seltsamen Farben und mit ungewohnter Textur. Nichts aber kaute sich wie Vollkornweizenbrot. Erst als ich dazu überging, Nussmehl hinzuzufügen, tat sich etwas. Von eingeweichten getrockneten Maronen ging ich über zu Mandeln und Haselnüssen, die ich jeweils im Mixer zerkleinerte. Wirklich glücklich aber machte mich letztlich eine Mischung aus gemahlenen Pecannüssen und Weizenmehl. Auf irgendeine Weise war das Öl der Nüsse am Laib nach außen getreten, das Ergebnis war eine duftende krosse Kruste. Heute ist dies mein Spezialbrot, das ich zu festlichen Anlässen backe. Nächstes Jahr aber werde ich mich zurück in die Steinzeit begeben und es mit den Wildkräutersamen probieren, aus denen die ersten Dörfler steinharte ungesäuerte Brote als Wintervorrat buken.

*

Seit meiner Teenagerzeit träumte ich von Amerika. Warum eigentlich? Ein halbes Leben mit amerikanischer Musik, mit Roadmovies und Büchern über die großen Wüsten im Westen hatte wohl selbst den abstoßendsten

Aspekten der Vereinigten Staaten eine verquere Attraktivität verliehen. Ein Teil von mir hatte schon immer in einem Diner essen und mit einer gelben Taxe fahren wollen, als seien dies Bilder aus einem Lieblingsmärchen. Doch ich hatte es noch immer nicht dorthin geschafft. Ein unerklärlicher Horror vor Langstreckenreisen – davor, dass »meine Kenntnisse mir ausgehen«[142] würden – hatte mich bereits zwei oder drei Mal im letzten Moment einen Rückzieher machen lassen. Hier zeigte sich noch immer das zart besaitete Kind, jene übernervöse Natur, der ich nie ganz entwachsen war. Nun, jetzt hatte ich sie hinter mir gelassen, und die Reise nach Amerika entwickelte sich zu einer Art selbstgestellter Mutprobe, einem letzten Beweis, dass ich flügge war. Hinzu kam ein guter Grund, und das stärkte meinen Mut: Ich wollte Wildheit sehen, wie sie wilder nicht sein konnte, ein wenig echte Wildnis erleben. Und vielleicht ein wenig besser verstehen, wie es kommt, dass Amerika sich – trotz seiner aggressiven Politik – nie ganz die britische Überzeugung zu eigen gemacht hat, dass jeder letzte Daumenbreit Landes unter Kontrolle sein müsse. Dort ist Natur noch eine ernste Angelegenheit. Verdammt nochmal, Annie Dillard und Gary Snyder hatten den Pulitzerpreis gewonnen, und ich wollte ihre Spur aufnehmen.

In New York quartierten wir uns im Algonquin ein. Wir aßen Gerichte von fünf Kontinenten. Den Sonntag verbrachten wir im fröhlichen Tohuwabohu des Central Park. Polly ging Schlittschuh laufen, und ich sah zwischen den Bäumen einen Virginia-Uhu über die Frisbee-Spieler hinweggleiten. Als wir uns mit dem Zug nach Süden aufmachten und die Stadt hinter uns zurückfiel, entdeckten wir zwischen Schienensträngen und Apartmentblöcken eine urbane Savanne: Über weiten Röhrichtflächen leuchtete glutrot das Laub von Sumachgebüsch, und unter den Streben der Werft von Newark duckten schneeweiße Schmuckreiher die Köpfe. Auf einmal schien alles seltsam vertraut und gar nicht jenseits meiner Kenntnis.

Unser Ziel war die Chesapeake Bay. Polly hatte ihre früheste Kindheit in New Jersey verbracht und wollte alte Freunde besuchen; ich sollte einen Vortrag halten. Der Sohn unseres Gastgebers war Farmer, auf der Hälfte seines Besitzes zog er Sojabohnen für Biogasanlagen, die andere Hälfte sollte sich im Zuge eines Bundesnaturschutzprogramms in Prärie zurückverwandeln. Wir spazierten über das Land. Auf diverse Weise fühlte ich mich an East

Anglia erinnert – flach und feucht war es hier, mit gelegentlichem Baumbestand, die Natur in keiner Weise geheimnisvoll. Wir erfuhren, warum Giftsumach tunlichst zu meiden war, schnupperten an Sassafras-Wurzeln und sahen Monarchfalter wie bernsteinfarbene Bruchstücke von Tiffanyglas über das Bohnengrün gaukeln. Hoch oben zogen Keilformationen über den Himmel, weiß-schwarze Flügel vor klarem Blau. Im ersten Moment erkannte ich die Vögel nicht und fragte mich, in Gedanken daheim, ob es wohl Kraniche seien. Doch dann dämmerte mir, dass es sich um Schneegänse handelte. Die Hälfte ihrer langen Reise nach Süden hatten sie geschafft. Dreitausend Meilen schon unterwegs, und noch immer ertönten ihre Schreie.

Eine Weile blieben wir in einem Bed & Breakfast in Maryland, einem dreistöckigen, zur Idealvorstellung seiner einstigen – vielleicht auch nur erträumten – Größe restaurierten Haus aus der Kolonialzeit. Handgemalte Tapeten. Kranzleisten, die erkennbar die Decken der Alhambra zum Vorbild hatten. Die Räume erdrückt von schwerem Mobiliar, wie man es wohl auf einem Raddampfer finden mochte. Klassische amerikanische Neugotik, und so überraschte es kaum, als am Morgen eine Geierschwinge in passender Schauerroman-Manier das halbe Schlafzimmerfenster verhängte. Draußen wimmelte es von Truthahngeiern, wie Vogelscheuchen schaukelten sie auf den Gartenkoniferen, stritten um Essensreste auf dem Rasen. Unsere Vermieterin, die Restauratorin, rang die Hände, als wir sie darauf ansprachen. »Jedes Jahr um Halloween kommen sie. Sie vermitteln einen völlig falschen Eindruck. Mein Mann wirft mit Tennisbällen nach ihnen, um sie vom Dach zu vertreiben.« Offenbar fressen sie die Isolierung und hinterlassen unangenehme Gerüche. So wild hatten wir Amerika bisher noch nicht erlebt, fand ich.

Eines war jedoch klar: Wollten wir echte Wildnis sehen, mussten wir hinters Steuer, so widersinnig das scheinen mochte. Auf der Landkarte entdeckte ich eine Stelle namens Great Dismal Swamp (›Großer Trostloser Sumpf‹), das Ganze in Virginia auf halber Strecke zwischen Norfolk und Suffolk. Wenn man bedachte, woher wir angereist waren, durften wir uns das nicht entgehen lassen. Also mieteten wir einen Wagen und machten uns auf Richtung Süden. Für mich war es Kulturschock pur. Mir war weder klar gewesen, wie gewaltig die Distanzen in Amerika sind, noch in welchem Maße die amerikanische Straße einen abgeschlossenen Lebensraum bildet. Ein Abschweifen ist nicht vorgesehen. Kleine Abstecher, um einen Spaziergang zu machen oder eine Übernachtungsmöglichkeit zu suchen, erwiesen sich als vergeblich. Der Straßenrand war entweder zugebaut oder abgezäunt, und die Dörfer versanken ab sechs Uhr abends im Dunkel. Die lange Fahrt zu dem Sumpf im Süden erschien zunehmend närrisch, zumal uns nur noch ein paar Tage blieben. Wir zogen die Konsequenzen und drehten nach Westen ab, auf die Route 66 in Richtung Appalachen.

Als wir die ersten Gebirgsausläufer erreichten, war es Halloween, und rund um die Baptistenkirchlein und die Bambifiguren in den Vorgärten feierte man einen fröhlichen Totenkult mit Skeletten aus dem Kaufhausregal, personalisierten Grabsteinen und Mülltütengeistern; manch ein Haus verbreitete einen Gruselschein wie eine Hexenhöhle. Zugleich spülte eine Südstaaten-Hitzewelle über uns hinweg. Alles saß auf der Veranda. In Harper's Ferry weilte Jason, fast so antik wie seine Ware, über mehrere Schaukelstühle gestreckt im Land der süßen Träume, während in seinen Geschäftsräumen rustikale Shenandoah-Keramik stand, die im vierstelligen Dollarbereich ausgezeichnet war. Am Trödelstand im Nachbargarten – die Verwandtschaft mit unserem Greenpeace-Fest war unverkennbar – verscherbelten sie stibitzte Gideon-Bibeln für zehn Cent das Stück. Wir hielten uns an Nebenwege, wo immer es ging, und überquerten in der Abenddämmerung den Shenandoah River auf einer Brücke, die kaum zwei Handbreit über dem Wasser schwebte. Ein junges Pärchen schrubbte Autoreifen im Fluss, während über ihnen Schwärme von Fledermäusen kreisten. In Pleasant Valley waren die Männer damit beschäftigt, ihr Kaminholz aufzuschichten, und Dane von »Mountin' Man Taxidermy« hatte seine neuen Vierfarb-Broschüren hereinbekommen, sie lagen aufgestapelt gleich neben den Plastikdosen mit Alfalfa-Saat. »Hirschpräparate inklusive Schlitzpupille in Ausstellungsqualität. Offenes Geäse $ 75 Aufpreis.« In ihren Wald aber konnten wir partout nicht hineingelangen. Noch die schmalste Landstraße war von Häusern gesäumt, außer dort, wo ein Anschlag an jedem straßennahen Baum ein Jagdrevier auswies. Selbst tief im Staatsforst reihte sich noch ein holzverschaltes Sommerhäuschen ans andere, ein jedes mit bunt bemaltem Briefkasten und Satellitenschüssel. Die Straße kam uns bald vor wie die neue Grenze der Zivilisation, wo jeder seinen Grund und Boden absteckt, Waren feilhält, Flaggen hisst – alles, bloß nicht jemand Fremden durchlassen.

Abends blätterte ich in Büchern über die amerikanische Wildnis und über die seltsame, ambivalente Rolle, die sie in der Kultur dieser Nation spielt. Sie ist Symbol der freien Nation, etwas, das es in Ehren zu halten gilt, und zugleich etwas, das der echte Pionier ›zurückerobern‹ soll. Man liebt sie, will von ihr Besitz ergreifen, zerreißt sich innerlich um sie. Für uns Briten, die kaum noch etwas haben, was sich auch nur im Entferntesten als Wildnis bezeichnen ließe, ist vor allem die Haarspalterei um Begrifflichkeiten verwirrend. Was heißt ›Wildnis‹? Ist es ein Ort, den der Mensch nicht verändert hat, oder aber einer, an den nicht einmal er einen Fuß setzt? Oder etwas, das sich auf subtilere Weise unserem Einfluss entzieht? Genau genommen gibt es heute natürlich keinen einzigen Ort auf Erden, der von menschlicher Aktivität völlig unberührt wäre – dafür haben die globale Erwärmung und die in sämtliche Meere und die Atmosphäre eingetragenen giftigen Chemikalien längst gesorgt. Manche lehnen das Konzept der ›Wildnis‹ grundsätzlich ab, aus politischen ebenso wie kulturellen Gründen. Sie sehen darin eine Form der sozialen Ausgrenzung, einen neuen Kolonialismus, eine Inbesitznahme des Lebens- und Arbeitsumfelds marginalisierter Völkergruppen zugunsten in weiter Ferne lebender reicher Völker. Wildnis als eine Kategorie, durch die weniger ›reine‹ Orte diskriminiert werden, indem ihr Wert herabgesetzt wird. Manchen tiefenökologischen Zirkeln gilt bereits das Wort ›Wildnis‹ als Widerspruch in sich. Im selben Moment, da eine Wildnis als solche erkannt, benannt und kartografiert werde, sei sie – durch diese Handlung allein – domestiziert. In seiner Untersuchung *Wilderness and the American Mind* postulierte der Historiker Roderick Nash bereits 1967, Wildnis sei womöglich »ein mentales Konzept – ein Zustand der Umwelt, der mehr in der Wahrnehmung denn in der Realität existiert«. So erklärte eines der Kinder, mit denen Nash im Rahmen seiner Forschungen sprach, Wildnis als »die dunkle Höhle unter meinem Bett«[143]. Für Wordsworth war sie ebenso sehr Geistes- wie Naturzustand. Seine gern zitierte Zeile »Wildnis ist randvoll mit Freiheit«[144] stammt aus einem Gedicht über die Freisetzung von zwei Goldfischen in die große Freiheit eines Teichs im Lake District.[145]

Auch für Thoreau war Wildnis eher vage Vorstellung denn konkreter Ort. Sein Erlebnis auf Mount Katahdin war ein einmaliges Ereignis, eine quasireligiöse Erfahrung, die er, man spürt es, nicht unbedingt wiederholen wollte. In seinen Tagebüchern und mehr noch in *Walden* bezeichnet ›die Wildnis‹ entweder die umgebende Natur (besonders die Sümpfe von Massachusetts) oder aber, und hier nimmt Thoreau Colettes Vision vorweg, einen Ort, von dem man träumt, an dem man aber nicht verweilen möchte. »Unser dörfliches Leben würde stocken« ohne gelegentlichen Kontakt mit der »stärkenden Kraft« ganz banaler Wildnis; es sei unerlässlich, aber auch ausreichend, von der Existenz des Unzugänglichen zu wissen, »des Unerforschbaren [...] des Unvermessenen und Nichtausgeloteten«: »Wir müssen sehen, dass unsere Grenzen überschreitbar sind, dass es ein Leben in Freiheit an Orten gibt, an die wir uns nie verirren.«[146] In seinem Spätwerk *Wild Fruits* spielt er mit der Vorstellung von etwas, das man wohl als städtische Wildnis bezeichnen muss: »Ich finde, dass jeder Ort seinen Park haben sollte oder besser noch einen im Urzustand belassenen Wald von fünfhundert oder tausend Morgen, entweder in einem Stück oder mehreren, in dem nie ein Ast als Brennholz geschlagen würde, weder für die Flotte noch für den Stellmacher, sondern den man zu einem höheren Zweck stehen und vergehen ließe – für immer Allgemeingut, zur Belehrung und Erholung.«[147]

Der Shenandoah National Park, ein Waldgebiet von 280 Quadratmeilen in den Blue Ridge Mountains, kommt Thoreaus Vorstellung nahe; er wird als vorbildliche ›Bildungs- und Erholungsstätte‹ für die Neuenglandstaaten präsentiert. Als ich einen Führer im Besucherzentrum nach Annie Dillards Tinker Creek fragte, wies er auf ein abgelegenes Areal in der Südwestecke. Auch wenn mir das fast so weit entfernt schien wie New York, jagte es mir einen leichten Schauer über den Rücken. Wir schritten aus auf einem der gut ausgezeichneten Wege, wobei uns vollkommen klar war, dass wir stattdessen eigentlich ein Zelt oder ein Kanu hätten packen, sämtlichen kulturellen Ballast abwerfen und uns auf einen Treck gen Westen machen sollen. Dennoch genossen wir den Waldspaziergang, und wie schon zuvor auf unserem Gang über die Äcker gab es für uns Neues zu entdecken: Streifenhörnchen mit stramm hochgereckten Schwänzchen, tennisballgroße Osagedorn-Früchte, Hickory und Ahorn und Amerikanische Buche im prächtigen Herbstgewand.

Auf unserer Rückfahrt nach New York genossen wir immer wieder Kostproben ursprünglicher Natur. Ein scharlachroter Kardinal flatterte direkt vor unserer Windschutzscheibe her. Wir sahen einen lebenden Waschbären und zwanzig tote – alle scheinbar heil, als seien sie nicht unter die Räder gekommen, sondern aus dem fahrenden Wagen geworfen worden. In einem anderen Naturschutzgebiet spazierten wir über Plankenwege (schon wieder diese Verkehrsführung!), und aus einem National Wildlife Refuge kurz vor Washington warf man uns hinaus, weil wir die Schließungszeiten nicht beachtet hatten. Wir wussten, dass es hier irgendwo Wildnis gab, doch sie blieb hartnäckig außerhalb unserer Reichweite. Dabei lagen die Gründe ganz bei uns: Ich hatte mich nicht vorbereitet. Wir hatten zu wenig Zeit, zu wenige Landkarten und null Ausrüstung.

Dennoch begann ich mich zu fragen – hoffentlich nicht nur, um meine Naivität mit Vernunft zu kaschieren –, ob ich mich tatsächlich nach Wildnis sehnte, ob ich mich überhaupt nach ihr sehnen *sollte*. Wirklich wilde Natur sollte den dortigen Wildtieren vorbehalten sein und nur in zweiter Linie uns und unserer Suche nach Selbsterfahrung dienen. Begeben wir uns in sie hinein, so sollten wir dies als Privileg betrachten und uns denselben Bedingungen unterwerfen, unter denen die Tiere dort leben, wir sollten unbewaffnet gehen und zu Fuß. Ein solcher Lebensraum darf nichts Bequemes sein, man bekommt ihn nicht geschenkt, und in dieser Hinsicht macht Amerika es richtig. Und doch vermisste ich etwas: Ein Stück gemeinsamen Bodens, wo sich Wildnis und das gründlich Domestizierte überlagern, ein für alle offenes Terrain, das real wie metaphorisch jenseits von Plankenwegen, Waldhütten und Jagdrevieren angesiedelt ist. Ich erkannte, dass das, was mich am meisten anrührt, nicht die Wildnis als konkreter Ort ist, sondern die Ungezähmtheit, die Wildheit als charakterisierende Eigenschaft, die »Kraft, die durch die grüne Zündschnur treibt die Blüte«[148], wie Dylan Thomas es ausdrückte – der ungebändigte, energiespendende Saum eines jeden Lebensraums. Echte Wildnis gilt es um jeden Preis zu schützen, und zwar für ihre rechtmäßigen Bewohner. Für mich jedoch stellte ich fest, dass es mir erging wie zuvor schon Thoreau und Colette: Es reichte aus zu wissen, dass es sie gab – erkunden würde ich sie in meiner Fantasie. Die größte Herausforderung an uns als Spezies besteht darin, ein gemeinsames Spielfeld mit der Natur zu erarbeiten, ein Hinterland, in dem wir uns gegenseitig akzeptieren und eine Beziehung eingehen, die irgendwo zwischen der zehntägigen Wildniserfahrung und dem kurzen Spaziergang auf einem abgezäunten Weg liegt. Ich dachte an die überraschenden Röhrichtflächen neben den Schienen in Newark, an die Truthahngeier vor unserem Fenster und fragte mich, ob sie nicht ebenso wild und revitalisierend waren wie alles, was wir im Großen Trostlosen Sumpf hätten entdecken können.

Interessant und ermutigend zugleich ist, dass es sich bei den amerikanischen Naturschutzgebieten gar nicht unbedingt um seit jeher wilde, sondern oft um renaturierte Landstriche handelt. Als der Shenandoah National Park 1936 eingeweiht wurde, gab es dort buchstäblich keinen Wald, sondern nur entvölkertes Ackerland. Heute sind zwei Fünftel der Fläche offiziell als Wilderness Area ausgewiesen. In sämtlichen Neuenglandstaaten erobert Sekundärwald mitsamt seinen tierischen Bewohnern brachgefallenes Ackerland zurück. Während 1850 nur noch 35 Prozent der Fläche von Vermont bewaldet waren, sind es heute wieder 80 Prozent. Die zu Massachusetts gehörende Insel Martha's Vineyard ist heute wieder von Eichenwald geprägt. Nach Cape Cod sind Kojoten zurückgekehrt, und Elche spielen auf der Route 128, ›Amerikas Technologie-Autobahn‹, Russisches Roulette. Die wilde Natur schleicht sich entlang der neuen Grenze zurück ins Land.[149]

*

Zu Hause ließen die Herbstfarben Virginia erblassen. Lichterloh brannten Feldahorn und Hainbuchen in den Hecken. Die am Straßenrand angepflanzten Hartriegelreihen glommen wie Granatperlenketten. Im süßen Licht der Nachmittagssonne lag die Landschaft wie von Bernstein überfangen da. »Was wäre«, so fragte Loren Eiseley einmal, »wenn der Mensch sich zersetzen könnte wie Herbstlaub, zerfallen könnte, seine Substanz dahingeben wie Chlorophyll – sähen wir den Tod dann nicht mit anderen Augen?«[150]

Das Fenn machte sich Eiseleys kosmischen Blick zu eigen. Es weigerte sich, sich in Bernstein oder auf andere Weise konservieren zu lassen, brüskierte all jene, die an einen statischen Zustand glaubten, und lachte nur über meine Fantasie von einem durch und durch nassen East Anglia: Gab seine Substanz dahin und wurde knochentrocken. Das Wasser in den Seen verdunstete; unsere paar Bekassinen flüchteten an die Küste. Die Tümpel der Gerandeten Wasserspinne versanken ganz einfach und hinterließen leer glänzende Becken – wer weiß, wo ihre Bewohner Zuflucht gefunden hatten. In der Luft lag eine seltsame Stimmung, ein leises Frohlocken, als hätten wir dem Lauf der Dinge ein Schnippchen geschlagen. Wann, so fragten wir uns, würden wir zum Normalfahrplan zurückkehren? Wann müssten wir wieder verdrossen ausschauen?

Auf meinen regelmäßigen Ausflügen ins Tal, auf denen ich die Gegend erforschte, gewann ich den deutlichen Eindruck, dass etwas bevorstand. Der Sommer hatte England verändert, und darüber hinaus schien Amerika *mich* auf subtile Weise verändert zu haben. Die sehr gewöhnliche wilde Natur, die wir Greenhorns dort kennengelernt hatten, ließ mich unserem domestizierten Grund und Boden mit neuem Respekt begegnen: Mit einem Urteil über seine Zahmheit würde ich mich in Zukunft zurückhalten.

Der Abwechslung halber wende ich mich eines Tages vom Haus Richtung Norden, fort von den feuchten Niederungen, hinauf an den Rand von Norfolks Getreideebene. »Englands Brotkorb«, so sagt man. Eine Landschaft, die bis an die Grenzen ihrer Ertragsfähigkeit getrieben wird. Äcker, die sich vom Wegrand bis hinter den Horizont ziehen, Hecken und Gehölze in nebensächliches Beiwerk verwandeln. Kornsilos höher als Kirchtürme. Die Zuckerrübenernte hat früher als sonst begonnen, und so pflügen schon jetzt gewaltige Erntemaschinen fregattengleich durch die Felder, in ihrem Kielwasser ein Gefolge von Möwen. Ein paar Wochen lang werden nun Unkraut und Stoppeln die Äcker beherrschen. Die scharfen Stoppeln verschlucken alles, Trugbilder schimmern darin wie in flirrender Hitze. Von leer scheinenden Flächen erheben sich Vögel. Zwanzig Meter voraus explodiert ein Stieglitzschwarm, ein Wölkchen aus Flitter und Spreu. Der Sperber erscheint mir zunächst wie schattenhaft verdichtete Luft. Fahlbraun – ein Weibchen. Unendlich langsam gleitet der Vogel über die Furchen hin, kaum einen Meter über dem Boden. Seine Flügel hat er, weihenartig, minimal aufgestellt. Der

Kopf ist gesenkt, der starre Blick gnadenlos. Es ist, als ziehe er sacht ein Skalpell über das Feld, um dessen Haut beim leisesten Erbeben zu öffnen. Die Dichterin Kathleen Jamie verglich einmal die Bindung zwischen Wanderfalkenmännchen und -weibchen, wenn sie in einigem Abstand voneinander beim Nest aufsitzen, mit dem *duende,* dem elektrischen Knistern zwischen zwei Flamencotänzern.[151] Genau diese Magnetkraft übt die Sperberin auf das Feld aus, sie setzt es unter Spannung, fordert seine Aufmerksamkeit. Die Bachstelzen verlieren als Erste die Nerven. Ein halbes Dutzend von ihnen fliegt aus dem Nirgendwo auf und verfolgt den Raubvogel, sie wehen ihm nach wie der Schweif eines chinesischen Drachen. Vorn stiebt eine Lerchenwolke auf. Urplötzlich hat der Vogel genug; schwungvoll entfaltet er sich, wird sperrig und ungehalten und dreht nach Osten ab.

Der heutige Spaziergang ist wie ein Blick in eine Kristallkugel. Vage Anklänge an ein uraltes Landschaftsgefüge schweben über der Ebene wie zuvor die Vögel. Mein Weg führt um unsinnig erscheinende Hundekurven – Nordle Corner, Folly Lane –, lauter Erinnerungen an eine alte, vergessene Flurteilung. Kurz vor der Dämmerung erreiche ich Hall Lane und sehe im alten Herrenhauspark ein halbes Dutzend Vögel geduckt über die Böschungen huschen. Die Goldregenpfeifer sind wieder da. Zwischen den Kiebitzen suchen rund fünfzig von ihnen im Winterweizen nach Nahrung. Durch den Feldstecher wirken sie friedlich wie Täubchen; im Flug aber sind sie ein wildes Schwirren. Wiederholt werfen sie sich als dunkler, verwegener Trupp in den Wind, als sei methodische Futtersuche viel zu gewöhnlich für einen Vogel, der den weiten Weg von der Tundra hinter sich hat.

Es war eine Offenbarung, und so stiefelte ich nun fast täglich im letzten Licht zu den Feldern hinauf. Einige Wochen lang, bis der junge Weizen zu hoch stand, wimmelte es dort von Vögeln. Wieder sah ich Sperber auf Kontrollflug über dem Stoppelfeld, bisweilen zu zweit; dazu gewaltige Schwärme Wacholderdrosseln, identisch ausgerichtet eine wie die andere, Schritt für Schritt auf dem Vormarsch, den Kopf hoch erhoben, die Brust gereckt, voran, voran. Die Regenpfeifer waren schwerer auszumachen. Überwiegend hielten sie sich in der Ferne oder aber hoch über mir, wo sie die taumelnden Kiebitzschwärme wie Pfeilregen durchschnitten. Halb wünschte ich, sie wären nicht da, ließen sich nicht zur Rechtfertigung dieser verschwenderischen

Ackerwüsten heranziehen. Und doch liegt genau hierin der Segen der Natur: Noch in der kleinsten Lücke erkennt sie die Chance, die es zu nutzen gilt. Bald schon werden die Felder erneut mit überzüchteten Ackerpflanzen belegt sein. Heute aber wird getanzt.

*

Meine Ankunft im Tal hatte sich fast gejährt, da hörte ich von der Schleiereule. Eine Bekannte gab mir den Tipp, sie selbst hatte ihn von ihrem Fensterputzer, der darin gar nichts Besonderes sah: Jawohl, er beobachte fast jeden Abend eine weiße Eule, wenn er seinen Hund in dem kleinen Seitental hinter Botesdale spazieren führe.

Am nächsten Tag zur Abendstunde war ich dort. Ich ließ mich nieder, wo ich meinte, dass sie wohl jagen könnte: im langen Gras an einem Bach, wo auch neu gepflanzte Bäumchen standen. Ich muss wohl sehr still gesessen haben. Eine Ricke betrachtete mich von jenseits der Hecke. Nur wenige Meter entfernt ließ sich eine Waldschnepfe ins Wasser gleiten, putzte mit Nachdruck ihr Gefieder. In der Dämmerung erschienen ihre beiden hellen Rückenstreifen wie losgelöst, zwei sich schlängelnde Aale. Vierzig Minuten nach Sonnenuntergang war plötzlich die Schleiereule da. Unvermittelt flog sie aus dem Gras auf, als habe sie die ganze Zeit schon niedergeduckt dort gesessen und Mäuse hinuntergewürgt. Leicht wie Distelflaum stieg sie empor; ihr Kopf eilte dem Körper voraus wie ein zweites Wesen. Zwischen den Bäumchen beschleunigte sie jeweils den Flügelschlag. So sichtete sie das Gras, durchkämmte es nach Beute. Das letzte Licht des Tages drang durch ihre Flügel, setzte die dichten Handschwingen gegen die fast durchsichtigen Armschwingen ab. Einen Moment lang wollte es scheinen, als habe der Vogel zwei Flügelpaare, eines noch im Tag befangen und eines schon in der Nacht, und treibe damit das Dämmerlicht vor sich her. Dann hielt die Eule abrupt inne, schwebte mit gesenktem Stoß auf der Stelle und stürzte sich erneut hinab ins Grasversteck.

Auf dem Heimweg schienen mir die Zweige wie von schwachgoldenem Lichtschein umhüllt und die Luft erfüllt von huschenden Vogelschatten – all die Spezies, auf die ich im Traum nicht zu hoffen gewagt hatte. Hier spielte sich das Leben abends ab. Auf den Abflug der Regenpfeifer folgten die großen Schlafbaumdramen. Gewaltige Saatkrähen- und Dohlenschwärme strömten verlässlich spätnachmittags zu einem mir neuen Schlafplatz. Wo immer sie Zwischenstopps einlegten, verdunkelten sie die Felder. Über einem See gut zehn Meilen westlich beobachtete ich die Abendmanöver des Federwilds. Pfeif- und Löffelenten warfen sich schwirrend in den Himmel, tobten am Wassersaum entlang und dann quer davon über Häuser und Felder. Es war eine triumphale, mitreißende Vorstellung. Andere Vögel ließen sich ebenfalls begeistern. Ich sah einen einsamen Star inmitten eines Pfeifentenschwarms und ein Dutzend Krickenten zwischen Stockenten – jeden Haken, jede Kurskorrektur flogen sie mit.

Eines Abends fuhren wir erneut zu dem Ort, an dem wir im Vorjahr erstmals die Kraniche entdeckt hatten. Die Luft war lau, wir folgten demselben Weg durchs Gebüsch wie damals, an den Bootshäusern vorbei und um die Rückseite des Sees. Auf den Feuchtwiesen standen Graugänse und ein paar Bekassinen. Dann tauchten über dem Ried zwei-, dreihundert Meter zur Rechten fünf riesenhafte graue Vögel auf: Kraniche im Anflug auf ihre Schlafplätze. Im Tiefflug ging es vorbei an den Fenstern der Uferbungalows, zu einer Kette aufgereiht, die sich hob und senkte wie Meeresdünung, so nah, dass die rote Kopfplatte und die schwarze Halszeichnung zu erkennen waren. Sie hielten sich auf der Leeseite der Dünen, bis sie außer Sicht waren. Wir folgten ihnen bis zu einer stillgelegten Mühle, deren Flügel sich scharf gegen die untergehende Sonne abzeichneten. Sie blieben verschwunden, und eine Zeit lang sämtliche Vögel mit ihnen.

In dem Moment jedoch, als wir uns auf den Heimweg machen wollten, kamen zwei Schleiereulen aus der Mühle geflogen, die Flügel halb angelegt, als habe jemand sie mit Schwung geworfen. Sie begannen, die Marsch abzurastern, zwei wunderschön unterschiedlich gefärbte Vögel, der eine blass honigfarben, der andere mit einer Zeichnung wie Intarsien in dunklem Kastanienbraun. Und als sei dies das Startsignal für das Dämmerungsritual, begann der Himmel sich zu füllen. Rohrweihen, gewohnt spielerisch vor dem Wind, steuerten ihre Schlafplätze im Gesträuch an. Zehn weitere Kraniche glitten auf dem Weg zu verborgenem Flachwasser über das Ried hinweg. Einen unglaublichen Moment lang hatte ich zeitgleich zwei direkt auf mich zuhaltende Kraniche, drei windschnittige Kornweihen und – im Hintergrund – Tausende Kurzschnabelgänse auf ihrem Weg zu den Feldern im Blick.

Es war wie eine Halluzination: eine Vision East Anglias, wie es typischer nicht sein konnte – Windmühlen, Röhricht, weiter Abendhimmel –, und dazu solche Vogelscharen, dass man sich in der afrikanischen Savanne wähnen mochte. Und es war auf noch andere Weise kosmopolitisch, eine Versammlung, die das tief am Ort Verwurzelte mit den großen weltumspannenden Strömen des Lebens verband. Dass die Kraniche 1979 hier blieben, anstatt nach Spanien weiterzuziehen, war unerhört. Die Rohrweihen, anstatt nach Süden zu wandern, verweilen inzwischen das ganze Jahr. Die Kurzschnabelgänse kommen von Island und Grönland und werden im Frühjahr dorthin zurückkehren. Die Kornweihen kommen aus Nordeuropa und Holland, auch sie werden zurückfliegen. Dennoch – genau hier hatte einst das letzte Paar in Norfolk gebrütet, und ich träume davon, dass sie wie die Kraniche irgendwann wieder bleiben.

Wie sind diese Abendrituale zu verstehen? Gängige Erklärungen der Schlafkolonien verweisen sehr plausibel auf ein Schutzsuchen in der Menge und auf Informationsaustausch zu Futterplätzen. Doch wie so oft in der Natur scheint das, was hier geschieht, zu extravagant, zu überbordend, um einfach nur zweckgerichtet zu sein. Die gewaltigen Ansammlungen von Vögeln, die langen geselligen Flugmanöver, das Durchmischen der Arten – all dies legt den Gedanken nahe, dass es noch um etwas Anderes geht. Wäre es vermenschlichend, sich vorzustellen, dass sich auch andere Vögel als nur Rotmilane ungern allein in die Nacht begeben, dass die Schauflüge dazu dienen, sich vor Einbruch der Dunkelheit der anderen zu versichern? Ein Stück Gemeinsamkeit, der vertraute Anblick eines Mitreisenden, ein Fremder zwar und dies wohl auf immer, aber auf eben demselben Heimweg.

Auch ich werde allmählich dämmerungsaktiv, ein spätberufenes Wesen des Zwielichts. Noch im Frühjahr, als ich die letzten Zuckungen meiner langen Schwermut spürte und entsprechend verunsichert war, hatte ich die Abenddämmerung als einen Weg gesehen, mich den düsteren Tatsachen dieser Gegend zu stellen, in die es mich verschlagen hatte. Fast sehnte ich die Enttäuschung herbei, folglich nahm ich die Landschaft nur in ihren Grundzügen wahr. Nun hat sich dieses Bild ins Gegenteil verkehrt, wie der Abzug eines Negativs. So öde die Gegend sein mag – im Dämmerlicht tritt dies in den Hintergrund, stattdessen bemerke ich überall den Silberstreif: Lichtspiele in filigranem Geäst; Bodenkonturen, die schon in fünf Monaten wieder unter üppiger Vegetation versinken werden; den Sperber selbst und nicht das Vakuum, in das es ihn zu ziehen scheint; die Schleiereule, von der ich geglaubt hatte, sie habe uns verlassen. Ein Therapeut würde wohl sagen, ich habe das Dunkel umgedeutet.

*

Ist es dies, was Thoreau mit seinem berühmten Halbsatz meinte, dass in der Wildheit die Rettung der Welt liege? Dass nämlich die Kraft der sich selbst überlassenen Natur der Quell ist, aus dem die Welt ihre Stabilität bezieht und ihre Neuanfänge? Der Quell, der – metaphorisch gesprochen – den ursprünglichen Wald ebenso speist wie die quecksilbrigen Feuchtgebiete? Diese Worte äußert Thoreau quasi als Nebensatz in dem für ihn eher untypischen Essay *Vom Gehen,* in dem er seine Vorstellung vom »Drang nach Westen« formuliert, den alles Leben verspüre.

> *Ich schöpfe für mein Dasein mehr aus dem Sumpfland, das meinen Heimatort umgibt, als aus den gepflegten Gärten im Dorf.* [...] *Wenn ich mich erholen möchte, suche ich den dunkelsten Wald, den dichtesten, endlosesten und für den Bürger trostlosesten Sumpf auf. Ich betrete einen Sumpf wie einen geweihten Ort, ein* sanctum sanctorum. *Dort ist die Kraft, das Mark der Natur.*[152]

Und doch ist Thoreau hier nicht ganz aufrichtig. In seinem Refugium am Walden Pond lebte er eigentlich ein Bauerndasein nach literarischem Vorbild. Er lotete den Teich aus. Er fütterte die Mäuse, die in sein Arbeitszimmer huschten. Seine beseelte Beschreibung, wie er barfuß und bei Vogelgezwitscher seinen Bohnenacker bestellte, ist klassische Hirtenliteratur. Walden Pond selbst war beileibe keine Wildnis. Der See wurde befischt, im Winter wurde das Eis geerntet, die Umgebung bestand aus bewirtschafteten Wäldern und Ackerland. Und doch nahm Thoreau dort eine fundamentale Wildheit wahr, fand dort seinen »wilden Saum«.

Später beschreibt er in *Walden* minutiös das Auftauen einer sandigen Böschung bei einem Eisenbahndurchstich in der Nähe des Dorfes, heute ein wegweisender Text der Kulturökologie. Von den Rieselmustern des Sandes an etwas Vegetabiles erinnert, stürzte er sich in eine abenteuerliche Beschreibung, die in aneinandergereihten visuellen Wortspielen und mit gewagten Analogien das Fließen des Sandes mit pflanzlichem Wachstum vergleicht und schließlich mit der Sprache selbst. »Beim Fließen nimmt es die Gestalt saftiger Blätter oder Ranken an, setzt fußtiefe Haufen fleischiger Sprossen und Zweige an, welche, wenn man auf sie herniederblickt, den verschlungenen und verwickelten lappigen Trieben mancher Flechten ähnlich sehen.«[153] Dann fühlt er sich an Vogelfüße, Hirnwindungen, Exkremente erinnert, das Muster scheint ihm wie in Bronze nachgebildet, »eine Art architektonisches Laubwerk, das älter und typischer ist als der Akanthus«. Als nächstes ähnelt ihm die »Lava« einem Höhleninneren, bis sie sich endlich am Fuße der Böschung flach ausbreitet »zu Sandbänken, wie solche außerhalb von Flussmündungen angeschwemmt werden«. Er kommt sich vor, als stünde er »gewissermaßen in der Werkstatt des Künstlers, der die Welt und mich erschuf, als sei ich zu ihm, der noch bei der Arbeit beschäftigt ist, hinzugetreten und sähe ihm zu, wie er sich hier an diesem Damme ergötzt und im Übermaß der Tatkraft neue Gedanken umherstreut«[154]. Thoreau sieht in diesem sandigen Überfließen

> *eine Vorwegnahme des pflanzlichen Blattes* [...] Innerlich, *ob in der Erde oder im tierischen Körper, ist es ein feuchter, dicker Lappen, ein Wort, das sich besonders auf Leber, Lungen und die Fettlagen anwenden läßt* (λειβω, labor, lapsus, *laufen oder abwärts gleiten;* λόβος, globus, lobe, globe, *auch* lap, *Läppchen,* flap, *Klappe, und viele andere);* äußerlich *ist es ein dünnes Blatt* (leaf), *wie f und v gepreßte und getrocknete b sind. Die Wurzeln von* lobe *(Lappen) sind lb, die weiche Masse des b (einlappig oder B doppellappig); dazu das flüssige l, das sie vorwärts schiebt. In* globus, *glb, verstärkt das gutturale g unter Beihilfe des Rachens den Sinn des Wortes. Die Federn der Vögel*

sind noch trockenere, dünnere Blätter. So werden wir also aus der klumpigen Made in der Erde zum luftigen flatternden Schmetterling.[155]

Und so lässt Thoreau während der Tauperiode des folgenden Morgens seine Fantasie ausführlich weiterschweifen, sieht Eiskristalle und Blutgefäße und die blattartige Gestalt von Händen und Ohren. »So schien es, als ob dieser eine Hügelhang das Prinzip alles Verfahrens der Natur beleuchte. Der diese Erde schuf, patentierte nur ein Blatt. Welcher Champollion wird uns diese Hieroglyphe entziffern, damit wir endlich ein neues Blatt umwenden können?«[156] Thoreau erdachte hier seinen eigenen komödiantischen Schöpfungsmythos und blieb dabei auf eine Weise, die jeder modernen Literaturkritik genügen würde, der Außenwelt ebenso »treu« wie der Textdynamik und der ungewöhnlichen Blatt-Parabel seiner erweiterten Metapher. (Ruskin wäre von der Passage begeistert gewesen, hätte er über den für ein Verständnis nötigen Humor verfügt.) Es ist ein brauchbarer Versuch, die in der Natur wiederkehrenden Muster mit wilder Spontaneität in Einklang zu bringen. Die eigentliche Finesse jedoch besteht darin, dass es Thoreaus Vorstellungswelt ist, die sich hier am wildesten gebärdet – die ungezügelte Fantasie eines Mannes, der – in seinen eigenen Worten – lediglich »ein Klumpen auftauenden Lehms«[157] ist.

*

Der endlose Regen hat wieder eingesetzt, vor meinen Augen bilden sich auch in unserem Tal Sandrinnsale, wie schon im vergangenen Herbst; sie sickern aus den Gräben, den freigeräumten Abzugsrinnen. Doch achte ich weniger auf die mitgeschwemmte Erde denn auf das Wasser. Wieder folgt es uralten Mustern, füllt Wiesensenken, die im Sommer niemand bemerkte, und Niederungen, die womöglich seit der Eiszeit existieren. Doch die Gestalt der Wasserflächen bleibt amorph und unregulierbar, ihre Konturen, ihre Fließrichtung unvorhersehbar. Sie speisen sich aus verborgenen launischen Quellen. Schon jetzt begeben sie sich auf Wanderschaft, brechen auf von den Brückenköpfen, die durch den letztjährigen Herbstregen und die diesjährige Hitzewelle entstanden.

Edward O. Wilson, der große Biologe, dem die Welt die Biophilie-Hypothese verdankt, hofft, dass all diese Prozesse eines Tages verstanden und wissenschaftlich erklärbar sein werden. In seinem Buch *Die Einheit des Wissens* träumt er von einer großen, alles umfassenden Wissenschaft, die alles Irdische aufzeigt, erklärt und vorhersagt, vom Fließen des Wassers bis zur künstlerischen Intuition.[158] Ein ebensolches, ebenso fragwürdiges Projekt hatte Francis Bacon bereits vier Jahrhunderte zuvor auf den Weg gebracht, mit dem Ziel einer »Erweiterung der menschlichen Herrschaft«[159]; aus der Feder des Mannes jedoch, der zuvor so eloquent mit dem Konzept der ›Biodiversität‹ als Summe der unzähligen wimmelnden, in Wechselbeziehung zueinander stehenden Organismen eines Ökosystems aufwartete, wirkt ein solcher Traum irritierend. Diesen wilden, wuchernden Saum einhegen und bis ins Kleinste durchdringen zu wollen, ist nichts anderes als der Wunsch, der Natur Grenzen aufzuerlegen, sie in ein Reservat zu relegieren. Doch hierzu dürfte es kaum kommen. Das Leben bleibt den Vermessern und Verwaltern immer einen Schritt voraus – genau dies liegt in der Natur der Sache. Was die Welt im Gang hält, ist pausenlose, willkürliche, fantasievolle Flickschusterei. »Wäre es nicht einfacher, bloß ein paar Chemikalien, eine schmierige grüne Masse, hinzuklatschen?«[160], fragt Annie Dillard den Schöpfer. »Der einsame Sturz des ersten Wasserstoffatoms ex nihilo ins Dasein war so unausdenkbar, so unglaublich radikal, dass er sicher gereicht, mehr als gereicht hätte. Doch sieh dir an, was geschieht. Wir brauchen nur die Tür aufzumachen, schon brechen Himmel und Hölle los.«[161]

Lewis Thomas bezeichnete die Eigenschaft des Erbguts, sich plötzlich und ohne Vorwarnung zu verändern, als dessen »wunderbaren Fehler«[162]. Diese wunderbare Weigerung, bei der Sache zu bleiben, ist ein Charakteristikum allen Lebens. In der unerklärlich fein ziselierten Johannisbeerblüte, den zusammen- und auseinanderfließenden Schwärmen der Orchideenvarietäten im Fenn, im Wirbeln der Mauersegler und dem Tanz der Kraniche, im alles übertönenden Gesang des Ziegenmelkers und dem Improvisieren der Mehlschwalbe finden wir das, was Annie Dillard als den »freien, detailverliebten Wirrwarr« der Welt bezeichnete: »Freiheit ist das Wasser und Wetter der Welt, ihr großzügig geschenkter Nährboden, ihr Saft«[163]. Sie ist aber auch der Schmerz der Welt, der vernichtende Orkan, die zerfallende

Membran, das Wissen um den Tod, das vielleicht der Grund ist, warum wir so unbedingt etwas Bleibendes hinterlassen wollen.

Die Vorstellung von der ›Heilkraft der Natur‹ ist so alt wie die Geschichtsschreibung selbst. Setzt man sich den heilenden Strömungen der frischen Luft aus, so die Theorie, wird alle Krankheit fortgespült. Bei den Römern sagte man *solvitur ambulando,* was sich wiedergeben lässt mit ›es klärt sich beim Gehen‹ – auch etwaige emotionale Verwirrungen. Im Mittelalter waren Massenwallfahrten zu abgelegenen Pilgerstätten üblich. Tödlich an Tuberkulose erkrankt floh John Keats ans Mittelmeer um »einen Becher Süden, warm und rund«, fort von dem Ort, »wo Jugend blaß und geisterhaft verfällt«.[164] »Durch die Schönheit und die Abwechslung der Landschaft kann ein Aufenthalt auf dem Lande die Melancholiker ihrer einzigen Sorge entreißen, ›indem er sie von Orten fernhält, die die Erinnerung an ihre Schmerzen wachrufen‹«[165], schrieb und zitierte der Philosoph Michel Foucault. Mein Freund Ronald Blythe, ein eifriger Chronist East Anglias, hat mir die hiesigen Sanatorien gezeigt, in die man im zwanzigsten Jahrhundert mittellose Tbc-Patienten schickte. Er hatte sie dort in ihren fahrbaren Betten gesehen, in jedem Wetter an der Luft; bisweilen bedeckte Schnee die Gummiplanen, die die Zudecken vor Feuchtigkeit schützten (die Natur war natürlich alles andere als einfach nur warm und sanft).

Sie sollten sich hier der Natur hingeben, auf dass diese sie »aus sich heraushole« und die Membran zwischen ihnen und der gesunden Welt, in die sie natürlicherweise gehörten, auflöse. Mir jedoch war es anders ergangen. Ich hatte wiederholt versucht, meine Depression auf ähnliche Weise zu vertreiben, doch zu jenem Zeitpunkt hatte ich bereits zu sehr den Kontakt verloren, meinte nichts als Zurückweisung zu spüren, nichts als die klare Aussage zu hören, dass ich nicht mehr dazugehörte. Und es beschämte mich, dass alles vergebliche Liebesmüh war, durch mich und mein fehlendes Engagement zum Scheitern verurteilt.

Was mich gesunden ließ, war eher das genaue Gegenteil: Nicht das Gefühl, aus mir herausgeholt, sondern wieder zu mir selbst zurückgeführt zu werden, das Gefühl, dass die Natur in mich zurückkehrte und die Reste meiner freien Fantasie anfachte. Sollte sich meine »Heilung« tatsächlich an einem konkreten Moment festmachen lassen, so war dies Pollys liebevoll inspirierter Geistesblitz, der mich unter der Buche im elterlichen Garten Platz nehmen und endlich wieder einen Stift zur Hand nehmen ließ. Jene ersten stolpernden Versuche, mich einzufühlen, stellten für mich den Kontakt wieder her, weit wirkungsvoller als eine durch Bäume streichende herbstliche Brise. Die physische Wiedervereinigung kam später, und meine Versetzung aus den Tiefen des Waldes in die helle, wandelbare Landschaft der Fenns war dabei eine bildstarke Hilfe. Ich musste tatsächlich horchen und nach oben schauen. Und irgendwie brachte mir dieser Öffnungsprozess ein ganz neues Zutrauen. Ich bin nicht mehr schüchtern oder von Ängsten geplagt. Zugleich bin ich streitbar und neugierig geworden, jemand, der den Nachbarn in der Kassenschlange in Gespräche verwickelt und einen Spaziergänger im Fenn ohne zu zögern aus seinen Gedanken reißt.

Doch ganz ehrlich: Noch wage ich nicht mit Bestimmtheit zu behaupten, dass ich ›geheilt‹ sei. Ich glaube nicht, dass ich je wieder ein solches Tief erleben werde, doch ich bin noch immer ein wenig durch den Wind, übernervös und hin und wieder von stürmischen Launen erschüttert. Polly versucht mir großmütig einzureden, das sei Teil meiner grundlegenden Sensibilität, genau wie meine Mauersegler-Entzugserscheinungen. Nun, ich fürchte, so weit reicht der holistische Ansatz dann doch nicht. Aber ich versuche (ohne viel Erfolg), mich von meinen Schrullen nicht irritieren zu lassen und mich stattdessen dem »wirbelnden Atem der Welt« hinzugeben, selbst wenn es mir dabei mitunter ein wenig schwindelt.

Mir ist außerdem die Vorstellung von ›Vegetabilität‹ unerklärlich sympathisch geworden, der Versuch, mich auf andere Arten von Geist auf Erden einzulassen, auch wenn diese nicht über das Privileg einer Selbst-Bewusstheit verfügen sollten: Auch sie sind Teil der Allmende. Natürlich geht es dabei nicht um vegetativen Rückzug; das wäre selbst für eine Pflanze zu negativ. Aber ein wenig mehr über ›vegetativen Fortschritt‹ zu erfahren, darauf hinzuarbeiten, die uralten Sinne, die uns gemeinsam sind, ein wenig mehr mit unserem Handeln in Einklang zu bringen – das wäre gar kein so schlechter Plan für unsere adrenalingesteuerte Kultur. Wir müssen dringend lernen, mit dieser Doppelexistenz umzugehen, mit dieser Eingebundenheit in unsere eigene Welt und in die Natur.

Für Blackie sind solche Grenzgänge zweite Natur. Ich stehe am Ende des Gartens und rufe sie. Sie streift nun häufig weit vom Haus umher, vielleicht spielt sie mit den wilden Katzen auf der Heide. Über zweihundert Meter ist sie entfernt, als ich sie entdecke, in wilden Sprüngen setzt sie zurück, um die Hecken herum und in hohem Bogen über die Grasbüschel, schnurstracks auf mich zu. Doch auf dreißig Meter herangekommen, wechselt sie komplett die Gangart. Nun geht sie plötzlich bedächtig, einen Schritt nach rechts, einen nach links, schnuppert an Pflanzen, meidet meinen Blick. Was will sie mir sagen? Dass sie genau weiß, dass ich auf sie warte, dass ich nicht davonlaufe? Dass sie trotz allem frei und unabhängig ist, aus freien Stücken kommt und nicht aus Gewohnheit oder auf mein Rufen hin? Doch ich bin Wachs in Blackies Pfoten, ich sollte meine Fantasie nicht mit mir durchgehen lassen. Sie und ihresgleichen sind keine Wildtiere, sie spielen keine echte Rolle in den Verhandlungen, die wir mit der Natur führen. Und doch scheinen mir Katzen eine Botenrolle innezuhaben. Die Mühelosigkeit, mit der sie sich zwischen der wilden Welt und der domestizierten hin- und herbewegen, täte auch unserer Spezies gut, wenn wir zwischen Natur und Kultur wechseln. Mir kommen ein paar Zeilen aus *Jubilate Agno* in den Sinn, Christopher Smarts außergewöhnlicher Ode an die Schöpfung. Die Passage ist gemeinhin unter dem Titel *An meinen Kater Jeoffry* bekannt, doch warum sollte nicht auch unsereins davon träumen:

Denn er kann zu jeder Musik den Takt tanzen.
Denn er kann um sein Leben schwimmen.
Denn er kann kriechen.[166]

Was Blackie nicht weiß, und was ihr herzlich egal wäre, so sie es wüsste, ist dies: Ich bin gekommen, um mich zu verabschieden. Polly und ich haben ein Haus gefunden, und ich werde noch einmal umziehen.

*

Diesmal jedoch geht es nicht weit, nur eine halbe Meile nach Norden über den Fluss, hoch auf 45 Meter – eine Bergbesteigung für hiesige Verhältnisse. Und ich habe dieses Mal besser darüber nachgedacht als vor meinem Habitatwechsel nach East Anglia; dennoch scheint es mir, als verdanke ich die Veränderung vor allem dem glücklichen Zufall. Nun aber werde ich kein Untermieter ohne Verantwortung sein, sondern Miteigentümer. Die minimalen Überlebenstechniken, die ich im Haus an der Heide brauchte, werden nicht ausreichen. Ich muss lernen, auch in meinem eigenen Leben die Grenze zwischen Natur und Kultur zu verhandeln. Und als sollte ich mit der Nase darauf gestoßen werden, wirkt der zum Haus gehörende Grund und Boden wie ein Spielfeld, das mein Theoretisieren über ›wild‹ und ›domestiziert‹ demnächst einem Praxistest unterziehen wird.

Beide Seiten scheinen ihre Ansprüche bereits angemeldet zu haben. Manche der Balken, aus denen das kleine Bauernhaus Anfang des siebzehnten Jahrhunderts errichtet wurde, zeigen noch heute Spuren von Borke. Fast alle weisen seltsam geschlängelte Abdrücke auf. Die höchstwahrscheinlich selbst errichteten Wände sind aus Lehm und Feuerstein und Ziegel gemacht; manche Dachlatten werden bis heute von geflochtenen Weidenruten gehalten.

Auf zweieinhalb Seiten grenzt unser Grundstück an die hochgelegene Ackerebene von Norfolk; es gibt auch Anzeichen uralter Nutzung. Der Teich nahm wahrscheinlich als Lehmgrube für den Wandbau seinen Anfang, um dann als Röstebecken zum Einweichen von Hanf zu dienen – einer der Schritte in dem Prozess, mit dem die unbrauchbaren Pflanzenteile von den Pflanzenfasern gelöst werden. Diese traditionelle Nutzpflanze des Waveney Valley wurde noch vor 150 Jahren direkt hinter unserem Haus angebaut. Der Zehntplan von 1839 weist den Hof mit vier Hektar Hanfacker (›Hempland‹) aus; nach vorne standen zwei Reihen Obstbäume. Zwei ledige Kleinbauern wohnten hier. Zwanzig Jahre zuvor, vor der Einhegung, hätten sie Nutzungsrechte auf dem benachbarten kleinen Gemeindeanger besessen, der heute mühsam als kleines Waldstück sein Dasein fristet.

Was macht man mit Grund und Boden, der so von Geschichte durchtränkt ist? Versucht man, ihn in einen fiktiven früheren Zustand zurückzuversetzen? Vor die Zeit der Einhegung? Gar vor die Zeit, da das Haus erbaut wurde? Wie ein stummes Orakel liegt der Teich am Kreuzungspunkt von Menschenwelt und nichtmenschlicher Welt, tief und unergründlich. Für die Sperber bietet er die einzige Einfallschneise in den Garten. Eine geheimnisvolle kalte Quelle speist ihn unterirdisch; sie ist – wie jedes Wasser – ein Portal, durch das das Wilde heimlich in den domestizierten Bereich vordringt. Ich habe bereits sechs Libellenarten über der Wasserfläche jagen sehen. Das Pflanzengewirr, das sich über den Rand neigt, nutzen die Spechte beim Trinken als Deckung, kopfüber hängen sie an den Baumwurzeln. Dennoch wird der künstlich steile Rand die Wasserstelle immer als menschengemachten Gartenteich ausweisen. Sollen wir ihn ein wenig befreien, für ein paar seichte Ausbuchtungen sorgen, der Natur ein wenig mehr Raum geben, ein wenig Ökologie des siebzehnten für jene des einundzwanzigsten Jahrhunderts opfern?

Sieht man vom Teich ab, fallen die Entscheidungen schon leichter. Wir haben rund zweitausend Quadratmeter an Grasfläche, die wir vorsichtig wieder in Wiese verwandeln möchten. Wir haben sie schon mähen lassen. Ein Bauer aus Thrandeston ist mit einer so gewaltigen Mähmaschine gekommen, dass mir bei der Vorstellung, wie er wohl durchs Tor und an den Staudenbeeten vorbeikäme, ganz anders wurde. Doch mit vier oder fünf eleganten Schwüngen hatte er die gesamte Fläche gemäht, ohne dass ein einziger Apfel vom Bramley-Baum gefallen wäre. Jetzt haben wir eine magere Stoppelfläche, die mit einladend kahlen Reifenspuren und Maulwurfshügeln durchsetzt ist. Ich hoffe, dass diesen kleinen Opportunisten-Flächen die Anfänge eines wilderen Rasens entsprießen werden – gerade so, wie sich natürliche Graslandschaften entwickeln. Mit Samen, die wir auf den Angern der Umgebung sammeln, werden wir Starthilfe leisten. Es wäre schön, wenn die Fläche im Laufe der Jahre der Allmende gliche, die sich einst hinter dem Haus erstreckte. Doch das liegt bei ihr.

Es geht auf die kalte Jahreszeit zu, aber Polly hat trotzdem erstes Gemüse gepflanzt. Sie muss immer etwas schaffen; solches Gärtnern aber habe ich noch nie gesehen. Bei der Arbeit hockt sie auf allen Vieren, sie sticht mit den Fingern reihenweise Lochkreise in den Boden, markiert sie mit Steinen, hängt Thymianzweiglein an Stöcke, um Insekten zu vertreiben, bindet mit just aus dem Boden gezogener Ackerwinde andere Pflanzen an Stecken auf, hackt um ihre Lieblingsunkräuter *herum*, ja, versetzt sie sogar bisweilen. Sie hängt CDs auf, um den Vögeln kundzutun, was hier geschieht (und holt sie wieder herein, wenn sie sie für den Computer benötigt). Nachts blinken die Scheiben wie Glühwürmchen im Lichtschein der Fenster.

Für mich hat dies alles ein wenig den Anschein weißer Magie; zugleich ist mir klar, dass es intuitiv, spielerisch und wissensbasiert ist, es hat mehr mit Höhlenmalerei gemein denn mit bäuerlicher Betätigung. Dies ist der domestizierte Gartenteil, doch das Einbeziehen des Wilden scheint mir Meekers komödiantischem Ansatz nah verwandt – darauf könnte man auch deutlich jenseits von Küchengartengrenzen bauen.

Schon bald wird dieses Gemüsebeet Teil eines ummauerten Gartens sein, eines englischen *Hortus conclusus*. Ein Landvermesser hat uns eine exakte Karte angefertigt, und es überraschte kaum, dass die Gartengrenze, die einer alten Flurgrenze folgt, eine leichte Drift nach Westen aufweist. Als ich die Abweichung mit meinem Winkelmesser aus Schulzeiten ausmaß, betrug sie genau vier Grad.

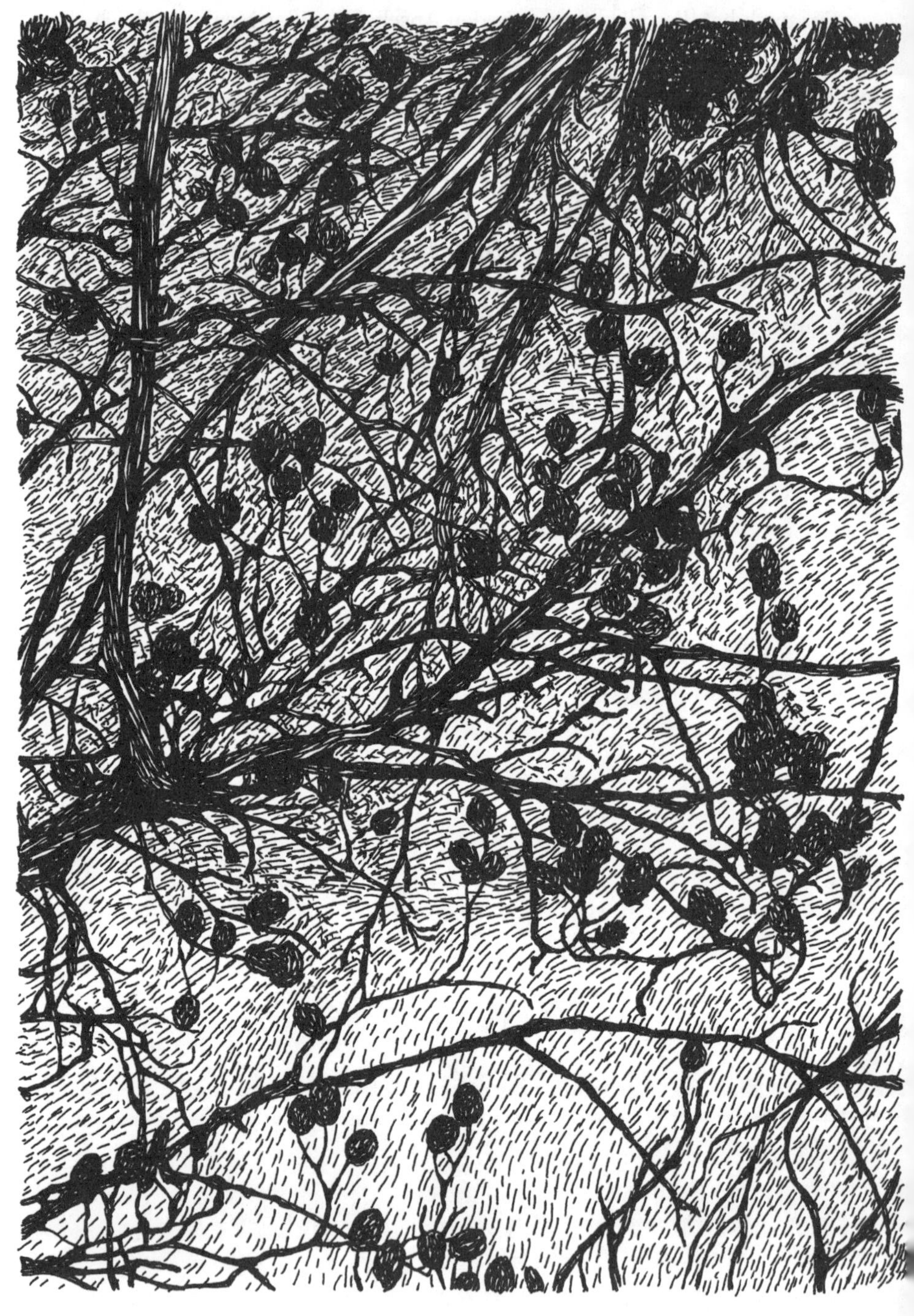

DANKSAGUNG

Von Herzen danke ich all den Freunden und Helfern, die mit ihrer Geduld, ihrer guten Laune und ihrer bemerkenswerten Großzügigkeit zu meiner raschen Genesung beitrugen, besonders Di Brierley, Mike und Pooh Curtis, Roger Deakin, Mike Glasser, Francesca Greenoak, Tim Kidger, John Kilpatrick, dem Royal Literary Fund, Caroline Soper, Justin Ward, Ian Wood. Und meiner Schwester Gill, weil sie es so lange mit mir ausgehalten hat – und natürlich auch, weil sie mich zu guter Letzt wieder im Schoß der Familie willkommen hieß.

Für ihr durch nichts zu erschütterndes Vertrauen und ihren Zuspruch selbst noch in den trübsten Zeiten danke ich meiner Agentin Vivien Green und meiner Verlegerin Penny Hoarse, die mir auch half, die letzte Textfassung noch einmal zu überarbeiten. Außerdem Roger Cazalet und Mark Cocker, die so freundlich waren, das Manuskript zu lesen und mit kritischen Bemerkungen zu versehen, die nicht nur überaus wertvoll, sondern auch konstruktiv waren.

Einige kurze Textpassagen sind in anderer Form in der *Times*, dem *Guardian* und auf *BBC Wildlife* erschienen. Meinen dortigen Redakteurinnen Jane Wheathley, Annaleena Macafee und Rosamund Kidman Cox schulde ich großen Dank dafür, dass sie mir selbst bei meinen eigenwilligsten Ideen aufmunternd zur Seite standen.

Unendlich dankbar bin ich schließlich Polly, die mich gerettet hat, die Mut bewiesen und mich mit ihrer Liebe und Geduld über Wasser gehalten hat, und deren Weisheit und Sinn für Humor mir halfen, die oft stürmischen Stimmungsschwankungen auszutarieren, denen ich jedes Mal, wenn ich ein Buch schreibe, unterworfen bin. Dieses Buch ist ebenso ihres, wie es meines ist.

DANKSAGUNG

ANMERKUNGEN

1 Vgl. John Clare, »The Flitting«, in: Ders., *Poems of the Middle Period, 1822–1837*. Bd. III, hrsg. v. Eric Robinson, David Powell u. P. M. S. Dawson, Oxford 1998, S. 481 ff.

2 John Moore, *Die Wasser unter der Erde*, dt. v. Hermann Stiehl, Stuttgart 1969.

3 Das Buch, an dem Tony Evans und ich arbeiteten, war *The Flowering of Britain*, erstmals veröffentlicht 1980.

4 Das erste und bis heute unübertroffene Werk über diese Region ist das 1925 erschienene Buch *In Breckland's Wilds* von W. G. Clarke.

5 Vgl. John Evelyn, *The Diary of John Evelyn*, Cambridge 2015 [1906], S. 8–9 u. S. 6.

6 Vgl. Aldo Leopold, *A Sand County Almanac*, Oxford, New York 2001, S. 49.

7 Vgl. John Keats, »Ode an eine Nachtigall«, dt. v. Werner v. Koppenfels, in: *Englische und Amerikanische Dichtung*, Bd. II, hrsg. v. Werner von Koppenfels und Manfred Pfister, München 2000, S. 310-313, hier S. 311.

8 Vgl. Ted Hughes, »Swifts«, in: Ders., *Season Songs*, New York 1975, S. 21.

9 Vgl. Barbara Purchase, *Rabbit Tales*, New York 1982, S. 137.

10 Vgl. William Cowper, »Epitaph on a Hare«, in: William Cowper: *The Task and Selected Other Poems*, hrsg. v. James Sambrook, London 1994, S. 292 f.

11 Vgl. John Clare, »Sighing for Retirement«, in: *Poems of John Clare's Madness*, London 1949.

12 Vgl. John Clare, »The Flitting«, in: Ders., *Poems of the Middle Period*, Bd. III, S. 481 ff.

13 Vgl. John Clare, »The Mores«, in: Ders., *Poems of the Middle Period*, Bd. II, S. 347 f.

14 Vgl. John Clare, *John Clare's Birds*, hrsg. v. Eric Robinson u. Richard Fitter, London 1982, S. 52.

15 Vgl. John Ruskin, *The Eagle's Nest*, London 1872, S. 52.

16 Vgl. Edward O. Wilson, *Biophilia*, Cambridge MA 1990, S. 9.

17 Ein tiefgründiges, sehr schön geschriebenes Buch über das Denken und das Verhalten von Katzen ist *Katzen lieben anders* von Jeffrey Masson, dt. v. Kristiana Ruhl, Berlin 2003.

18 Annie Dillard, *Pilger am Tinker Creek*, dt. v. Karen Nölle, Berlin 2016. In ihrem Buch *The Writing Life* von 1980 erzählt sie davon, wie sie dieses Buch geschrieben hat.

19 Annie Dillard, *Ich schreibe*, dt. v. Henning Ahrens, Salzburg, Wien 1989, S. 34.

20 Ebd., S. 37 f.

21 Roy Leverton, *Enjoying Moths*, London 2003.

22 H. D. Thoreau, *Vom Spazieren*, Zürich 2001, S. 57.

23 Vgl. Gary Snyder, *A Place in Space – Ethics, Aesthetics, and Watersheds*, Berkeley 1995, S. 168.

24 Gary Snyder, *Lektionen der Wildnis*, dt. v. Hanfried Blume, Berlin 2011, S. 157.

25 Vgl. Jonathan Bate, *The Song of the Earth*, London 2000, S. 37. Siehe auch ders.: *Romantic Ecology – Wordsworth and the Environmental Tradition*, London 1991.
Die Idee der Tiefenökologie, obschon weltweit längst als einer der wichtigsten Begriffe im Zusammenhang mit der Ökologie anerkannt, ist in Großbritannien noch immer fremd. Sie reicht von direkten handgreiflichen Aktionen auf der einen Seite bis hin zum buddhistischen Mystizismus auf der anderen. Ihr Hauptziel besteht darin, die Haltung des Menschen gegenüber seiner natürlichen Umwelt zu verändern sowie ein Abrücken von der Vorherrschaft des Managements und von paternalistischer Bevormundung zu erreichen, hin zu ausgewogeneren Verhältnissen, bei denen unsere kulturellen Beziehungen ein wesentlicher Teil sind. Eine nüchterne, aber dennoch nützliche Einführung dazu ist das 1985 von Bill Devall und George Sessions herausgegebene Buch *Living as if Nature Mattered.* Wichtige Einflüsse kamen dabei von Anne Naess, der Erfinderin dieses Mottos, Theodore Roszak, Fritjof Capra, Carolin Merchant, Paul Shepard, Richard Nelson, Susan Griffin. Die Schriften von Gary Snyder, John Livingstone und Edward Abbey liefern gut verständliche Einführungen zu den verschiedenen Perspektiven.
Die Ökokritik, für die Jonathan Bates *Song of the Earth* ein Beispiel ist, repräsentiert den literarischen Flügel der Tiefenökologie. Siehe beispielsweise *The Ecoreiticism Reader*, hrsg. v. Cheryll Glotfelty und Harold Fromm, Athens GA, 1996; Karl Kroeber, *Ecological Literary Criticism – Romantic Imagining and the Biology of Mind*, New York 1994; Robert Potue Harrison, *Forests: The Shadow of Civilisation*, Chicago 1992.

26 Zu Clare: John Clare, *Reise aus Essex*, Berlin 2017; *John Clare by Himself*, hrsg. v. Eric Robinson und David Powell, Manchester 1996; *John Clare in Context*, hrsg. v. Hugh Haughton u. a., Cambridge 1994; Jonathan Bate, »The Rights of Nature«, in: *The John Clare Society Journal*, 1995.

27 Seamus Heaney, *The Redress of Poetry*, New York 1995, S. 70.

28 Vgl. John Clare, »Remembrances«, in: Ders., *Poems of the Middle Period*, Bd. IV, S. 131 f.

29 Vgl. Gilbert White, *Journals*, hrsg. v. Walter Johnson, Cambridge MA 1931, S. 307.

30 Siehe hierzu: Ted Ellis, *The Broads*, o. O. 1965; Brian Moss, *The Broads. The People's Wetland*, London 2001; William Dutt, *The Norfolk Broads*, Halsgrove 2002; J. M. Lambert u. a., *The Making of the Broads: a Reconsideration of their Origin in the Light of New Evidence*, London 1960.

31 Zum Kranich in Natur und Mythologie allgemein siehe Peter Matthiessen, *Die Könige der Lüfte. Reisen mit Kranichen*, dt. v. Birgit Brandau u. Hartmut Schickert, München 2007.

32 *Englische und amerikanische Dichtung* Bd. II: *Von Dryden bis Tennyson*, hrsg. v. Werner von Koppenfels und Manfred Pfister, dt. v. Werner von Koppenfels, München 2001, S. 259.

33 Ein traditionelles Kinderspiel in Großbritannien ist *Conkers:* Zwei Spieler befestigen je eine Kastanie an einer Schnur und versuchen abwechselnd, mit der eigenen Kastanie die des Gegners zu zerschlagen (Anm. d. Übersetzer).

34 T. S. Eliot, *Das öde Land*, dt. v. Norbert Hummelt, Frankfurt a. M. 2008, S. 9.

35 Vgl. Oliver Sacks, *Migräne,* dt. v. Jutta Schust, Reinbek 1996.

36 Zu John Clares Krankheit siehe: Jonathan Bate, *John Clare – A Biography,* London 2003; Arthur Foss, Kerith Trick, *St Andrews Hospital Northampton: The First 150 Years (1838–1988),* Cambridge 1989.

37 Vgl. Jonathan Bate, *John Clare – A Biography,* S. 466.

38 Vgl. ebd.

39 Vgl. John Clare, »The Nightingale's Nest«, in: Ders., *Poems of the Middle Period,* Bd. III, S. 457.

40 *Selfish herd* ist ein von dem britischen Biologen William D. Hamilton geprägter Begriff zur Erklärung der Herdenbildung im Tierreich. Er besagt, dass Einzeltiere sich ausschließlich aufgrund eigennütziger Motive zu einer Herde zusammenschließen (A. d. Ü.).

41 Bernd Heinrich, *Die Seele der Raben,* dt. v. Marianne Menzel, Frankfurt a. M. 1994, S. 371.

42 Ebd., S. 179.

43 Vgl. John Muir, *Die Berge Kaliforniens,* dt. v. Jürgen Brôcan, Berlin 2013, S. 279 ff.

44 Aus dem Manifest von The Wildlands Project. Heute heißt die Organisation Wildlands Network und hat ihren Hauptsitz in Seattle (1402 3rd Avenue, Suite 1019, Seattle, WA 98101, USA). Es gibt echte Anzeichen dafür, dass sich die Vorstellung, große Feuchtgebiete in Naturschutzgebiete umzuwandeln, in Großbritannien, vor allem in East Anglia, allmählich durchsetzt.

45 Gary Snyder, *Lektionen der Wildnis,* S. 53 f.

46 Henry David Thoreau, *Vom Spazieren. Ein Essay,* aus dem Amerikanischen von Dirk van Gunsteren, Zürich 2004, S. 28.

47 Ebd., S. 31.

48 David Abram, »Out of the Map, into the Territory: The Earthly Topology of Time«, in: *Wild Ideas,* hrsg. v. David Rothenberg, Minneapolis 1995, S. 79–116.

49 Vgl. David Dymond, *The Norfolk Landscape,* London 1985.

50 Steinzeitkunst: Paul G. Bahn, *Journey Through the Ice Age,* London 1997; Jean Clottes, *Return to Chauvet Cave,* London 2003; Nancy K. Sandars, *Prehistoric Art in Europe,* New Haven 1992; Geoffrey Grigson, *Painted Caves,* London 1958. Die kühnste Neuinterpretation findet sich in David Lewis-Williams, *The Mind in the Cave,* London 2002.

51 Claude Lévi-Strauss, *Das Ende des Totemismus,* dt. v. Hans Naumann, Frankfurt a. M. 1965, S. 116.

52 Annie Dillard, *Ich schreibe,* S. 34.

53 Vgl. Martyn Barber u. a., *The Neolithic Flint Mines of England,* Swindon 1999; Norman Nicholson, »Ten-yard Panorama«, in: *Second Nature,* hrsg. v. Richard Mabey, London 1984.

54 Vgl. Virginia Woolf, *A Passionate Apprentice – The Early Journals, 1897–1909,* London 1990, S. 311.

55 Vgl. ebd., S. 312.

56 Zur Hanfindustrie im Waveney Valley siehe Eric Pursehouse, *Waveney Valley Studies,* Diss 1966 und Michael Friend Serpell, *A History of the Lophams,* Chichester 1980.

57 J. M. Neeson, *Commoners – Common Right, Enclosure and Social Change in England, 1700–1820,* Cambridge 1993, S. 178.

58 *Faden's Map of Norfolk,* 1797. Nachdruck von The Larks Press, Dereham, Norfolk 1989.

59 Roger Deakin, *Logbuch eines Schwimmers,* dt. v. Frank Sievers u. Andreas Jandl, Berlin 2015.

60 Vgl. Jonathan Bate, *Song of the Earth,* S. 41.

61 Colette, *Die Erde, mein Paradies – Eine Autobiographie der Colette, aus ihren Werken zusammengestellt,* dt. v. Gerlinde Quenzer, Justus F. Wittkop u. a., Frankfurt a. M. 1967, S. 314 f.

62 Lord Franz Bacon, *Über die Würde und den Fortgang der Wissenschaften,* dt. v. Johann Hermann Pfingsten, Pest 1783. Carolyn Merchant, *Der Tod der Natur: Ökologie, Frauen und neuzeitliche Naturwissenschaft,* dt. v. Holger Fliessbach, München 1994, S. 179.

63 Francis Bacon, »Neu-Atlantis«, in: *Der utopische Staat,* hrsg. v. Klaus J. Heinisch, dt. v. dems., Reinbek 1960, S. 171–215, hier S. 205.

64 Vgl. »minute particulars«, in: S. Foster Damon, *A Blake Dictionary: The Ideas and Symbols of William Blake,* Hannover, London 1988, S. 281.

65 Lewis Thomas, *Das Leben überlebt – Geheimnis der Zellen,* dt. v. Margaret Carroux, Köln 1976, S. 147 f.

66 Ebd. S. 149.

67 Bill McKibben, *Das Ende der Natur. Die globale Umweltkrise bedroht unser Überleben,* dt. v. Udo Rennert, München 1990, S. 220.

68 Vgl. John Clare, »The Lament of Swordy Well«, in: *»I Am« – The Selected Poetry of John Clare,* hrsg. v. Jonathan Bate, New York 2003, S. 211–219.

69 Vgl. John Clare, »The Nightingale's Nest«, in: Ders., *Poems of the Middle Period,* Bd. III, S. 457.

70 Vgl. ebd.

71 Vgl. Ian Carter und Gerry Whitlow, *Red Kites in the Chilterns,* Chinnor 2004.

72 William Shakespeare, *Das Wintermärchen,* zweisprachige Ausgabe, dt. v. Frank Günther, München 2006, IV.iii. S. 123. [›Kite‹ wird hier in allen gängigen Übersetzungen mit ›Elster‹ wiedergegeben, um die Assoziation mit der diebischen Eigenschaft des Vogels hervorzurufen, A. d. Ü.]

73 Vgl. Edward H. Whybrow, *The History of Berkhamsted Common,* o. O. 1934.

74 Vgl. Mt 13,8 ff.

75 Vgl. Richard Mabey, *Home Country,* Dorset 2014, S. 47 f.

76 Sir Paul Gavrilovitsch Vinogradoff, Villeinage in England, o. O. 1892.

77 Vgl. Pierre Bourdieu, *Entwurf einer Theorie der Praxis auf der ethnologischen Grundlage der kabylischen Gesellschaft,* dt. von Cordula Pialoux und Bernd Schwibs, Frankfurt a. M. 2009.

78 Vgl. Edward Palmer Thompson, *Customs in Common – Studies in Traditional Popular Culture,* New York 1993, S. 102.

79 Vgl. Garrett Hardin, »Die Tragik der Allmende«, dt. von R. Rehmann, in: *Gefährdete Zukunft – Prognosen angloamerikanischer Wissenschaftler,* hrsg. v. Michael Lohmann, München 1970, S. 30–48.

80 Ebd., S. 36.

81 Vgl. E. P. Thompson, »Custom, Law and Common Right«, in: *Customs in Common,* New York 1993, S. 97–194, hier S. 160 f. Die bislang erfrischendste Analyse von Allmenderecht und -brauch. Siehe auch J. M. Neeson, *Commoners: Common Right, Enclosure and Social Change in England, 1700–1820,* 1993. Lord Eversley, *Commons, Forests and Footpaths,* 1910.

82 Vgl. E. P. Thompson, *Customs in Common,* S. 180 f.

83 Vgl. ebd., S. 180.

84 Vgl. John Clare, »Remembrances«, in: Ders., *Poems of the Middle Period,* Bd. IV, S. 131 f.

85 Vgl. E. P. Thompson, *Customs in Common,* S. 183.

86 Vgl. Henry Reed, »Naming of Parts«, in: *New Statesman and Nation* 24/598 (8. August 1942), S. 92.

87 Vgl. Gilbert White: *The Natural History of Selborne,* London 1850, S. 150.

88 Ebd., S. 151.

89 Vgl. John Clare, »Evening«, in: *The Later Poems of John Clare, 1837–1864,* Bd. I. hrsg. v. Eric Robinson u. David Powell, Oxford 1984, S. 494.

90 Paul Evans, »Wyrd Tales: Wenlock Edge«, in: *The Guardian,* »Rural Affairs«, 2.4.2003.

91 Mit ihrem Weckruf *Silent Spring* über die Vergiftung der Umwelt mit unkontrolliert ausgebrachten Pestiziden rüttelte Rachel Carson die Welt auf; das Buch gilt als eine der einflussreichsten Publikationen des 20. Jahrhunderts. 50 Jahre nach Ersterscheinung wurde das Buch in der Beck'schen Reihe neu aufgelegt. Rachel Carson, *Der stumme Frühling,* München 1963.

92 Vgl. Ted Hughes, »Swifts«, in: *Season Songs,* New York 1975, S. 21.

93 Der gleich im Süden von Watton gelegene Wayland Wood wird heute vom Woodland Trust als Schutzgebiet verwaltet.

94 John Fowles, »The Blinded Eye« (1971), in: *Wormholes: Essays and Occasional Writings,* New York 1998, S. 259–268.

95 Vgl. Maria Benjamin, »To have and to hold«, in: Kate Selway, *Collectors' Items,* New York 1996, S. 34.

96 Vgl. John Clare, *The Letters of John Clare,* New York 1970, S. 104.

97 Vgl. Geoffrey Grigson, *The Englishman's Flora,* London 1958.

98 Vgl. John Clare, *The Natural History Prose Writings,* hrsg. v. Margaret Grainger, Oxford 1984, S. 15 f.

99 William Hazlitt, »On the Love of the Country«, in: *The Examiner* (27.11.1814). Repr.: William Hazlitt, *The Round Table: A Collection of Essays on Literature, Men, and Manners,* Edinburgh 1817, S. 63–70.

100 Vgl. John Clare, »[Bloomfield II]«, in: John Clare, *Major Works,* hrsg. v. David Powell u. Eric Robinson, Oxford 2004, S. 108.

101 Ronald Blythe, *Talking About John Clare,* Nottingham 1999, S. 19.

102 Vgl. John Clare, *The Natural History Prose Writings,* S. 301.

103 Vgl. ebd.

104 Vgl. Gilbert White, *The Natural History of Selborne,* S. 131.

105 Vgl. ebd., S. 176; John Milton, *Das Verlorene Paradies,* dt. v. Bernhard Schuhmann, Stuttgart, Augsburg 1855, S. 70.

106 Auric: Fans der Science-Fiction-Serie *Blake's 7* verstehen es sofort.

107 Vgl. Edward A. Armstrong, *Bird Display,* Cambridge 2015, S. 200.

108 Vgl. John Clare, *The Village Ministrel, and other Poems,* London 1821, S. xxii.

109 Vgl. Edward A. Armstrong, *Bird Display,* S. 197.

110 Marjorie K. Rawlings, *Frühling des Lebens,* dt. v. Maria Honeit, Hamburg 1957, S. 85.

111 Vgl. Anne Stevenson, »Swifts«, in: Anne Stevenson, *The Collected Poems 1955–2005,* Hexham 2005, S. 25 f.

112 Vgl. Richard Mabey, *Gilbert White,* Charlottesville 1986. Whites *hirondelles* entsprechen der noch im 19. Jahrhundert bestehenden Familie der Chelidones, der sog. ›Schwalbenartigen‹, die die heutigen Schwalben, Segler und Ziegenmelker umfasste. Die Gemeinsamkeit, die auch der Volksmund zwischen diesen nicht miteinander verwandten Familien sah, kommt noch heute in umgangssprachlichen Bezeichnungen wie ›Mauerschwalbe‹ für den Mauersegler und ›Nachtschwalbe‹ für den Ziegenmelker zum Ausdruck.

113 Vgl. Gilbert White, *Natural History and Antiquities of Selborne*, London 1875, S. 478.

114 Vgl. ebd., S. 480.

115 William Cobbett, *Rural Rides*, London 2001.

116 Vgl. James Boswell: *The Life of Dr. Johnson*, London 1817, S. 257.

117 Vgl. John Seed u. a., *Thinking Like a Mountain: A Council of All Beings*, Gabriola Island 2007.

118 Vgl. White: *The Natural History of Selborne*, London 1850, S. 155.

119 Vgl. ebd., S. 163.

120 Vgl. ebd., S. 172.

121 Vgl. ebd., S. 177.

122 Vgl. Edward Armstrong, *The Folklore of Birds: An Inquiry into the Origin and Distribution of some Magico-Religious Traditions*, London 1958; Francesca Greenoak, *British Birds. Their Folklore, Names and Literature*, London 1999.

123 Vgl. Claude Lévi-Strauss, *Das wilde Denken*, dt. v. Hans Naumann, Frankfurt 1968 und ders., *Das Ende des Totemismus*, dt. v. Hans Naumann, Frankfurt 1965. Eine gute Einführung in seine Gedanken bietet ders., *Mythologica II: Vom Honig zur Asche*, dt. v. Eva Moldenhauer, Frankfurt 1976. Siehe darüber hinaus auch Paul Feyerabend, *Irrwege der Vernunft*, Frankfurt 1990 sowie Mary Midgley, *Science and Poetry*, London 2006.

124 Joyce Carol Oates, »Against Nature«, in: *On Nature: Nature, Landscape, and Natural History*, hrsg. v. Daniel Halpern, San Francisco 1987, S. 236–243, hier S. 237 f.

125 Ebd.

126 Ebd.

127 Vgl. Henry David Thoreau, *Ktaadn*, in: Ders., *Maine Woods*, Princeton 1972, S. 71.

128 Vgl. John Clare, »From the Autobiography«, in: John Clare, *Selected Poetry and Prose*, hrsg. v. Merryn Williams und Raymond Williams, London 2013, S. 90.

129 Vgl. John Clare, »The Flitting«, in: Ders., *Poems of the Middle Period*, Bd. III, S. 481 ff.

130 Vgl. *The Natural History Prose Writings of John Clare*, hrsg. v. Margaret Grainiger, Oxford 1983, S. 155.

131 Vgl. John Clare, »To the Snipe«, in: *Poems of the Middle Period*, Bd. IV, S. 574 ff.

132 Vgl. John Clare, »The Mores«, in: *Poems of the Middle Period*, Bd. II, S. 347 f.

133 *The Journals of Gilbert White*, hrsg. v. Francesca Greenoak, London 1986.

134 Lewis Thomas, *Das Leben überlebt*, S. 40 f.

135 Vgl. Henry Doughty, *Summer in Broadland, or Gipsying in East Anglian Waters*, London 1889.

136 Vgl. G. Christopher Davies, *The Handbook to the Rivers and Broads of Norfolk and Suffolk*, London 1887, S. XVI.

137 Vgl. Joseph Meeker, *The Comedy Of Survival*, Tucson AZ 1997, S. 21. Joseph Meekers grundlegendes Werk *The Comedy of Survival* durchlief drei Phasen, denen verschiedene Untertitel Ausdruck verleihen: *Studies in Literary Ecology*, New York 1974; *In Search of an Environmental Ethic*, Los Angeles 1980 sowie *Literary Ecology and a Play Ethic*, Tucson 1997.

138 Ebd.

139 Henry David Thoreau, *Leben ohne Grundsätze: Ausgewählte Essays*, dt. v. Peter Kleinhempel u. Peter Meier, Leipzig, Weimar 1986, S. 184–223, hier S. 202.

140 Vgl. Edward Ashdown Bunyard, *The Anatomy of Dessert*, Boston 1933, S. 62.

141 Vgl. John Evelyn, *Acetaria: A Discourse on Sallets*, Brooklyn 1937, S. 122.

142 Vgl. John Clare, *Selected Poetry and Prose,* hrsg. v. Merryn u. Raymond Williams, London 1986, S. 90.

143 Roderick Nash, *Wilderness and the American Mind,* New Haven 2001, S. VII.

144 Vgl. William Wordsworth, »Liberty«, in: *The Complete Poetical Works of William Wordsworth,* Bd. VIII, New York 2008.

145 Max Oelschlaeger, *The Idea of Wilderness: from Prehistory to the Age of Ecology,* New Haven 1991; *Wild Ideas,* hrsg. v. David Rothenberg, Minneapolis 1995.

146 Henry David Thoreau, *Walden, oder: Leben in den Wäldern,* Zürich 1979, S. 308 f.

147 Ders., *Wilde Früchte,* Zürich 2012.

148 Bill Read, *Dylan Thomas in Selbstzeugnissen und Bilddokumenten,* dt. v. Angela Boeckh, Reinbek 1968, S. 41.

149 Zur Regenerierung der Wälder im Osten der USA siehe Bill McKibben, *Hope, Human and Wild,* Minneapolis 1995 sowie Kenneth Heuer, *The Lost Notebooks of Loren Eiseley,* Boston 1987.

150 Vgl. Loren Eiseley, *The Lost Notebooks of Loren Eiseley,* hrsg. v. Kenneth Heuer, Lincoln 2002, S. 116.

151 Vgl. Kathleen Jamie, *Findings,* London 2002, S. 28.

152 Henry David Thoreau, *Leben ohne Grundsätze,* S. 204 f.

153 Henry David Thoreau, *Walden, oder: Leben in den Wäldern.* dt. v. Emma Emmerich und Tatjana Fischer, Zürich 1979, S. 297.

154 Ebd., S. 298.

155 Ebd., S. 298 f.

156 Ebd., S. 300.

157 Ebd., S. 299.

158 Edward O. Wilson, *Die Einheit des Wissens,* Berlin 1998; Francis Bacon, »Neu-Atlantis«, S. 205.

159 Vgl. Francis Bacon, »Neu-Atlantis«, S. 205.

160 Annie Dillard, *Pilger am Tinker Creek,* S. 160.

161 Ebd., S. 162.

162 Siehe Lewis Thomas, *The Wonderful Mistake,* Oxford 1988.

163 Annie Dillard, *Pilger am Tinker Creek,* S. 169.

164 John Keats, »Ode an eine Nachtigall«.

165 Michel Foucault, *Wahnsinn und Gesellschaft,* dt. v. Ulrich Köppen, Frankfurt a. M. 1969, S. 323, Zitat nach Chambon de Montaux, *Des maladies des femmes,* Bd. 2, Paris 1784, S. 477 f.

166 Christopher Smart, »Jubilate Agno«, dt. v. Werner von Koppenfels, in: *Englische und Amerikanische Dichtung,* Bd. 2, hrsg. v. Werner von Koppenfels und Manfred Pfister, München 2000, S. 152–155.

Roger Deakin

LOGBUCH EINES SCHWIMMERS

Aus dem Englischen von
Andreas Jandl und Frank Sievers

387 Seiten, Leinenband

In einer Lebenskrise trifft der britische Abenteurer Roger Deakin einen wilden Entschluss: Er wird alle Gewässer Großbritanniens durchschwimmen, ausgerüstet mit einem dünnen Neoprenanzug und besessen von dem Wunsch, seine Heimat neu zu vermessen – aus der Froschperspektive, die Augen stets nur wenige Zentimeter über der Wasseroberfläche. Was als gelebter Traum vom Schwimmen beginnt, nimmt in seinen faszinierenden Beschreibungen selbst bald traumhafte Züge an. So wird das Logbuch eines Schwimmers zum Selbstportrait eines außergewöhnlichen Mannes, das sich auch als politisches Manifest gegen die Privatisierung von Gewässern und Natur lesen lässt.

»Nur wenige Bücher können für sich in Anspruch nehmen, die Welt verändert zu haben. Roger Deakins *Logbuch eines Schwimmers* ist eines von ihnen.«

MITHU SANYAL, *WDR5*

»Deakin hat ein höchst erfrischendes Buch geschrieben. Man kann ganz hervorragend darin eintauchen. Und sich treiben lassen. Als Strandlektüre jedoch taugt es nur wenig, weil es den Leser auf jeder Seite auffordert, sich ins Wasser zu stürzen. Ganz egal, wie kalt es ist.«

RONALD MEYER-ARLT, *Hannoversche Allgemeine Zeitung*

Robert Macfarlane

ALTE WEGE

Aus dem Englischen von
Andreas Jandl und Frank Sievers

346 Seiten, Leinenband

Robert Macfarlane folgt jenen Pfaden, Hohlstraßen, Furten, Feld- und Seewegen, die seit der Antike die menschlichen Siedlungsräume miteinander verbinden und noch immer als unsichtbare Wegweiser unsere Bewegungen bestimmen. Seine Reise führt den wichtigsten Naturschriftsteller Großbritanniens von den englischen Kreidefelsen zu den einsamen Vogelinseln Schottlands, von den Kulturlandschaften Spaniens zu den Pilgerrouten Palästinas und bis in den Himalaya. Sie lässt ihn in fünftausend Jahre alte Fußstapfen treten und in einem kleinen Segelboot auf den nächtlichen Atlantik hinaustreiben. Diese alten Pfade, begreift er bald, sind mehr als Möglichkeiten, einen Raum zu durchmessen.

»Dieses Buch hätte nicht im Sitzen geschrieben werden können.«

STEFAN BERKHOLZ, *Deutschlandradio Kultur*

»Man kann alte Landschaften neu erkunden und dabei zum Kartografen der eigenen Seele werden. Wie das geht, führt der britische Autor Robert Macfarlane furios in seinem jüngsten Buch vor.«

STEFAN WINKLER, *Kleine Zeitung*

RICHARD MABEY, 1941 in Berkhamsted geboren, gilt als der Neubegründer des englischen Nature Writing. Nach Studium in Oxford und Arbeit beim Penguin-Verlag widmete er sich mehr und mehr dem Schreiben über die Natur und ihrem Verhältnis zur Kultur. 2012 wurde er in die Royal Society of Literature aufgenommen. Mabey lebt heute in Norfolk.

CLAUDIA ARLINGHAUS, geboren 1959, übersetzt aus dem Englischen und Französischen und lebt in Münster. Ihre Übersetzungen erhielten diverse Auszeichnungen.
CHRISTA SCHUENKE, geboren 1948, übersetzte u. a. William Shakespeare, Herman Melville und John Banville. Sie erhielt zahlreiche Preise und lebt in Berlin.
BRITTA WALDHOF, geboren 1974, übersetzt aus dem Englischen und Französischen.

Die zitierten Gedichtpassagen von John Clare und Henry Reed wurden von Jürgen Brôcan ins Deutsche übertragen.

Die Übersetzung des vorliegenden Werkes wurde in Teilen durch den Deutschen Übersetzerfonds gefördert.

NATURKUNDEN № 38
Erste Auflage Berlin 2018

NATURKUNDEN
herausgegeben von Judith Schalansky
erscheinen bei Matthes & Seitz Berlin
ermöglicht durch Jan Szlovak, Hamburg

EINBAND, TYPOGRAFIE Pauline Altmann, Berlin
durchgesehen von Judith Schalansky
SCHRIFT Miller von Matthew Carter / Font Bureau und
Knockout von Hoefler & Co.
HERSTELLUNG Hermann Zanier, Berlin
PAPIER 90 g/qm Schleipen Fly 05 spezialweiß, 1,2-faches Volumen
DRUCK, BINDUNG Pustet, Regensburg

ISBN 978-3-95757-463-3

www.naturkunden.de
www.matthes-seitz-berlin.de